边缘计算

技术与应用

英特尔亚太研发有限公司 著

电子工业出版社

Publishing House of Electronics Industry

北京•BEIJING

内 容 简 介

本书致力于帮助读者形成有关边缘计算领域比较细致的拓扑图,从边缘计算的由来与发展、软件与硬件基础、OpenNESS/Akraino/StarlingX 等主流的边缘计算开源解决方案等角度展开讨论,结合实际的案例对边缘计算的应用前景进行介绍。本书的内容主要包括各个项目的起源与发展、实现原理与框架、要解决的边缘计算问题等,基本不涉及具体源码。本书的语言通俗易懂,能够带领读者快速进入边缘计算的世界,帮助读者对边缘计算的实现与发展形成整体、清晰的认识。

本书适合从事边缘计算项目开发的人员阅读,也适合边缘计算应用的架构师和创业者参考,尤其可作为互联网架构师的开源技术图书。

图书在版编目(CIP)数据

边缘计算技术与应用 / 英特尔亚太研发有限公司著. —北京:电子工业出版社,2021.7

ISBN 978-7-121-41360-5

Ⅰ. ①边… Ⅱ. ①英… Ⅲ. ①无线电通信—移动通信—计算 Ⅳ. ①TN929.5

中国版本图书馆 CIP 数据核字(2021)第 117397 号

责任编辑:孙学瑛　　　　　特约编辑:田学清
印　　刷:三河市君旺印务有限公司
装　　订:三河市君旺印务有限公司
出版发行:电子工业出版社
　　　　　北京市海淀区万寿路 173 信箱　　　邮编:100036
开　　本:787×980　　1/16　　印张:18.25　　字数:353 千字
版　　次:2021 年 7 月第 1 版
印　　次:2021 年 7 月第 1 次印刷
定　　价:79.00 元

凡所购买电子工业出版社图书有缺损问题,请向购买书店调换。若书店售缺,请与本社发行部联系,联系及邮购电话:(010)88254888,88258888。

质量投诉请发邮件至 zlts@phei.com.cn,盗版侵权举报请发邮件至 dbqq@phei.com.cn。

本书咨询联系方式:010-51260888-819,faq@phei.com.cn。

序 I

从虚拟化到容器化，从 OpenStack 到 Kubernetes，随着云计算如火如荼地发展，边缘计算的兴起也成了一件自然而然的事情。在云计算的概念里，虽然云端服务器执行所有的数据存储与计算操作，但是很多数据是在用户端产生的。用户会遇到网络拥挤、延迟高、实时性差和性能瓶颈等问题，因此逐渐提出了更高的业务需求。在这种情况下，边缘计算应运而生。

英特尔一直是开源软件技术的主要贡献者之一，推动和领导了云计算技术的发展。在很多年里，作为 OpenStack 基金会、Linux 基金会（包括 Linux Foundation Networking、Linux Foundation Edge、CNCF 和 Ceph 基金会）等开源基金会的顶级会员，英特尔参与了各种标准和技术蓝本的制定，为 OpenStack、Kubernetes、Ceph 等开源项目贡献了高质量的代码，培养了大批顶尖的 Linux 开源技术开发者。英特尔也参与了边缘计算的标准化和代码实现工作，从 StarlingX 到 SDEWAN，从 Akraino ICN 到 Kube-Edge，致力于提供开放架构的软硬件平台，以及协助合作伙伴加速各种边缘计算应用的推广。未来，英特尔也将继续利用自己领先的技术、实实在在的代码贡献及与生态系统伙伴们密切的合作关系推动边缘计算逐步壮大。

中国市场是边缘计算生态非常重要的一部分，英特尔的开源技术开发团队投资在中国、成长在中国且贡献在中国，我们很高兴能为中国的边缘计算社区提供这样一本书作为参考，更好地帮助中国边缘计算生态里的开发者和推广者系统地了解相关的技术、项目与案例。

练丽萍

英特尔云计算软件研发资深总监

序 II

随着消费互联网的智能化升级和产业互联网的快速发展，传统端-管-云基础设施也加速向以云-边协同为特征的智能基础设施演进，同时，随着 5G、AI 及工业物联网新时代的到来，ICT 技术融合正在加速。边缘计算不仅通过提供不同等级的算力保障了 5G+AI 新业务的差异化算力需求，有效解决了传统 IT 计算模型的云算力瓶颈问题，还提供对 5G、4G 和各种 CT（通信技术）的对接和融合服务。

英特尔从边缘计算概念萌发之时起，就是其技术创新和产业协作的重要参与者和推动者，一直致力于提供开放架构的软硬件平台。早在 2014 年欧洲电信标准化协会首次成立边缘计算规范工作组的时候，英特尔就是发起方之一。此后，英特尔一直参与和推动相关的标准化工作，这些工作包括在 2016 年将概念扩展为多接入边缘计算。英特尔还参与了发布 MEC 技术需求和用例、MEC 框架和参考架构等。

基于硬件资源池化、软硬件解耦和云原生的思路，英特尔推出了 OpenNESS（开放网络边缘服务平台），其可协助边缘计算领域的合作伙伴加速开发面向电信领域及其他异构边缘网络场景的相关应用，且兼容 ETSI MEC 架构。用户可以使用这个套件快速构建边缘计算 POC 实验，验证应用和服务功能，进而调整功能。通过开放 API，降低了底层网络的复杂性，不管是在 5G、LTE 接口或 VLAN 底层网络，用户通过该套件都可以轻松实现 IP 数据的提取。同时，OpenNESS 基于云原生的微服务框架，能够更好地支撑客户应用的业务开发和创新。

英特尔将持续推动智能边缘、AI、5G 关键技术的融合创新，并且在积极推动以数据为中心的自身转型的同时构建生态系统，帮助客户实现边缘计算解决方案。

周晓梅

英特尔数据平台集团副总裁/NPG 软件视频云和边缘计算总监

前　言

"不是我不明白，而是这世界变化太快"，新技术、新名词层出不穷，云计算方兴未艾，边缘计算已成燎原之火。

面对边缘计算这么一个崭新而又杂乱的世界，让人最为惴惴不安的问题或许便是：我该如何更快、更好地适应这个全新的世界？人工智能与机器学习领域中研究的一个很重要的问题是"为什么我们小时候有人牵一匹马告诉我们那是马，之后我们看到其他的马就知道那是马了？"。针对这个问题的一个结论是：我们头脑里形成了一个生物关系的拓扑图，我们所认知的各种生物都会放进这个拓扑图里，而我们随着年纪不断增长的过程就是形成并完善各种各样的树形、环形拓扑图的过程，我们以此来认知所面对的各种新事物。

由此可见，或许我们认知边缘计算最快也最为自然的方式就是努力在脑海里形成它的拓扑图，并不断细化。例如，这个生态里包括了什么样的层次，每个层次有什么样的项目需要实现，各个项目实现了哪些服务及功能，这些功能是以什么样的方式实现的。对于我们感兴趣的项目，可以更为细致地勾勒其中的脉络。就好像我们头脑里形成的有关一个城市的地图，它有哪些区，每个区里又有哪些标志性建筑及街道，对于我们熟悉的地方，可以将其周围放大细化，甚至细化到一个微不足道的角落。

本书的组织形式

本书的目的是帮助读者形成有关边缘计算世界相对细致的拓扑图。

第 1 章，主要对边缘计算的生态进行了整体的描述，包括边缘计算的由来与发展、边缘计算的标准及典型用例等。

第 2 章，介绍了边缘计算应用场景所需要的硬件基础，包括 FPGA、GPU、SR-IOV 等。

第 3 章，介绍了边缘计算应用场景所需要的软件基础，包括虚拟化、网络技术、存储技术、OpenStack、Kubernetes、编排技术、人工智能技术等。

第 4～6 章，分别介绍了 OpenNESS、Akraino 与 StarlingX 等主流的边缘计算开源解决方案。

第 7 章与第 8 章，分别介绍了两种实际的边缘计算应用案例，包括中国联通 Cube-Edge 平台和一个面向边缘计算用例的参考架构——ICN。

感谢

作为英特尔的开源技术中心的技术人员，我们参与各个边缘计算开源项目的开发与推广是再自然不过的事情。除了为各个开源项目的完善与稳定贡献更多的代码，我们也希望能通过这本书让更多的人更快捷地融入边缘计算的大家庭。

如果没有 Mark Skarpness（英特尔系统软件产品部副总裁兼数据中心系统软件总经理）、Tim Labatte（英特尔数据平台集团副总裁）、练丽萍（英特尔云计算软件研发资深总监）、周晓梅（英特尔数据平台集团副总裁/NPG 软件视频云和边缘计算总监）的支持，这本书不可能完成，谨在此感谢他们对本书的关怀与帮助。

还要感谢本书的编辑孙学瑛老师，从选题到最后的定稿，孙老师给予了我们无私的帮助和指导。

然后感谢参与各章内容编写的各位同事，练丽萍、王庆、赵复生、方亮、郭瑞景、陆连浩、丁亮、乐慧丰、徐琛杰、应若愚、李成、陈铤杰、黄海彬、姚乐、任桥伟、佟晓鹏、马昌萍、赵婧、周建东、史中宝。为了完成本书，他们付出了很多努力。

最后感谢所有对边缘计算技术感兴趣及从事边缘计算开源项目工作的人，没有你们的源码与大量技术资料，本书便会成为无源之水。

读者服务

微信扫码回复：41360

- 加入"英特尔开源技术"读者交流群，与更多同道中人互动

- 获取【百场业界大咖直播合集】（永久更新），仅需 1 元

目 录

## 第 1 章

综述

"不是我不明白，而是这世界变化太快"，新技术、新名词层出不穷，云计算方兴未艾，边缘计算已成燎原之火。

1.1 从云到边缘

1.1.1 云计算

1983 年，Sun 提出"网络即电脑"（The Network is the Computer），这被认作云计算的雏形，随后计算机技术的迅猛发展及互联网行业的兴起似乎都在向这个概念不断靠拢。

在这个不断靠拢的过程中，首先写上浓重一笔的是亚马逊（Amazon）。Amazon 创始人 Jeff Bezos 在 2002 年左右下达了一份强制命令，要求 Amazon 公司从内部转变成面向服务架构（SOA）体系。在此举的推动下，Amazon 公司把一切以服务为第一作为企业文化。2006 年 3 月，亚马逊推出弹性计算云（Elastic Computing Cloud，EC2），按用户使用的资源进行收费，开启了云计算商业化的元年。

紧随 Amazon 公司推出 AWS 之后，Google、IBM、Yahoo、Intel、HP、VMware、Microsoft 和阿里巴巴等公司开始进入云计算领域，相继开展云计算业务，并将云计算作为它们业务转型的重点而大力发展。Google 推出了 Google Cloud Platform，IBM 推出了 IBM Cloud，Microsoft 推出了 Azure，阿里巴巴推出了阿里云，腾讯推出了腾讯云，中国电信推出了翼云等。

除了商业系统和软件，2010 年 7 月，美国国家航空航天局（NASA）与 Rackspace、Intel、AMD、戴尔等共同宣布 OpenStack 开放源码计划，由此开启属于 OpenStack 的时代。发展至今，OpenStack 逐渐成为云计算基础架构即服务（IaaS）的事实标准。到目前为止，OpenStack 基金会会员已达一万多名，覆盖世界近 200 个国家和近 700 个组织，成为仅次于 Linux 基金会的第二大基金会组织。如今，OpenStack 的企业会员也超过了 100 家。

OpenStack 号称是支持裸机、虚拟机和容器的综合管理平台，但还是以虚拟机和裸机为主，其对容器的支持是随着云原生的发展才逐步加进来的。容器可以帮我们把开发环境及应用整体打包带走，打包好的容器可以在任何环境下运行，从而解决了开发与运维环境不一致的问题。

容器技术成为对云计算领域具有深远影响的技术。作为容器的"重度玩家"，Google在其内部的成百上千台服务器上夜以继日地运行着数以十亿计的容器，并开发出了自己的容器管理工具集，用于管理巨量的基础设施——Borg，而就在几年前，Borg 团队将多年积累的容器运行编排管理经验聚集到了一个名为 Kubernetes 的新项目中，并将其开源。2015年，Google 将 Kubernetes 项目捐赠给了新成立的 CNCF 基金会。

Kubernetes 诞生之初，便占尽天时地利人和。一方面，Kubernetes 的创始人均为 Google的天才工程师；另一方面，它源自 Google 的 Borg，而 Borg 的能力已在 Google 内部得到了充分验证。因此可以说 Kubernetes "天生"自带光环，自"出生之日"起，Kubernetes 就受到了各大 IT 科技巨头的追捧，RedHat、华为、IBM、Microsoft、VMware 等企业迅速加入社区贡献者行列。

Kubernetes 项目的设计理念从一开始就避免和 Docker Swarm、Apache Mesos 同质化，由于设计理念超前且有众厂商推崇，Kubernetes 很快在容器编排领域占据了上风。至此，Kubernetes 凭借各厂商的全力支持及大比例的市场份额获得了全面胜利，成为容器编排领域的事实标准。

1.1.2　雾计算

雾计算首先由美国纽约的 Columbia 大学的 Stolfo 教授于 2011 年提出，随后在 2012 年，Cisco 正式提出了雾计算的概念，并对其进行了详细阐述。雾计算认为数据、数据处理和应用程序都集中在网络边缘的设备中，而不是绝大部分位于集中式的数据中心里。雾计算模式源于"雾是更贴近地面的云"，是云计算的延伸。

云在天空飘浮，高高在上，遥不可及，刻意抽象；而雾是现实可及的，贴近地面，就在你我身边。雾计算并不是由大量性能强大的服务器构成的，而是由性能较弱、更为分散的各类功能计算机组成的，渗入工厂、汽车、电器、街灯及人们物质生活中的各类用品和场景中。

云计算和雾计算并没有本质上的区别。正如水蒸气在天上叫云，水蒸气靠近地面叫雾。同理，服务器计算机放在数据中心中就叫云计算，放在边缘就叫雾计算。那什么是边缘呢？边缘就是小型数据中心、小型机房，就是更靠近设备那一端的地方，也是更靠近用户的地方。这就是边缘计算要依赖且用到所谓的雾计算的原因。

2015 年 11 月，Cisco、ARM、Dell、Intel、Microsoft 和 Princeton 大学等机构联合发起成立开放雾计算联盟 OpenFog，定义了雾计算架构，将计算、存储、网络资源分布到更靠近用户边缘的地方。该联盟旨在加速采用与物联网和人工智能相关的边缘计算，建立最佳实践和架构框架，并创建指南文档。到目前为止，其成员已经发展到了 60 多家。

1.1.3　边缘计算

早在 1995 年，麻省理工学院教授、互联网的发明者 Tim Berners-Lee 就预见了未来互联网使用者会遇到网络拥挤的难题，并向他的同事发起挑战，要发明一种全新的互联网内容分发方法。之后，在 Tom Leighton 的带领下，麻省理工学院一干研究人员先后加入难题攻坚队伍，发明了内容分发网络（CDN）技术架构。1998 年，他们实施了商业计划，在麻省理工学院组建了 Akamai 公司。当时 Akamai 推出的 CDN 网络平台，就是边缘计算的雏形。与现代边缘计算不同的是，当时的边缘计算只负责存储和数据边缘化。

边缘计算的发展与云计算的发展有着千丝万缕的联系。云计算用户迟早会遇到网络拥挤、延迟高、实时性差和性能瓶颈等难题，从而逐渐无法满足业务需求，这时就需要扩展和延伸到所谓的边缘计算。简单地说，边缘计算是把计算移到了用户那一端，移到了靠近数据产生的地方，避免或减少数据在网络中从数据产生的地方到数据中心的传输。有的人甚至把云计算和边缘计算的区别形象地比喻为：云计算是把数据移到代码那一端，而边缘计算是把代码移到数据那一端。

举一个用监控判断交通违法信息的例子来具体说明：在马路监控端捕捉到了汽车的交通违法视频之后，可以将其传到边缘站点，对视频进行图像提取、车牌定位、字符分割及最终车牌识别。如果没有边缘计算，那么视频需要被传到远程数据中心做违法判断及车牌识别，而且随着时间的推移，需要传送的数据越来越多，对网络带宽和应用实时性而言是很大的挑战。如果数据能在本地边缘站点被处理，那么就节省了数据传输的时间，节约了网络带宽。

违法事件和违法车牌分别在本地被监测和识别到，只传送结果信息，这就是边缘计算；如果需要把视频传到远程数据中心进行处理计算，那么就是云计算。通过比较，边缘计算的优势一目了然。交通违法检测只是一方面，对于一些对实时性要求特别高的应用，诸如人脸识别、烟雾报警、人口密度指数预警防踩踏事件、动态监测、双摄像头测距、森林防火、天气监测、自动驾驶等，边缘计算的优势就大大地发挥出来了。

在边缘计算发展史里，为它画上浓重一笔的是欧洲电信标准化协会（ETSI）。2014 年，ETSI 成立了移动边缘计算标准化工作组，预先开始推动相关的标准化工作。ETSI 提出了 MEC 这个概念，起初定义它为移动边缘计算（Mobile Edge Computing）的简称。到 2016 年，ETSI 逐渐把 MEC 的概念扩展为多接入边缘计算（Multi-Access Edge Computing）的简称，目的是把边缘计算能力从电信蜂窝网络进一步延伸到其他接入网络，并逐步形成边缘计算标准和参考架构。

自从有了 MEC，可以说边缘计算得到了众多厂商，特别是电信厂商的推崇，并开始蓬勃发展。

1.2 MEC

为了规范形形色色的边缘计算，ETSI 首先希望各厂商在做边缘计算的时候有标准可循，这便是 MEC。MEC 最初是移动边缘计算的简写，后来经过一段时间的演化和扩展，将边缘能力从电信蜂窝网络延伸到其他接入网络，MEC 也逐渐引入了多接入边缘计算的含义，它包括以下三层含义。

- 多接入：多种网络接入模式，如 LTE、无线 Wi-Fi、有线、ZigBee、LoRa、NB-IoT 等各种物联网应用场景。
- 边缘：网络功能和应用部署在网络的边缘侧，尽可能靠近最终用户，降低传输延迟。
- 计算：联合云计算和雾计算，充分利用计算、存储和网络等有限资源。

MEC 制定了边缘计算的一系列标准规范，主要包括：技术需求（MEC002）、框架和参考架构（MEC003）、MEC PoC 过程（MEC-IEG 005）和 API 框架（MEC009）。后面还提出了 IaaS 管理、API 和 PaaS 服务、API 相关规范。目前 ETSI 小组已经把工作重心转向第二阶段任务，即寻找关键行业应用（如 V2X、IoT、工业自动化和 VR/AR）、关键用户案例和需求（如网络切片和容器支持），开展与 NFV 集成的标准化工作，以及把 MEC 集成在

5G 网络中等。

MEC 概念的提出和相应规范的推进，从以下 4 方面奠定了边缘计算的基石：应用服务使能和框架完善；API 定义原则；服务相关的 API 标准化；MEC 管理和服务编排。

在应用服务使能和框架完善上，MEC 考虑了应用服务的注册、发现和通知机制，规范了应用服务的安全认证和授权，还定义了服务与服务间的通信机制。在 API 定义原则上，MEC 确保开发者使用的是一套一致且统一的 API 接口。特别地，在服务相关的 API 标准化上，关键应用服务相关的 API 接口更是被统一化且标准化了。在 MEC 管理和服务方面，MEC 参考 NFV，使得 MEC 主机管理既可以作为单独的资源进行独立管理，也可以作为 NFV 管理框架的一部分进行集中管理，而且可以确保 MEC 应用服务在合适的时间部署和编排在正确的位置上。

MEC 愿景是在网络边缘侧为应用服务开发者和内容提供商提供云计算和 IT 服务环境能力。这种环境最大的特点便是低延迟和高带宽，同时，这种环境赋予了应用服务实时访问无线网络信息的能力。在 MEC 愿景里，MEC 未来将孕育一个崭新的生态系统和价值链。在这个生态系统里，电信运营商可以开放无线接入网（RAN）边缘，授权第三方企业，允许第三方企业把那些面向移动租户、企业和垂直细分市场的极具创新的应用和服务快速灵活地部署上来。

虽然 MEC 愿景是十分美好的，但它毕竟是欧洲电信标准化协会 ETSI 提出来的，欧洲和电信业便是它的局限性，这个标准和参考架构并不是所有的厂商和所有的行业都认可的。有些边缘计算项目及案例不完全是遵照 MEC 这个标准规范来做的，甚至完全没有参考 MEC 去实现。尽管世界存在不同的声音，但是不得不承认，现在 ETSI 还是边缘计算行业的领头羊，它的 MEC 标准规范目前仍是边缘计算的重要基石和主要依据。

1.2.1　MEC 原则

在 MEC 规范里，定义了 MEC 的 7 个通用原则，分别是 MEC 与网络功能虚拟化（NFV）对齐、移动性、部署独立性、API 简单可控、智能化调度应用服务、应用与系统可脱离、功能可描述性。

MEC 在移动网络边缘侧也是使用虚拟化平台运行应用服务的，这与网络功能虚拟化为网络功能提供虚拟化平台类似。因此，为了节约成本，最大化利用现有设备和资源，重用为 NFV 建设的虚拟化平台，让其既能支持虚拟网络功能（VNF）又能支持 MEC 应用服务，就显得十分有必要。但是，NFV 和 MEC 存在一定的差异，要让虚拟化平台基础设施同时支撑 NFV 和 MEC，就必须进行相应的增强和改进。这就是 MEC 与 NFV 对齐的原则。

移动性是第三代合作伙伴计划（3GPP）网络的一个必要特性。大多数连接到 3GPP 网络中的设备无时无刻不处在移动过程中。即便是固定的设备，它们也是具备移动能力的，特别是当它们位于边缘的时候，这种能力会更加显著。对于 MEC 的应用，有些是状态独立的，有些却是需要在移动中维护上下文（Context）的。为了支持用户设备的移动性，MEC 系统需要支持服务的连续性、应用服务的移动性和用户相关信息的移动性。

部署独立性指的是 MEC 系统应该支持各种各样的部署场景和部署位置，而且对部署方面的需求不应该是强制的，而应该是可选的。当一个 MEC 平台部署到一台主机上之后，MEC 服务应当收集覆盖区域内所有无线节点的信息。为了防止非法访问，需要有效建立 MEC 应用服务与无线节点之间的认证和安全通道。

API 简单可控比较容易理解，指的是 API 设计和实现要尽量简单，且管理员可以动态控制访问权限。

智能化调度应用服务是指 MEC 系统可以根据各种条件，智能地调度 MEC 应用服务的位置，使 MEC 应用服务在合适的时候处于最适当的地方，而且 MEC 系统需要提供系统级的应用服务生存周期管理。

当应用服务需要保证其连续性的时候，MEC 系统能够把一个应用服务从 MEC 系统迁移到其他云环境或从其他云环境迁移到 MEC 系统。迁移既包括应用服务本身，也包括它所需要的用户数据和环境上下文信息，这便是应用与系统可脱离。

最后，任何 MEC 系统或框架的需求都可以用文档描述出来，并且一组需求描述可以定义成一项功能，这就是功能可描述性。

1.2.2 MEC 框架

MEC 规范了以软件为形态的各式各样的移动边缘应用，这些应用以虚拟化技术为基础，运行在虚拟基础设施之上，位于或靠近网络边缘侧，MEC 框架如图 1-1 所示。

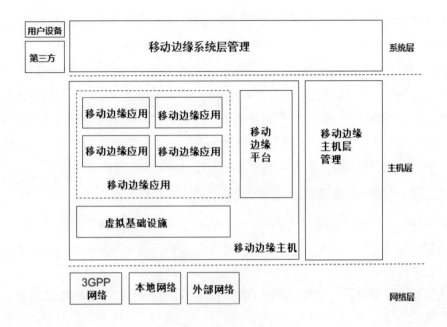

图 1-1　MEC 框架

在 MEC 框架里，整个系统实体被分成三个层级：系统层、主机层与网络层。在系统层里有用户设备（UE）、第三方和移动边缘系统层管理；在主机层里有移动边缘主机、移动边缘平台、虚拟基础设施（如 NFVI）和移动边缘应用，还有移动边缘主机层管理；在网络层里，有 3GPP 网络、本地网络及外部网络。

首先，在系统层里，用户设备指的是用户访问边缘计算应用和服务的终端，如手机，该终端里安装了用户设备应用，可以简单地把它们看作客户端，它们的顺利运行是要依靠服务器端的移动边缘应用协同工作的。这里的服务器端仍然是在边缘计算系统里的，并不是数据中心里的服务器。

第三方指的是在移动边缘计算系统外的信息系统或企业，它们也可以是消费移动边缘应用的实体。

移动边缘系统层管理是一套管理软件，我们将在后面阐述它和移动边缘主机层管理的组成部分。

在主机层里，移动边缘主机提供物理资源，在物理资源的基础上利用虚拟化管理软件

（VMM）营造出一个虚拟基础设施，就像 NFV 里的 NFVI 一样。虚拟基础设施提供计算、存储和网络虚拟资源，这三者亦是云计算里的三个基础资源。

移动边缘应用则是运行在这个虚拟基础设施里的应用软件，它们与移动边缘平台交互，消费着移动边缘平台提供的服务，同时为边缘用户设备应用提供移动边缘服务。移动边缘应用是移动边缘计算里的一环，它们既是消费者，又是生产者。移动边缘应用通常跟一系列规则和需求相关联，如运行该应用需要多少资源、最大可容忍的延迟长度、还依赖什么其他服务等。这些规则和需求往往由移动边缘系统级管理组件管理和验证。

移动边缘平台是一组支撑移动边缘应用的功能集，它负责以下几点。

- 提供环境，使移动边缘应用能被发现、传播、消费并生产移动边缘服务。
- 从移动边缘平台管理器、应用或服务那里接收网络导流规则，并相应地传达给虚拟基础设施的数据面。
- 从移动边缘平台管理器那里接收 DNS 记录，并相应地配置 DNS 服务器。
- 托管移动边缘服务。
- 提供永久存储访问权限和时间信息。

现在我们可以看出移动边缘主机、移动边缘平台和虚拟基础设施之间的关系。移动边缘主机包含移动边缘平台和虚拟基础设施。移动边缘主机的目标就是运行移动边缘应用。虚拟基础设施涵盖数据面，该数据面负责从移动边缘平台接收网络导流规则，并遵循规则在应用、服务、DNS、3GPP 网络、本地网络及外部网络之间导流。

移动边缘系统由移动边缘主机和移动边缘管理组件组成，它的目标是确保移动边缘应用能在运营商网络里运行。这里的移动边缘管理组件由移动边缘系统层管理和移动边缘主机层管理组成。移动边缘系统层管理主要包括移动边缘编排器，而移动边缘主机层管理主要包括移动边缘平台管理器和虚拟基础设施管理器（VIM）。

1.2.3 MEC 参考架构

前面提到在移动边缘计算系统里有众多实体，其中有软件，也有硬件，它们共同完成相应的职责，从而形成整个移动边缘计算系统，除此之外，实体与实体之间还有一些参照点（Reference Points），它们负责处理实体间的关系和通信。

MEC 参考架构描述的就是这些实体和参照点功能组件，告诉大家如何实现这些实体功能，如何摆放它们的位置，如何处理它们之间的交互，以及如何协同工作完成边缘计算的任务等。

MEC 参考架构如图 1-2 所示，除了前面提到的实体，它还涵盖移动边缘系统层管理组件和移动边缘主机层管理组件，以及三类组件间的参照点。

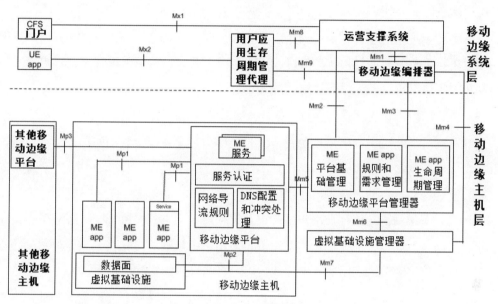

图 1-2　MEC 参考架构

1. 移动边缘系统层管理组件

移动边缘系统层管理组件包括移动边缘编排器、运营支撑系统（OSS）和用户应用生存周期管理代理。

（1）移动边缘编排器。

移动边缘编排器是整个移动边缘系统层管理组件的核心，主要负责以下几点。

- 维护整个移动边缘系统，展现全局视图，如可用的资源、可用的移动边缘服务及其拓扑。

- 启动移动边缘应用包，包括检查应用包的完整性，认证应用包的可用性，验证应用规则和需求，如有必要，则根据运营商策略调整应用规则和需求，记录并跟踪已启用的应用包，并为它们准备虚拟基础设施管理软件（VIM）。

- 根据各种约束条件（如延迟、可用资源和可用服务），为移动边缘应用选择合适的移动边缘主机。
- 启动和终止移动边缘应用。
- 根据需要重定位移动边缘应用所运行的主机，使它们能迁移到新的位置继续运行。

（2）运营支撑系统。

运营支撑系统指的是运营商的运维支撑系统，它从面向客户服务（CFS）门户界面或从用户设备接收实例化或终止移动边缘应用的请求，并对这些请求进行授权，再将它们导向移动边缘编排器进行进一步的处理。

（3）用户应用生存周期管理代理。

用户应用是指响应来自用户设备的请求，在移动边缘系统上启动的移动边缘应用。这里有两个应用的概念，切勿混淆。

- 移动边缘应用，即上节里所比喻的服务器端。
- 用户设备应用，是运行在用户终端设备的应用，即上节里所比喻的客户端。

用户应用生命周期管理代理允许用户设备应用请求启动、终止甚至重定位移动边缘应用。它也允许将移动边缘应用的状态通知给用户终端设备的用户设备应用。

用户应用生命周期管理代理也授权来自用户设备应用的请求，允许它们与运营支撑系统和移动边缘编排器交互，并进一步处理请求。另外，用户应用生命周期管理代理仅能在移动网络里被访问，而且只能在移动边缘系统里使用。

2. 移动边缘主机层管理组件

前面讲述的都是移动边缘系统层管理组件及它们的功能。接下来我们来介绍移动边缘主机层管理组件，包括移动边缘平台管理器和虚拟基础设施管理器。

（1）移动边缘平台管理器。

移动边缘平台管理器负责以下几点。

- 管理移动边缘应用的生命周期，包括通知移动边缘编排器与应用相关的事件。
- 为移动边缘平台提供基础管理功能。

- 管理移动边缘应用规则和需求,包括服务认证、网络导流规则、DNS 配置和冲突处理。

移动边缘平台管理器也接收由虚拟基础设施管理器发送的虚拟化资源错误报告和性能评估结果,以供进一步处理。

(2)虚拟基础设施管理器。

虚拟基础设施管理器负责以下几点。

- 分配、管理和释放构成虚拟平台的基础虚拟化资源,包含计算资源、存储资源和网络资源。
- 配置基础设施,并接收、存储和启动软件镜像。
- 快速部署移动边缘应用。
- 收集和报告虚拟资源的性能和错误信息。
- 迁移并重定位移动边缘应用。

这里的虚拟基础设施管理器与 NFV 里的虚拟基础设施管理器没有太多的不同,OpenStack 和 Kubernetes 就是它们较典型的例子。

细心的读者会发现上述功能中有些功能有重叠,如移动边缘编排器会负责迁移和重定位移动边缘应用,虚拟基础设施管理器也负责迁移和重定位移动边缘应用。了解移动边缘编排器工作原理的人会知道,它们之间属于调用和被调用的关系,移动边缘编排器会调用虚拟基础设施管理器完成迁移的任务,而虚拟基础设施管理器则会调用更底层的虚拟化管理软件去完成相应的底层任务。

3. 三类组件间的参照点

(1)第一类。

我们称第一类参照点为移动边缘平台间的参照点(Mp),分别有 Mp1、Mp2 和 Mp3。

- Mp1:Mp1 位于移动边缘平台和移动边缘应用(ME App)之间,该参照点提供服务注册、服务发现、服务间通信支持。它还提供其他功能,如应用可用性、重定位过程中的会话状态支持、网络导流规则和 DNS 规则激活、永久存储的访问和时间信息等。
- Mp2:Mp2 位于移动边缘平台和虚拟基础设施数据面之间,该参照点被用来指导数据平台怎样在应用、网络和服务之间导流。
- Mp3:Mp3 位于移动边缘平台之间,该参照点用来控制移动边缘平台之间的通信。

（2）第二类。

第二类参照点我们称之为管理参照点（Mm），分别有 Mm1～Mm9。

- Mm1：Mm1 位于移动边缘编排器和运营支撑系统之间，该参照点用于在移动边缘系统里触发移动边缘应用的实例化和终止。
- Mm2：Mm2 位于运营支撑系统与移动边缘平台管理器之间，该参照点负责移动边缘平台的配置和性能管理。
- Mm3：Mm3 位于移动边缘编排器和移动边缘平台管理器之间，该参照点用于进行应用生命周期管理、应用规则和需求管理、应用平台基础管理。
- Mm4：Mm4 位于移动边缘编排器与虚拟基础设施管理器之间，该参照点用于管理应用镜像和移动边缘主机的虚拟资源，包括跟踪可用资源容量等。
- Mm5：Mm5 位于移动边缘平台管理器与移动边缘平台之间，该参照点是用于执行平台配置、应用规则和需求配置、应用生命周期支持、应用重定位管理等操作的。
- Mm6：Mm6 位于移动边缘平台管理器与虚拟基础设施管理器之间，该参照点是用来管理虚拟资源的，如实现应用生命周期管理。
- Mm7：Mm7 位于虚拟基础设施管理器与虚拟基础设施之间，该参照点用于管理虚拟基础设施。
- Mm8：Mm8 位于用户应用生命周期管理代理与运营支撑系统之间，该参照点用于处理来自用户设备的在移动边缘系统里运行应用的请求。
- Mm9：Mm9 位于用户应用生命周期管理代理与移动边缘编排器之间，该参照点用于管理来自用户设备应用请求的移动边缘应用。

（3）第三类。

第三类参照点我们称之为连接外部实体的参照点（Mx），有 Mx1 和 Mx2。

- Mx1：Mx1 位于运营支撑系统和 CFS 门户之间，Mx1 常常被第三方使用，向移动边缘系统请求在其系统里运行应用。
- Mx2：Mx2 位于用户应用生命周期管理代理与用户设备应用之间，Mx2 被用户设备应用使用，用于向移动边缘系统请求运行一个应用，或者请求将一个应用移入或移出移动边缘系统。而且，这个参照点只能在移动网络内被访问，且只在移动边缘系统支持的情况下可用。

至此，已经基本阐述完 MEC 的参考架构组件，如前面所述，虽然有众多的组件和反映组件间关系的参照点，但是规范并不要求每个边缘计算系统实现所有的组件和参照点，每个边缘计算系统也没有必要完全实现 MEC 参考架构里所有的组件和参照点，这在后面的开源软件项目里可以得到印证，规范仅仅是规范而已。

1.3　边缘计算的发展

MEC 被提出之后，边缘计算和 MEC 便在电信行业蔓延开来，也成为未来 5G 的关键技术之一。

3GPP 在 RAN3 及 SA2 两个工作组分别发起 MEC 相关的技术报告，已经正式接受将 MEC 作为 5G 架构的关键议题。

下一代移动通信网络（NGMN）也同意将 MEC 纳入 5G 需求和架构中，并指出在网络边缘需要引入一种智能节点，可部分执行核心网功能或其他功能。

IMT-2020（5G）推进组在《5G 网络架构设计白皮书》中指出，MEC 将业务平台下沉到网络边缘，为移动用户就近提供业务计算和数据缓存能力，并实现网络从接入管道到信息化服务使能平台的关键跨越，这是 5G 的代表性能力。

在我国，中国通信标准化协会（CCSA）在无线通信技术工作委员会也启动了一项研究项目，将 MEC 系统称为面向业务的无线接入网（SoRAN），旨在研究 SoRAN 方案架构、SoRAN 应用与需求、API 接口规范及对现有无线设备和网络的影响。

虽然边缘计算起始于电信行业，为了电信级应用应运而生，大部分应用的要求跟电信运营商和电信设备制造商的相关技术和业务有关，即低延迟、高速率，但是边缘计算并不局限于电信行业，它还可以应用到社会上的各行各业中。

例如，2016 年 9 月，电信行业与汽车行业的全球跨行业产业联盟（5GAA）成立，联盟的使命在于研发、试验和推动智能车联、智慧交通等万物互联所需的通信解决方案和应用，包括相关的标准化推进、商业机会挖掘及全球市场的拓展。5GAA 发起方包括 Audi、BMW 和 Daimler，以及 Ericsson、华为、Intel、Nokia、Qualcomm 这 5 家电信通信公司，自成立后，该组织的成员不断增加。

2017 年 8 月，Ericsson、Intel、日本 NTT 与 TOYOTA 成立了一个名为汽车边缘计算联盟（AECC）的新联盟，以开发连接汽车的网络和计算生态系统，更多地关注使用边缘计算和高效网络设计来增加网络容量，以适应汽车大数据。它还定义了开发用例，并鼓励最佳实践。基于此，智能辅助驾驶、自动驾驶和无人驾驶都可以利用边缘计算基础设施计算，从而实现人工智能驾驶。

在我国，2016 年 12 月，华为、中科院沈自所、中国信通院、Intel、ARM 和软通动力等机构联合起来在北京成立了边缘计算产业联盟（ECC）。该联盟旨在搭建边缘计算产业合作平台，推动 OT 和 ICT 产业开放协作，孵化行业应用最佳实践，促进边缘计算产业的健康与可持续发展。

随后，各种联盟如雨后春笋一般出现，加速推进边缘计算的发展和其他相关标准架构的形成。

1.4 边缘计算的分类

MEC 是边缘计算的重要参考标准和主要依据，但并不是唯一的。这里我们归纳一下边缘计算的共性，并对现有的边缘计算实现和项目进行分类。事物是发展的，目前的分类也只是参考已知的实现形态，在这里采用现有的分类方法，不代表未来不会进一步延伸和演化。

综合而言，边缘计算是一种分布式计算案例，通常用于将工作负载分散或分流到更接近数据产生源头侧的设备。与云计算相比，边缘计算是以数据为中心的网络，其计算和存储功能更靠近端点设备，以提高服务能力，优化总体成本，遵守数据本地性，并减少应用和服务的延迟。

总体而言，边缘计算具有以下特点：几乎实时交互、海量数据存储、移动性、增强的安全性和数据隐私保护、上下文或位置感知、零人工干预配置和低人工干预维护、多接入网络、大规模但小型化的站点。

显然，这只提供了有关分布式计算案例的一些基本思想。为了实现这些目标，可以通过针对不同场景的独立方法来实现边缘计算，MEC 是其中的一种，除了 MEC，还有雾计算和微云计算（Cloudlet Computing）。后面我们把雾计算方案简称为 FC，把微云计算方案简称为 CC。

MEC 将计算和存储能力带入无线访问网络内的网络边缘侧，以减少延迟并提高上下文感知能力。MEC 节点或主机通常与无线电网络控制器（Radio Network Controller）或宏基站（Macro Base Station）位于同一位置。这些移动边缘主机具有在虚拟基础设施上计算和存储的能力。

所谓雾计算，是指基于雾计算节点的分散式计算基础架构，该节点位于最终设备与云之间的体系结构的任意位置。这些节点在本质上是异构的，因此可以基于不同种类的元素，包括但不限于路由器、交换机、无线 AP、物联网（IoT）网关和机顶盒。

微云计算被视为运行虚拟机的"盒子中的数据中心"（Data Center in a Box），该虚拟机能够通过无线网络（主要是 WLAN）向终端设备和用户实时提供资源。这些服务是微云服务（Cloudlets），通过高带宽的单跳访问提供，应用程序由此获得低延迟。

显然，每种实现都有自己的特征，可能适用于特定的场景。表 1-1 显示了每种实现类型的特征，并进行了比较。从表 1-1 中我们可以推断出，由于驻留在不同的设备上，FC 更适用于需要较少资源、较低延迟并连接到各种设备类型上的案例。MEC 和 CC 可能更适用于需要更多资源进行计算及具有资源调配要求的情况。

表 1-1　边缘计算实现类型的对比

实 现 类 型	FC	MEC	CC
位置	靠近终端，密集且呈分布式	无线访问网络控制器或基站	在本地或室外安装
设备	路由器、交换机、无线 AP、物联网、网关等	在基站或局端运行的服务器	非常精简的数据中心
访问媒介（在大多数情况下）	Wi-Fi、LTE、ZigBee、MQTT、蓝牙技术等	Wi-Fi、LTE 等	Wi-Fi 等
逻辑邻近	一跳或多跳	一跳	一跳
近乎实时的交互能力	强	中	中
多租户	支持	支持	支持
计算能力	中	强	强
能源消耗	低	高	中
上下文感知	中	高	低
覆盖范围	小	大	小
服务器密度	中	小	大

实 现 类 型	FC	MEC	CC
成本	低	高	中
传输连续性	好	中	好
活跃用户	多	中	中

1.5 典型用例与选型

前面我们提到过，MEC 作为边缘计算的一种，典型用例有视频分析、位置服务、物联网、虚拟现实和增强现实、经优化的本地内容分发和数据缓存等。但是，说起更广泛的边缘计算，其应用更加广阔，从智慧城市、智慧家居、智慧医院、在线直播，到智能泊车、自动驾驶、无人机、智能制造、虚拟现实及增强现实等。而且，新的应用和新的用例不断被挖掘出来，甚至未来结合 5G 与人工智能的应用，也跟边缘计算有着紧密的联系。

麦肯锡在 2018 年 11 月的一项调查显示，到 2025 年，边缘计算在硬件方面的潜在价值为 1750 亿美元至 2150 亿美元，涵盖我们生活中的方方面面。潜在的典型用例包括交通类别中的智慧城市、医疗类别中的电子医疗、全球能源和材料类别中的智能电网用例等。

因为每个应用类别都有自己的独特要求，所以每个用例将涵盖不同的功能，并且这些功能也将通过不同的结构或方式来实现。本研究中引用了 7 个功能用于评估用例，从而定义最合适的实现，它们是带宽、延迟、可扩展性（Extensibility）、上下文/位置感知、能源消耗、可扩展性（Scalability）、隐私保护与安全性。

表 1-2 所示为典型用例与功能评估，也解释了某个典型用例一般情况下会实现哪些功能，或该用例对哪些功能的要求更强烈。

表 1-2 典型用例与功能评估

功　　能	典 型 用 例						
	智慧城市	基于 RAN 感知的上下文优化	增强现实	电子医疗	自动驾驶	智能电网	视频缓存和分析
带宽	○	●	●	○	○		●
延迟	●	●	●	○	●	●	●

功　　能	典 型 用 例						
	智慧城市	基于 RAN 感知的上下文优化	增强现实	电子医疗	自动驾驶	智能电网	视频缓存和分析
可延展性	●	●	●	●			○
上下文/位置感知	○	●	○		○		○
能源消耗	○	●	●		○		●
可扩展性	●	●	●	●			
隐私保护与安全性	○	○	○	●	●	●	●

○ 一般要求　　● 强烈要求

以智慧城市为例，智慧城市多数由各种视频摄像头、监控器，加上后台的智能算法组成。因此它需要保证高带宽、上下文/位置感知、低能源消耗，以及隐私保护与安全性。除此之外，智慧城市在交通领域会实时指导交通信息和车流，因此，它要求具有超低延迟；智慧城市功能也是一步步完善的，从昨天的智慧交通流量监控调整，到今天的平安城市、智能医疗、绿色节能，甚至到明天的多部门智能协作、平台开放及多城市间的互联、互通、互动，因此它在功能上强烈要求可扩展性，要求系统能够方便地增加组件和扩充功能；最后，在智慧城市逐步建设的过程中，其覆盖范围会从一条街道到一个区，再到整个城市，因此该系统强烈要求可扩展性强，能被快速方便地应用到不断增长的工作中。

我们还可以确定典型用例功能及其实现特征间的相似关系。我们了解到，这种关系可以在后续指导我们如何通过更适当的模型来实现这些典型用例。表 1-3 所示为典型用例功能及其实现特征间的相似关系。

表 1-3　典型用例功能及其实现特征间的相似关系

实 现 特 征	典 型 用 例 功 能						
	带　　宽	时　　延	可延展性	上下文/位置感知	能源消耗	可扩展性	隐私保护与安全性
访问媒介			●	○			
近乎实时交互		●					
计算能力	○						
上下文/位置感知				●			

实现特征	典型用例功能						
	带　　宽	时　　延	可延展性	上下文/位置感知	能源消耗	可扩展性	隐私保护与安全性
多租户							●
逻辑邻近	○	○					●
覆盖范围						○	
能源消耗					●	○	

○：具有一定相关性　　●：高度相关

使用以上两张表中的信息，我们可以推导出在一般情况下用什么边缘计算类型最适合实现什么用例。典型用例与建议类型的映射如表 1-4 所示。例如，要实现满足低延迟和高扩展性的智慧城市的需求，集成 MEC 的 FC 方案可能是最佳选择。

表 1-4　典型用例与建议类型的映射

用 户 案 例	建 议 类 型
智慧城市	FC + MEC
基于 RAN 感知的上下文优化	MEC
增强现实	MEC/CC + FC
电子医疗	FC
自动驾驶	FC + MEC
智能电网	FC
视频缓存与分析	MEC/CC

1.6　开源软件项目

有了需求、场景和规范，基于边缘计算技术的大量软件项目便应运而生，其中，有些项目可用于构建边缘基础架构，有些项目可用作边缘平台，而其他项目则可能是源自边缘计算的项目衍生出来的。这里只有选择性地对一些项目进行简单介绍。

1. CORD 与 vCO

我们先来看重新组织局端为数据中心（Central Office Re-Architected as a Data Center，

CORD）和虚拟局端（vCO）项目。CORD 项目是由 AT&T 提出的一个 ONOS 用户场景。我们知道，局端（Central Office，CO）提供关键的接入汇聚网络服务，如有线、光纤、DSL 和无线。AT&T 在 2013 年 11 月发布了一个 Domain2.0 白皮书，目的是使 AT&T 网络业务和基础设施能够像数据中心和云服务一样具备敏捷性、可伸缩性和经济性，可以被方便地编排、调度、管理和使用。这就是为什么 CORD 被称作重新组织局端为数据中心，实际上就是将电信局端云化。

2015 年 1 月，AT&T 与开放网络实验室（ON.Lab）对 CORD 的概念证明（PoC）进行了定义，并在同年 6 月的 ONS 大会上进行了演示。2016 年 7 月，CORD 被放到 Linux 基金会下成为独立的开源项目。

原本，CORD 的目标并不是针对边缘计算的，它基于 SDN、NFV 和云计算技术，逐渐融合成一套全新的端到端的解决方案。CORD 建立在 OpenStack 或 Docker 之上，使用 ONOS 作为 SDN 控制器，并使用 XOS 作为编排工具。通过分布式、开源软件和白盒交换机可以实现创新，降低企业成本，使企业具备快速创新的能力。

后来由于边缘计算的兴起，从 2017 年开始，CORD 逐渐涵盖了边缘计算 MEC 领域的内容，慢慢成为边缘计算的平台，旨在采用开源技术提供边缘云实现方案。CORD 场景适用于电信局端、接入端、家庭，乃至整个企业环境，也可以在塔、汽车、无人机或任何其他地方运行。目前，CORD 用户包括 AT&T、SK Telecom、中国联通及 NTT。

2017 年 6 月，OPNFV 北京峰会上又亮相了一个名为 vCO 的项目，它是由 OPNFV 开源工作组基于开源 SDN 控制器（ODL 和 OpenStack）开发的。该工作组的成员包括 Cisco、Cumulus、Ericsson、F5、Intel、联想、Mellanox、Netscout、Nokia 和 Red Hat 等公司。vCO 可以使用 ODL 和 OpenStack 启动具有虚拟网络功能的 VNF，如 vCPE 和 vRAN，还能使用 ONAP 作为端到端平台管理 VNF。不仅如此，越来越多的新服务正在转向局端，使其成为电信运营商 NFV 战略的关键组成部分，其中包括多接入边缘计算 MEC。

CORD 和 vCO 是"姊妹"项目，它们有很多相似之处，当然也有不同之处。它们都试图将现有的中心办公室作为用于计算、网络和存储的边缘云进行管理，并且每个项目都具有企业、住宅和移动领域的子项目，以满足市场中的所有需求。vCO 与 CORD 一样，均认为局端是托管边缘计算的最佳位置，MEC 中涉及的需要在用户侧服务的网络功能都可以通过它们进行编排和管理。

但是，与 vCO 相比，AT&T 提出的 CORD 形成了一个框架，该框架使用开放网络操作系统（ONOS）作为软件定义的网络（SDN）控制器，而将 XOS 作为协调器，来组合服务。它也是一种端到端的服务，可以应用不同的策略并通过设计进行扩展。而 vCO 是一个 PoC 项目，由 OPNFV 项目下的工作组领导，使用 OpenDaylight（ODL）作为网络控制器，并使用 ONAP 作为编排器。另外，vCO 除了支持 OpenFlow 白盒交换机，还支持边界网关协议（BGP）。

vCO 当前已交付了 3 个项目，涉及企业、住宅和移动用例。这 3 个项目均基于无线电网络，以改善其在边缘计算中的功能。因此，无论是 CORD 还是 vCO，都是针对边缘计算的 MEC 实现。

2. Akraino 和 StarlingX

Akraino 和 StarlingX 目前在边缘计算领域的影响力十分巨大，本书后面的章节会进行详细的描述，这里只进行简单的介绍。

Akraino 项目是 Linux 基金会边缘保护伞下的著名开源边缘项目。2018 年 2 月，Linux 基金会和 AT&T 宣布推出一个新的开源项目，即 Akraino Edge Stack，旨在创建一个开源软件栈，支持针对边缘计算系统和应用进行优化的高可用性云服务。

Akraino 项目有助于为电信运营商、提供商和物联网提供易用性高、可靠性强和性能高的服务。随后，Intel、中国移动、中国电信、中国联通、华为、中兴、腾讯和 Wind River 等公司先后加入该社区，并讨论、商议、设计未来的 Akraino 架构。

Akraino 的目标是充分利用 Akraino 社区构建起来的、针对各种用例优化过的端到端边缘开源软件栈。Akraino 将这些端到端软件栈称为蓝图（Blueprint），它涵盖边缘实施所需的每一层，从云基础架构下层到上层的业务流程层。2019 年 6 月，Akraino 发布了其首个首要发行版，其中包含可部署的、经过自我认证的蓝图，适用于各种边缘用例，如无线电边缘云、集成边缘云、远端边缘分布式云等。总而言之，Akraino 是很多蓝图的保护伞，用户可以根据需要选择这些可部署的蓝图。

另外，2018 年 5 月，Intel 和 Wind River 决定开源大部分其电信行业云平台拳头产品 Wind River Titanium Cloud 的代码，并命名为 StarlingX，为在虚拟机和容器中运行的电信运营商级应用程序提供边缘计算服务，支持高可靠性和高性能的要求。在该项目开源之后，

StarlingX 被推到了 OpenStack 基金会下进行试点和孵化，为边缘和 IoT 用例提供集成和优化的平台。

StarlingX 是一个可部署的、高度可靠的边缘基础架构软件平台，它基于更多的开源组件，如 OpenStack、Kubernetes、Ceph 等，还提供增强的功能，如主机管理、故障管理、软件管理等。该平台中还实现了多种加速技术，包括 OVS-DPDK 和 SR-IOV。这些功能使 StarlingX 可以改善低触摸可管理性及平台的可靠性，因此可以保证边缘用例的超低延迟、小占用空间和可扩展性。在探索其体系结构时，StarlingX 会同时满足 MEC 和 CC 的特征，因为它具有资源供应功能，主要位于服务器等设备上，并且其初始用例在 MEC 的范围内。

3. Airship

Airship 由 AT&T、Intel、SK Telecom 发起，现在是 OpenStack 基金会框架下的一个项目。该项目于 2018 年启动，组件松散耦合。

Airship 最初作为一个方便的部署工具被使用，可用于从头开始引导整个云基础架构，如 Kubernetes 上的 OpenStack。但是，这实际上只是其功能的一小部分，更重要的是，Airship 可以处理任何包含 Helm 图表的平台，还可以通过配置 yaml 文件来处理基础结构的持续更新。Airship 要么针对一个特定的用例，要么与任何边缘实现的特征保持一致。

4. EdgeX Foundry

在物联网领域，还有一个开源项目的影响力也十分大，它绝对是工业 IoT 领域的先锋项目，即 2017 年 4 月由 Linux 基金会发布的开源物联网边缘计算项目：EdgeX Foundry。该项目构建于 Dell 早期的基于 Apache2.0 协议的 FUSE 物联网中间件框架之上，其中包括十几个微服务和超过 12.5 万行的代码。在 FUSE 合并了项目 AllJoyn-compliant IoTX 之后，Linux 基金会协同 Dell 创立了 EdgeX Foundry。

在 EdgeX Foundry 架构中，南侧包括所有物联网物理设备，以及与这些设备、传感器、执行器或其他对象直接通信的网络边缘器件；北侧负责数据汇总、存储、聚合、分析和转换为决策信息的云平台，并负责与云平台通信。该项目的主要目的是创造一个具有互操作性和即插即用组件的物联网边缘计算的生态系统，协调各种传感器网络协议与多种云平台及分析平台，充分挖掘横跨边缘计算、安全、系统管理和服务等模块间的互操作性，打造并推广 EdgeX 这种面向物联网的通用开放标准。

EdgeX Foundry 并不是一项新标准，而是统一标准和边缘应用的方式，是一个简单的互操作性框架。它独立于操作系统，支持任何硬件和应用程序，可以促进设备、应用程序和云平台之间的连接。它的主要任务是简化和标准化工业物联网边缘计算，同时保持其开放性。

实际上，由于 EdgeX Foundry 占用的内存小，因此它通常位于网关和路由器等终端设备内。由于该结构是松散耦合的，因此用户可以方便地在设备内部开发和放置自己的计算、网络和存储逻辑。基于 EdgeX Foundry 支持的各种访问介质及其所驻留的设备，可以将其归类为典型的 FC 实现。

目前，EdgeX Foundry 和 Akraino 都是 Linux 基金会边缘保护伞下的项目，而 StarlingX 属于 OpenStack 基金会的试点孵化项目。

5. OpenEdge 和 KubeEdge

在边缘计算获得业界认可的这段时间内，更多项目得到了孵化。华为和百度也提出了两个开源项目来提供基于 Kubernetes 的边缘计算。

OpenEdge 由百度于 2018 年年末创立，计划将云计算、数据和服务无缝扩展到边缘设备中。通过将服务作为容器运行，用于通信的 MQTT 协议及集成在项目中的功能即服务，OpenEdge 为边缘计算和互联网提供了引人注目的性能数据。最近，OpenEdge 还宣布了其愿景，即增加对 Kubernetes 的支持，并在内部构建自己的边缘操作系统。考虑到其所有功能，应该将 OpenEdge 归类为 Edge 的一种 FC 实现。

华为提出的 KubeEdge 项目于 2019 年 3 月加入 Linux 基金会里的 CNCF 子基金会，成为第一个 Kubernetes 本机边缘计算平台。它用于将本机容器化应用程序编排功能扩展到边缘主机。借助 KubeEdge，用户可以在边缘站点中轻松使用基于 Kubernetes 的小型云，并在内部应用设备管理、云同步和服务维护套件。KubeEdge 还具有占地面积小的特点，使其可在资源受限的环境（如网关）中使用。因此，可以肯定地将 KubeEdge 归类为典型的 FC 实现。

6. OpenNESS

OpenNESS 是由 Intel 开源的另一个项目，它极大地促进了跨各种网络平台的边缘服务的编排。在利用主要的行业边缘编排框架（如 Kubernetes）的同时，OpenNESS 能够实现多平台、多访问和多云的云原生微服务架构。它与接入网无关，可以与 LTE、Wi-Fi 和有线网络互操作。这些特性使 OpenNESS 成为易于使用的参考软件工具包，可供用户在本地和网络边缘位置创建和部署应用程序。

OpenNESS 看起来有些特殊，它实际上可以缓解和处理从云到网络和内部部署边缘的应用程序迁移的复杂性问题，因此不应将其归类为上述任何类别。

1.7　小结

综上所述，边缘计算发展到今天，仍处于初级阶段。构建分布式边缘计算基础设施工具和架构目前还停留在表面层次，实际上，软硬件方案还未成形。未来利用云计算成熟的建设方案和经验，伴随 5G 技术的推出，具体的边缘计算的基础架构会迅速成形，各大运营商和云服务提供商将很快推出边缘计算平台。在此基础上，各种复杂智能实时有效的应用程序和用户场景也将随之出现，届时我们将迎来一个崭新的时代。

## 第 2 章

边缘计算的硬件基础

随着云计算、大数据和人工智能技术的发展，未来和应用需要在边缘侧产生、分析、处理和存储海量的数据，这直接导致边缘计算迅速兴起。

边缘计算是在靠近物或数据源头的网络边缘侧，融合网络、计算、存储、应用核心能力的分布式开放平台，就近提供边缘智能服务，满足各个行业在实时业务、数据优化、应用智能、安全与隐私保护等方面的关键需求，因此边缘计算可以大大减轻集中式云计算的负担，将部分云计算中心的任务下沉到边缘端，补充云计算中心的算力需求，使整个网络的效率得到提升。

随着云游戏、VR/AR 与自动驾驶等应用的兴起，以及物联网、5G、人工智能的爆炸式增长，应用场景越来越多样化，进而带来数据的多样性（如语音、文本、图片、视频等）及用户对应用体验要求的不断提高，这些都需要一个算力强劲、面向应用优化、弹性可扩展的异构计算平台。例如，计算密集型应用需要计算平台高速执行逻辑复杂的任务，数据密集型应用则需要高效、并发地完成海量数据的处理，而面向人工智能的应用则需要实时处理非结构化数据，这就使计算架构多样化成为迫切需求。除了需要不同能力的 CPU 来满足不同场景的算力需求，还需要 GPU、NPU、FPGA、智能网卡、压缩和加解密等设备和技术来加速特定领域的算法和专用计算。此外，在各类边缘计算场景中，不同的计算任务对硬件资源的需求是不同的，从计算模式、并发处理的数据量、处理的数据类型等多方面考虑，仍然需要多种计算架构和加速设备的硬件支持。

在边缘智能场景中利用人工智能技术为边缘侧赋能是人工智能的一种应用与表现形式。一方面人工智能可以通过边缘节点获得更丰富的数据，并针对不同应用场景实现个性化和泛在化，极大地扩展人工智能的应用领域；另一方面，边缘节点可以借助人工智能技术更好地提供高级数据分析、场景感知、实时决策、自组织与协同等智能化服务。

边缘侧轻量级、低延迟、高效的人工智能计算框架尤为重要，如果人工智能模型的训练与推理全部在云端，则需要将海量数据从边缘节点实时上传至云端，从而带来实时性、可靠性、数据隐私保护及通信成本等方面的挑战。因此可以考虑将人工智能模型完全或部分下沉到边缘节点进行部署，但是如果在边缘节点中配备高端人工智能芯片，运行诸如 DNN 模型的计算密集型算法，则会耗费较多的资源，而且不是成本最优的边缘智能解决方案。

在综合考虑行业场景的核心需求（如实时分析与处理、节点自活、数据安全、远程部署与自动升级等）后，在带宽有限、计算资源有限的情况下，引入 NPU（嵌入式神经网络处理器）加速设备有利于构建成本最优的边缘智能解决方案与服务。例如，把机器学习、深度学习相关的重载训练任务放在云端，而把需要快速响应的推理任务放在边缘处理，由 NPU 处理，从而达到计算成本和网络带宽成本的最佳平衡。

在 CDN 场景中，边缘计算需要具备灵活的视频转码、压缩和存储等功能。在视频监控场景中，边缘计算节点需要能够进行图像识别与视频分析，以便支撑边缘视频监控智能化。Cloud VR 场景的大通量、低延迟特性对边缘计算节点的渲染计算、转码和缓存加速等的处理能力都有较大的需求。考虑到 GPU 在视频编解码和并行计算领域被广泛应用，以上需求都可以由 GPU 予以满足。

在工业现场中，工业系统的检测、控制、执行对实时性的要求很高，部分场景对实时性的要求甚至在 10ms 以内。在工业制造领域，单点故障在工业级应用场景中是绝对不能被接受的，因此除了云端的统一控制，制造现场的边缘计算节点必须能够及时检测异常情况并进行自主判断，进而解决问题，更好地实现预测性监控，在提升工厂运行效率的同时预防设备故障问题。这就对边缘计算提出了很高的实时性要求。

考虑到 FPGA 具有独立并行的硬件流水线，能够并行处理很多任务，实现并行度很高的硬件计算功能，在满足数据处理速度需求的同时满足实时性需求。此外 FPGA 具有灵活可编程、接口多样化等特点，这使得用户可以根据自身的业务需要实现特定的硬件逻辑，将以前需要 CPU 参与的运算卸载到 FPGA 上，释放宝贵的 CPU 算力，如基于 FPGA 的智能网卡，因此 FPGA 在边缘计算领域的应用越来越多。

边缘计算将计算从云端迁移到贴近用户的一端，直接对数据进行本地处理，然而，由于边缘设备直接获取的是用户数据，甚至可能包含大量的敏感隐私数据。例如，在电信运营商边缘计算场景下，边缘节点很容易收集甚至窥探到其他用户的位置信息、服务内容和使用频率等隐私数据。在工业边缘计算和物联网边缘计算场景下，相对于传统的云计算数据中心，边缘计算缺少有效的加密脱敏措施，一旦受到黑客攻击，其存储的诸如个人信息等私有数据将被泄露。因此数据加密和压缩成为边缘计算的刚需，同时，为了不占用边缘计算节点宝贵的计算资源，将这些与加密和压缩相关的运算卸载到专用硬件上就成了必然的选择，而 QAT 设备正好可以满足此类需求。

在车联网和自动驾驶场景中，高清地图数据和传感器接收到的环境信息数据会被导入计算平台，由不同的处理芯片进行运算，最后发出正确的指令，并进行正确的操作。然而，车辆的这一系列的操作都离不开大量的数据运算、海量的数据存储和数据的快速传输，而超高带宽和超大容量的存储系统正是这类场景所必需的。

本章将针对上述各种边缘计算场景所能用到的一些硬件设备及相关技术分别进行介绍。

2.1 FPGA

现场可编程逻辑门阵列（Field Programmable Gate Array，FPGA）是一种器件内部的大部分电气功能可由设计师更改的半导体集成电路，更改可以在印刷电路板（Printed Circuit Boards，PCB）的组装过程中完成，也可以在设备已运送给客户后在现场完成。

2.1.1 FPGA 的组成和技术特点

现代 FPGA 的核心由静态随机访问存储器（SRAM 或闪存）、高速输入输出接口、逻辑块和导线组成。同时，为了降低能耗、减少成本并实现功能的多样化，很多 FPGA 产品还集成了硬核知识产权（IP），如中央处理器（CPU）、内存块、协议控制器、计算电路、收发器、数字信号处理器（DSP）等。这使得 FPGA 可以为各种类型的电子设备（如飞机导航、汽车驾驶员辅助、智能能源电网、医疗超声波和数据中心搜索引擎等）的设计者提供有效帮助。

以 Intel Arria 10 FPGA SOC 芯片为例，它基于 TSMC 的 20nm 制程技术，在一个片上系统中集成了 GHz 级处理器、FPGA 逻辑和数字信号处理（DSP）功能，在减少电路板面积的同时提高了整体性能。

在实际应用中，FPGA 具有以下技术特点。

- 灵活性：FPGA 的功能在每个设备上可以灵活更改，设计者可以简单地下载配置文件到设备中来应用所需要的功能。
- 集成性：现代 FPGA 集成了很多硬核知识产权，可以在电路板上用更少的设备实现更多的功能，并提高系统的可靠性。
- 设计快速、性能高效：与 ASIC 相比，FPGA 可以缩短设计时间，允许将原型系统运送给客户进行现场试验，同时提供在投入批量生产之前快速进行更改的能力，以降低错误风险，更快地将产品推向市场。FPGA 还可以在满足系统功耗的要求下通过提供 CPU 负载的加速功能有效地改进系统性能。
- 总体拥有成本（TCO）：与 ASCI 的方案相比，FPGA 不需要昂贵的设计工具、专业的设计团队和更长的制造周期，可以有效地降低总体拥有成本。

2.1.2　FPGA 在边缘计算中的应用和挑战

在边缘计算的各种应用场景中，从智能建筑和互联汽车到智能电网和城市基础设施，从单个原型单元扩展到应用中的成千上万个单元，FPGA 为物联网实现了各种不同解决方案，提供了创新的动力。

- 智能网卡：通过 FPGA 的灵活编程能力支持网络数据面和控制面的功能定制，并协助 CPU 高效地处理网络负载，监管网络流量。基于 FPGA 的智能网卡为实现网络虚拟化和软件定义网络（SDN）提供了一种高效的解决方案。
- 人工智能（AI）加速器：FPGA 独特的体系结构特性对分布式、低延迟边缘计算应用尤为重要，FPGA 的并行处理机制为人工智能，特别是深度学习算法，提供天然的并行计算支持，其本地片上高内存带宽还可以进一步用于优化系统性能指标，如功率和成本。这些技术特点使 FPGA 可以作为人工智能（特别是深度学习）的推理加速器应用于边缘计算的场景中。
- 机器视觉：机器视觉使用高速摄像机和计算机来执行复杂的检测任务，对数字图像进行采集和分析，并使用所得到的数据进行模式识别、对象排序、机器人手臂控制等。FPGA 可以被用来设计适应多种图像传感器的专用接口，还可以用作边缘计算平台内的视觉处理加速器来分析视频数据。

FPGA 为边缘计算提供了新的解决方案，为了更好地将这些方案应用于实际的边缘场景中，FPGA 的高成本和较大的开发难度依然是需要解决的问题。

　　FPGA 的供应商（如 Xilinx 和 Intel）都提供了功能强大、种类繁多的 FPGA 产品来满足不同的应用场景，用户可以灵活地选择合适的 FPGA 产品来设计最优成本的实现方案。下面以 Intel（Altera）的 FPGA 产品为例进行说明。

- Intel Max 系列在低成本、单芯片、小外形的可编程逻辑设备中实现了先进的处理功能，它包含特性齐全的 FPGA 功能，如嵌入式处理器支持、数字信号处理（DSP）模块和软核 DDR3 存储控制器等，并针对各种成本敏感性的大容量应用进行了优化，可以广泛应用于工业、汽车和通信等边缘计算领域。

- Intel Cyclone 系列满足低功耗、低成本的设计需求，适用于智能、互联系统的高带宽、低成本（如机器视觉、智能视觉相机、I/O 扩展、传感器融合等）的边缘计算应用。

- Intel Arria 系列在中端市场中的性能和能效极佳，Intel Stratix 系列提供了中高端市场所需要的更高的密度和更高的性能，它们在集成更多功能（如内存、逻辑数字信号处理器、信号收发器、硬核处理系统）的基础上，最大限度地提高系统带宽，可以应用于通信、数据中心、军事、广播、汽车和其他终端市场等计算领域。

　　作为主要电气功能可以灵活改变的半导体集成电路，FPGA 的设计通常要求设计人员对于所用 FPGA 器件的硬件和内部资源比较熟悉，设计的应用逻辑和目标器件能够有效配合，并通过 Verilog 等硬件描述语言来实现，这也导致 FPGA 的设计门槛比较高，需要专业的 FPGA 设计人员。

　　为了降低 FPGA 的设计门槛，FPGA 的供应商提供各种工具和大量 IP 参考设计来辅助应用设计人员（特别是对 FPGA 不太了解的设计人员）完成 FPGA 方案设计。如 Intel 提供了 Intel Quartus Prime 软件套件，集成了各种高效率的工具，并通过用户友好的 GUI 界面来辅助 FPGA 设计，包括面向 OpenCL 的 Intel FPGA SDK（提供了基于开放标准并行编程语言 OpenCL 的开发环境，在隐藏 FPGA 细节的同时实现了工作优化）、平台设计器、系统控制台调试工具包、收发器工具包、时序分析器和功耗分析器等。同时，Intel 提供了多种的参考设计，如 PCI Express、Interlaken、以太网、视频处理、光传输等 IP，这些工具和参考设计大大降低了 FPGA 的设计门槛，为 FPGA 方案在边缘计算中实施奠定了应用基础。

2.2 Movidius Myriad X VPU

专用集成电路（Application Specific Integrated Circuit，ASIC）是一种为专门目的而设计生产的集成电路芯片。与 FPGA、GPU、CPU 相比，ASIC 在性能、功耗、芯片面积上都具有相当的优势，在批量生产时也具有成本优势，但其存在开发周期长、灵活性差、需要底层硬件编程等劣势。在边缘计算领域，ASIC 主要应用于对功耗要求高、可标准化、通用化的终端设备中，实现标准通信协议处理、视频编解码等功能。

Movidius Myriad X VPU 是 Intel 的 Movidius 子公司推出的一款用于图像处理、计算机视觉和深度神经网络推理的专用硬件加速器。它通过模块化的方法配置图像和视觉的工作负载在 VPU 硬件加速器（如立体声深度，神经计算引擎，VLIW 矢量处理器）上执行，并通过片上内存进行高效数据交换。Movidius Myriad X VPU 在低功耗下实现了可编程性和性能之间的平衡，可以有效地在边缘计算设备中实现用户的图像处理和深度神经网络推理算法。

Movidius Myriad X VPU 加速器包括以下几部分。

- 神经计算引擎：提供每秒超过 1 万亿次操作的深度神经网络推理性能，支持在边缘设备上实时运行深度神经网络算法，而不对芯片的整体功耗和算法的准确性产生影响。
- 可编程的 128 位 VLIW 矢量处理器：提供 16 个针对计算机视觉进行优化的矢量处理器，可同时并行处理多路成像和视觉应用。
- 可配置的 MIPI 通道：可以直接连接多达 8 个高清分辨率的 RGB 摄像机，支持每秒高达 7 亿像素的图像信号处理。
- 增强的视觉加速器：提供超过 20 个硬件加速器来在不需要额外计算资源的基础上处理如光流、立体声深度的任务。
- 2.5MB 的片上存储器：提供高达 400GB/秒的内部带宽，通过最小化片外数据传输来最小化延迟并降低功耗。
- 两种芯片封装规格：MA2085 没有内存封装，通过接口连接外部内存；MA2485 封装内提供 4GB 的 LPDDR4 内存。

Intel 提供了 Movidius Intel Movidius Myriad 开发包（MDK），包含所需要的编程、调试

和优化工具，以支持在 Myraid X VPU 上实现自定义的图像、视觉和深度学习应用程序。MDK 还包含一个专用的 FLIC 框架，以支持用插件化的方法设计并优化应用程序数据流。对于深度神经网络的算法实现，MDK 包含一个神经网络编译器，使开发人员可以自动转化和优化通过通用框架（如 Caffe 和 TensorFlow）学习生成的网络模型，快速实现神经网络移植，并在保持网络模型准确性的同时使性能最优。

Intel 的 Movidius Myriad X VPU 为计算机视觉和深度神经网络推理应用提供了业界领先的性能：以超低功耗提供每秒超过 1 万亿次操作（Tops）的深度神经网络推理性能和 4 万亿次操作的总性能。基于这个增强的性能，Myriad X VPU 为无人机、智能相机、智能家居、VR/AR 可穿戴设备、360 度相机等边缘计算设备提供了一种高效能的解决方案。Intel 的 Movidius Myriad 开发包为方案在边缘计算中实施提供了技术支持。

2.3 QAT

QAT（Intel QuickAssist Technology）是 Intel 针对网络安全和数据存储推出的一个硬件加速技术。QAT 专注于数据安全和压缩加速，能够助力数据中心的性能提升。在网络安全应用方面，QAT 支持对称数据加密（如 AES）、非对称公钥加密（如 RSA、椭圆曲线等）和数据完整性（SHA1/2/3 等），加速数据的加解密和数字签名等操作。在数据压缩方面，QAT 能够加速 DEFLATE 数据的压缩和解压缩。

通过将数据安全和压缩等大计算量的任务卸载到 QAT 芯片上执行，可以有效降低服务器 CPU 的负载并提高整体的平台性能。例如，在处理海量数据时，QAT 在不增加 CPU 开销的前提下，通过压缩来减少需要传输和存盘的数据量，从而减少了网络带宽和磁盘读写的开销，最终提高了整体的系统性能。

目前 QAT 有独立的 PCIe 加速卡、SOC、主板芯片 3 种部署方式。QAT 已经和 Nginx、Openssl、Hadoop、zlib 等多种开源和商业软件整合，形成了软硬件一体的生态环境，可以为客户提供高性能及高性价比的加解密、压缩、解压等解决方案。

QAT 支持 Linux、Windows 和 VMWare ESXi 等平台，这里以 Linux 为例描述一下 QAT 的软件架构，其他平台在核心模块上的架构与之类似，只是和操作系统适配部分的模块有所不同。

如图 2-1 所示，和所有的硬件设备类似，QAT 作为一个标准的 PCIe 设备在 Linux 内核态也有一个驱动程序，用于初始化 QAT 硬件设备，接收来自硬件的中断请求等。QAT 的内核态驱动同时包含加解密和压缩解压的核心逻辑，这部分代码和用户态的动态库是共享的，也就是说，它们是同一份代码，一个编译到内核态，一个编译到用户态。

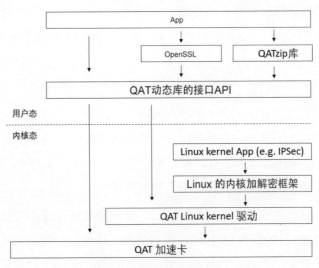

图 2-1　QAT 软件架构

QAT 的内核态驱动会在 Linux 的内核加解密框架中注册自己。这样一来，所有内核态的应用（如 IPSec）都可以使用 QAT 了。这是因为这些应用都是 Linux 内核加解密框架的使用者，它们其实并不知道它们下发的请求被转到 QAT 去处理了，因此不知不觉中这些应用的性能就被提升了。

QAT 同时提供了用户态的动态库，供用户态的应用调用。实际上，经用户态动态库的方式才是使用 QAT 最常用的方式，因为大量的应用都是运行在用户态上的。调用用户态动态库有以下几种方式。

- 应用直接调用动态库的 API 接口。虽然动态库的代码完全开源，但是这种方式并不常见，因为用户需要很了解 QAT 动态库的接口 API，使用起来不是特别容易和直观。
- 应用调用 OpenSSL，再由 OpenSSL 来调用 QAT 的动态库。这种方式通常发生在需要使用 QAT 来给加解密进行加速时。2019 年前，OpenSSL 并不能直接调用 QAT 的动态库，需要打上一个 Intel 专门为 OpenSSL 提供的 QAT 补丁才行。目前这个补丁已经被合并到 OpenSSL 的主分支里去了，所以 OpenSSL 可以直接使用 QAT 了。

- 应用调用 QATzip 库，再由 QATzip 来调用 QAT 的动态库。这种方式通常发生在需要使用 QAT 进行压缩和解压缩的加速中。QATzip 库是 Intel 提供的一个开源的压缩和解压封装库，提供简单统一的接口给用户应用，在接到上层应用的请求后做相应的转化，然后调用相对复杂的 QAT 动态库的接口 API。这一步在很大程度上降低了用户应用使用 QAT 进行压缩和解压缩的难度，使得编程更加简单。

2.4 GPU

GPU 最大的作用就是进行计算机图形绘制所需的运算，包括顶点设置、光影、像素操作等，并渲染出 2D、3D 效果，主要专注于计算机图形图像领域。后来，GPU 硬件的高吞吐量、高带宽、高度并行架构等特点，使其非常适用于并行计算加速，因此 GPU 的应用逐渐扩展到高性能计算、视频编解码乃至人工智能领域。

从结构上看，GPU 主要包括通用计算单元、控制器和寄存器。GPU 拥有多个逻辑运算单元（Arithmetic Logic Unit，ALU）用于数据处理，这样的结构适合对海量数据进行并行处理。GPU 具有多个采用流式并行计算模式的处理器核，在同一时刻可以并行处理多个数据，即可以同时使用多个数据，而且将多个数据并行运算的时间和将单个数据单独处理的时间之和是一样的。

近几年，基于 GPU 的通用计算已逐渐成为热点。GPU 架构上的特点使通过 GPU 加速计算成为可能。GPU 在高性能计算方面具有的优势如下。

- 高度并行性：主要通过 GPU 多条流水线的并行计算来体现。在目前主流的 GPU 中，多条流水线可以在单一控制部件的集中控制下运行，也可以独立运行。GPU 的顶点处理流水线使用 MIMD 方式控制，片段处理流水线使用 SIMD 结构。
- 高带宽：GPU 通常具有 128 位或 256 位内存位宽，因此在计算密集型应用方面具有很好的性能。
- 超长流水线：GPU 超长流水线的设计以吞吐量的最大化为目标，因此 GPU 作为数据流并行处理机，在对大规模的数据流并行处理方面具有明显的优势。

现代的 GPU 对图像和图形的处理性能十分高效，这是因为 GPU 被设计为高度并行架构，拥有强大的并行计算能力，因此，比通用处理器 CPU 在大的数据块并行处理算法上更具有优势，多用于大规模并行计算的场景。现代 GPU 主要应用在以下几方面。

- 图形处理：为大多数 PC 桌面、移动设备、图形工作站提供图形处理和绘制功能。
- 音/视频处理：音/视频编解码都得益于现代 GPU 的并行计算能力和海量的吞吐能力。例如，2D 和 3D 图形和视频的计算和处理，图形和视频数据的处理往往涉及大量的大型矩阵运算，因此其计算量大但易于并行化。
- 人工智能：近年来，人工智能的崛起成为研究热点。GPU 也常常被用于需要大量重复计算的数据挖掘、机器学习、深度学习等方向。

2.5 SR-IOV

随着服务器虚拟化部署的增加，虚拟化技术也一直在飞速发展。在使用虚拟化技术的过程中，为了提高硬件资源的利用率，企业界已经做出了巨大的努力，而 SR-IOV（Single Root Input/Output Virtualization）正是其中之一。

SR-IOV 是 PCIe（PCI express）规范的扩展，定义了本质上可以共享的新型设备。它允许一个 PCIe 设备（通常是网卡）为每个与其连接的客户机复制一份资源（如内存空间、中断和 DMA 数据流），使得数据处理可以不再依赖 VMM。SR-IOV 定义了两种功能类别。

- PF（Physical Function）：完整的 PCIe Function，定义了 SR-IOV 的能力，用于配置和管理 SR-IOV。
- VF（Virtual Function）：轻量级的 PCIe Function，只包括进行数据处理（Data Movement）的必要资源，和 PF 或其他 VF 共享另外的物理资源，可以将其看作设备的一个虚拟化实例。

在虚拟化的环境下，一个 VF 被当作一个虚拟网卡分配给客户机操作系统，所有的 VF 和 PF 被连接在 SR-IOV 网卡内部的一个桥（Bridge）上，这样，各个 VF 的通信可以互不干扰，网络数据流也绕开了原先的 VMM 中的软件交换机实现，并且直接在 VF 和客户机操作系统间传递，因此达到了和非虚拟化环境几乎一样的网络性能。

在使用 SR-IOV 之前，首先需要在 BIOS 中打开相关的选项，如 IOMMU，然后需要添加 Linux 内核的命令行参数"intel_iommu=on"。系统启动之后，可以通过命令"dmesg | grep DMAR: IOMMU enabled"来确定是否已经打开 IOMMU，当输出的信息中包含有

"DMAR:IOMMU enabled"时，表示 IOMMU 已经被打开。

为了使用支持 SR-IOV 的设备，我们还需要分别为 PF 和 VF 加载驱动。以英特尔网卡 X710 为例，该网卡支持的 PF 驱动有 i40e、igb_uio、vfio，支持的 VF 驱动有 i40evf、iavf、igb_uio、vfio、uio_pci_generic。其中，i40e、i40evf、iavf 为内核空间的驱动，而 igb_uio、vfio、uio_pci_generic 为用户空间的驱动。用户空间的驱动允许位于用户空间的应用程序控制网卡，通常用于提升网络性能，如 DPDK 利用用户空间的驱动可以大幅提升网卡的性能。

当 PF 和 VF 均使用内核空间的驱动时（如 PF 的驱动为 i40e，VF 的驱动为 i40evf），可以通过以下方式来分配 VF：

```
# echo '4' > /sys/class/net/eno2/device/sriov_numvfs
```

上述指令为网卡 eno2 分配了 4 个 VF。我们可以通过以下方式来查看 VF 是否分配成功：

```
# cat /sys/class/net/eno2/device/sriov_numvfs
```

当结果为 4 时，表示已经为网卡分配了 4 个 VF。可以通过以下方式来查看分配好的 VF：

```
# ip link
5: eno2: <BROADCAST,MULTICAST,UP,LOWER_UP> mtu 1500 qdisc mq state UP mode DEFAULT
group default qlen 1000
    link/ether a4:bf:01:3a:53:53 brd ff:ff:ff:ff:ff:ff
    vf 0 MAC 00:00:00:00:00:00, spoof checking on, link-state auto, trust off
    vf 1 MAC 00:00:00:00:00:00, spoof checking on, link-state auto, trust off
    vf 2 MAC 00:00:00:00:00:00, spoof checking on, link-state auto, trust off
    vf 3 MAC 00:00:00:00:00:00, spoof checking on, link-state auto, trust off
   61: enp61s6: <BROADCAST,MULTICAST> mtu 1500 qdisc noop state DOWN mode DEFAULT
group default qlen 1000
    link/ether 9e:fd:e6:dd:c1:01 brd ff:ff:ff:ff:ff:ff
   62: enp61s6f1: <BROADCAST,MULTICAST> mtu 1500 qdisc noop state DOWN mode DEFAULT
group default qlen 1000
    link/ether 9e:fd:e6:dd:c1:02 brd ff:ff:ff:ff:ff:ff
   63: enp61s6f2: <BROADCAST,MULTICAST> mtu 1500 qdisc noop state DOWN mode DEFAULT
group default qlen 1000
    link/ether 9e:fd:e6:dd:c1:03 brd ff:ff:ff:ff:ff:ff
   64: enp61s6f3: <BROADCAST,MULTICAST> mtu 1500 qdisc noop state DOWN mode DEFAULT
group default qlen 1000
   link/ether 9e:fd:e6:dd:c1:04 brd ff:ff:ff:ff:ff:ff
```

其中，vf 0、vf 1、vf 2、vf 3 分别为创建好的 VF，而 enp61s6、enp61s6f1、enp61s6f2 和 enp61s6f3 为 VF 对应的网卡名称。值得注意的是，如果没有加载 VF 的驱动，则无法看到 enp61s6、enp61s6f1、enp61s6f2 和 enp61s6f3。一张网卡能够创建的 VF 是有数量上限的，并且这个上限对不同的网卡来说也是不同的。可以通过以下方式来查询网卡所能创建的 VF 的数量上限：

```
# cat /sys/class/net/eno2/device/sriov_totalvfs
```

新创建的 VF 并没有 MAC 地址，我们可以通过下面的指令来为其分配 MAC 地址：

```
# ip link set dev eno2 vf $VF $MAC_ADDRESS
```

"MAC and VLAN Anti-Spoofing"是指，当 VF 上的恶意驱动程序尝试发送欺骗性数据包时，该数据包将被硬件丢弃，不进行传输。可以通过以下指令来为 VF 设置 Spoofchk：

```
# ip link set eno2 vf 0 spoofchk {on/off}
```

可以通过以下指令开启或关闭 trust：

```
# ip link set eno2 vf 0 trust {on/off}
```

当 trust 为 on 时，虚拟机可以直接修改分配给自己的 VF 的 MAC 地址；而当 trust 为 off 时，只可以通过 PF 来修改 VF 的 MAC 地址。

当 PF 使用用户空间的驱动，而 VF 使用内核空间的驱动时（如 PF 的驱动为 igb_uio，VF 的驱动为 i40evf），可以通过以下方式来分配 VF：

```
# echo 2 > /sys/bus/pci/devices/0000\:bb\:ss.f /max_vfs
```

其中，0000\:bb\:ss.f 为网卡的 PCI 地址，这里没有使用网卡名称是因为当驱动为 User Space 时，不会为网卡创建名称。需要注意的是，如果使用 vfio 作为 PF 的驱动，那么无法创建 VF。

2.6　Optane 和 NVMe

存储协议的革新和存储介质的演进推动了存储领域的发展，也使需要超高带宽和超大容量存储系统的边缘计算场景成为可能。

2.6.1　Optane

从磁介质到 NAND 是存储介质的第一次里程碑式的进化，而之后每次 NAND 的升级都能将 NAND 的存储密度提升到新的高度，但是 NAND 闪存的制程工艺是一把双刃剑，在其容量提升和成本降低的同时，其可靠性和性能都在下降，因为制程工艺越先进，NAND 的氧化层越薄，可靠性也越差，厂商就需要采取额外的手段来弥补，但这又会提高成本，以至于达到某个点之后，制程工艺已经无法带来优势了。

2D NAND 上的瓶颈催生了 3D NAND。如图 2-2 所示，就像盖房子一样，当你不能够在水平方向上扩大占地面积的时候，可以向垂直方向发展，3D NAND 就像存储器界的摩天大楼，其在垂直方向上构建存储单元格，而不是在晶圆平面上构建一系列的存储单元格。把存储单元立体化，这意味着每个存储单元的单位面积可以大幅下降。

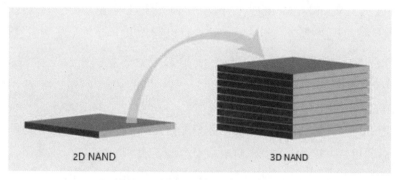

图 2-2　2D NAND 与 3DNAND

相对于 3D NAND 这种在本质上更偏向于"演进式"（从 2D 到 3D 是从平面到立体的制程架构，是一种工艺上的提升）的面世姿态，3D XPoint 则完全是以一种"新生代"的姿态面世的。它是自 NAND 闪存以来的首个新型非易失性存储技术，而且在 2015 年发布时被描述为"速度和耐久性都是 NAND 闪存的 1000 倍"，一时风头无两。

虽然 1000 倍的速度只是理论值，不过以颠覆者形象出现的 3D XPoint 技术仍然广受期待。特别是在数据中心领域，随着数据的爆发式增长和人工智能、大数据等新一代工作负载的涌现，企业对高性能存储设备的需求日益增加，所以 3D XPoint 的 1000 倍理论值并不是除营造噱头外毫无作用，它在某种程度上反映了 3D NAND 的可挖掘性。

同为非易失性存储领域的新秀，而且都是由 Intel 与美光共同研发的，因此 3D XPoint 与 3D NAND 常被互相比较。严格来说，在 3D NAND 与 3D XPoint 之间进行孰优孰劣的对比是不合适的，因为它们的定位并不相同。3D NAND 的市场定位很清晰，就是一种比机械硬盘更高级的数据存储方案；3D XPoint 的定位则介于 DRAM 与 3D NAND 之间，它的速度与耐久性能够达到内存的水平，密度与非易失性则偏向 3D NAND，其成本也介于两者之间，性能对比图如图 2-3 所示。

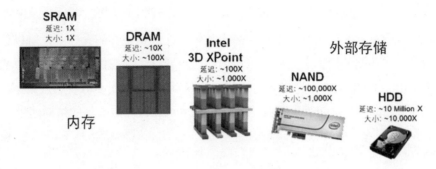

图 2-3　性能对比图

可以看到，除了 DRAM 的易失性与 NAND 的延迟不尽如人意，DRAM 与 NAND 之间的性能鸿沟也是一个不可回避的问题，上下两级系统存在较大的性能差距，使得级次缓存的设计方案很难体现出最佳的效果，在 NAND 和 DRAM 上，其性能鸿沟相比 DRAM 和 HDD 略有缩小，但是本质上的变化并不明显。例如，在延迟方面，DRAM 的十几纳秒相比 NAND 的约一百微秒快了很多个数量级。

而 Intel 与美光推出的 3D XPoint 则同时拥有高性能和非易失性两种特性。可以说，3D XPoint 在原本的内存与外部存储之间开辟了新的层次。

Intel 基于 3D XPoint 技术分别开发出了 Optane Memory（傲腾内存）和 Optane NVMe SSD（傲腾固态硬盘），对存储层次模型重新进行了划分和定义。Optane Memory 是为高性能和灵活性而设计的革命性的 SCM（Storage Class Memory）；Optane NVMe SSD 是非常快的、可用性和可服务性非常好的固态硬盘。3D XPoint（包括 Optane Memory 和 Optane NVMe SSD）位于 DRAM 和 NAND 之间，用于填补 DRAM 和 NAND 之间的性能和延迟差距。

从应用场景方面分析，Optane NVMe SSD 主要用在 NAND Flash SSD 之上，用于对系统日志、Memory Page 和系统元数据进行加速；Optane Memory 的主要定位替代 DRAM，用于支撑 Persistent Memory 或 In-Memory 应用。

随着固态硬盘的单盘容量不断变大，元数据的量也在不断增大。当元数据的量增加到一定程度时，DRAM 已无法完全缓存，采用 Optane NVMe SSD 作为扩展缓存，将元数据缓存在 Optane NVMe SSD 上，并且配合相应的算法，可以提高大容量下元数据的访问性能，从而提升阵列在大容量下的整体性能。通过对 Hash、Radix tree、B-Tree 等各种索引数据结构和算法进行比较，选取对 Optane NVMe SSD 上的存储内容高效的索引数据结构和算法，既能快速访问索引和 Optane NVMe SSD 上的内容，占用的 CPU 和内存资源又少。

在实际应用中，大部分应用中都存在热点数据。在数据缓存的设计中，可以使用高效的热点识别算法对数据进行识别，将频繁访问的热点数据缓存在内存中，将次热数据缓存在 Optane NVMe SSD 中，从而直接从内存或 Optane NVMe SSD 中访问热点数据，减少由固态硬盘读取数据的操作，进而缩短延迟，最大限度地加快热点数据的访问速度。

2.6.2 NVMe

近些年，固态硬盘接口经历了 SATA、mSATA、SATAExpress、M.2 和 U.2 等多次革新，但这些都只是物理接口标准，也就是我们在外观上能够直接分辨的接口形式。对于难以通过外观直接判断的通信协议，则可以分为上层协议与传输协议两方面的演变区分。存储接口协议如图 2-4 所示。

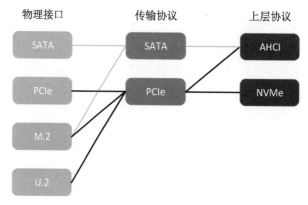

图 2-4 存储接口协议

SATA 接口最为原始，只支持 SATA 传输协议与 AHCI 上层协议。作为融合了多种协议的接口，M.2 则能够兼容 AHCI 和 NVMe 两种上层协议，传输协议与传输层的布线有关，理论上，一个 M.2 插槽既可以使用 M.2 SATA 传输协议的固态硬盘，也可以使用 PCIe 传输协议、NVMe 上层协议的固态硬盘。M.2 SATA 传输协议的兼容性更广，而 M.2 NVMe 上层协议的性能更佳。

AHCI 的历史可以追溯到 2004 年，是在 Intel 的领导下由多家公司联合研发的接口标准，允许存储驱动程序启用高级串行 ATA 功能。相对于传统的 IDE 技术，AHCI 能够改善传统硬盘的性能，设计之初面向的就是机械硬盘，针对的是高延迟的机械磁盘的优化。因此，AHCI 不能完全发挥固态硬盘的优势，对 Flash 固态硬盘来说，AHCI 逐渐出现性能瓶颈，又因为非易失性存储是存储硬件的发展趋势，所以需要一种新的协议来突破 AHCI 的局限性，于是，NVMe 应运而生。

1. NVMe

非易失性存储主机控制器接口标准（Non-Volatile Memory Host Controller Interface Specification，NVMe，或称 NVMHCIS）最早是由 Intel 于 2007 年提出的。Intel 领衔成立了 NVMHCIS 工作组，其成员包括三星、美光等公司，其致力于使将来的存储产品从 AHCI 中解放出来。今天的固态硬盘产品已经通过用 NVMe 来取代 AHCI 发挥出了极高的性能优势。

简单来说，NVMe 就是能够使固态硬盘与主机通信速度更快的主机控制器接口规范。打个比方，假设你刚买了一辆超跑，能达到每小时 400 千米的时速，但是，普通的道路不允许以这样的速度行驶，而且一般的城市道路限速每小时几十千米，如果想让跑车的车速更快，就需要换一条路，这个场景类似于固态硬盘推出之后存储行业的情况。闪存技术比传统的机械硬盘快很多倍，但是早期都是使用 SATA 或 SAS 将存储设备连接到系统和网络上的，虽然对于 HDD 来说，这些接口所能提供的性能已经足够，但是它们为固态硬盘带来了瓶颈。

这就促使人们寻找更好的方式将固态硬盘连接到主机上，而这正是 NVMe 的用武之地。NVMe 的主要特点如下所示。

- PCIe：NVMe 使用 PCIe 总线来提供更大的带宽和更短的延迟连接。
- 并行性：NVMe 在很大程度上实现了并行性，极大地提高了吞吐量。当将数据从存储设备传输到主机上时，它会进入一个队列。传统的 SATA 设备只能支持一个队列，一次只能接收 32 条数据；而 NVMe 最多能支持 64 000 个队列，每个队列有 64 000 个条目。类似于跑车的例子，SATA 就像只有一条车道的公路，可以容纳 32 辆车；而 NVMe 就像有 64 000 条车道的公路，每条车道都能容纳 64 000 辆汽车。当系统从 HDD 读取数据时，一次只能读取一块数据。因为 HDD 的磁头必须通过旋转移动到第一个数据块的正确位置，再次旋转移动到第二个数据块的正确位置，以此类推但是闪存和其他非易失性存储技术没有移动部件，不需要旋转定位的过程，这就意味着系统可以同时从许多不同的位置读取数据。这就是为什么固态硬盘能够充分利用 NVMe 提供的并行性，而 HDD 不能。

- 限速：SATA 和 SAS 连接有比较低的速度限制，SATA 的理论最大传输速率为 6.0 Gbps，超过一定限度，使用再快的闪存对系统的整体性能也没有影响。

2. NVMe-oF

在 HDD 时代，因为硬盘性能太低，所以要把很多硬盘堆在一起形成 RAID，从而提供更高的性能或更大的容量。随着固态硬盘的发展，开始出现固态硬盘+HDD 组成缓存或分层，或者由纯固态硬盘（全闪存）来满足应用需求方案。

但是，随着 NVMe SSD 的普及和服务器本身能支持的固态硬盘的数量的进一步增加，本地计算能力已经不能完全发挥固态硬盘的全部性能，计算或软件成为性能的瓶颈。

这时，就有两条途径来解决此问题：一是减少软件的开销，因此出现了 SPDK（Storage Performance Development Kit）；二是将计算与存储分离，把固态硬盘放到单独的设备里面，把存储独立出来供很多主机共享。但是将计算和存储分离以后，却带来了带宽和延迟上的挑战，而这就是 NVMe-oF（NVMe over Fabrics）要解决的问题。

NVMe-oF 规范与 NVMe 规范大约有 90%的内容相同，其实 NVMe-oF 只是在 NVMe 协议中的 NVMe Transport 部分进行了扩展，以支持 InfiniBand、以太网及 Fibre Channel 等。

关于 NVMe-oF，目前有两种类型的传输正在开发，使用 RDMA 的 NVMe-oF 和使用 FC-NVMe 的 NVMe-oF。这里的 RDMA 包括 InfiniBand、RoCE（RDMA over Converged Ethernet）和 iWARP（internet Wide Area RDMA Protocol），RDMA 支持在不涉及处理器的情况下将数据传输到两台计算机的内存上，并提供低延迟和快速的数据传输速率。从逻辑架构上看，与 NVMe over PCIe 相比，NVMe over RDMA 在软件开销上的增加很少，可以近似地认为跨网络访问和本地访问的延迟相同。

## 第 3 章

边缘计算的软件基础

作为一个新兴的领域，边缘计算通过把计算、存储、网络、应用资源下沉到边缘侧为用户提供低延迟、高带宽、情景感知的服务，与云计算和云服务互为补充，为云端分担工作负荷，并通过 5G 等新兴的通信技术共同构成高效智能的端到端处理系统。

高性能、低功耗的硬件方案为边缘计算方案的实施提供了坚实的物质基础，但硬件平台还需要软件技术的支持才能发挥出最佳的性能，实现适合边缘计算不同应用场景的端到端的解决方案。本章从如下几方面探讨边缘计算的基础软件技术。

- 虚拟化和容器技术，它是有效、合理和安全使用硬件资源的基础。
- 网络技术，包括各种网络数据面处理的优化技术，如 DPDK、VPP 等。
- 存储技术，如 Ceph 等。
- 基于 OpenStack 的边缘计算平台，以虚拟机方式管理的计算资源。
- 基于 Kubernetes 的边缘计算平台，以容器方式管理的计算资源。
- 编排技术，包括 ONAP 和 OpenNESS 等。
- 人工智能技术。

边缘计算的应用场景种类繁多，需求也各不相同，没有某种软件技术和硬件平台适合所有的场景，这就需要系统设计人员在了解各种基本技术的前提下，结合实际的应用场景和需求，选择适合的软件技术和硬件平台，从而设计合理的边缘技术方案。

3.1 虚拟化和容器技术

3.1.1 虚拟化

对于虚拟化，每个人都可能有自己的认识。但其实所谓的虚拟化技术至少已经存在了四十年。例如，在计算机发展的"上古时代"，曾有一段时间，开发者会担心是否有足够的可用内存来存放自己的程序指令和数据，于是，操作系统里便引入了虚拟内存的概念，这是操作系统为了满足应用程序的需求而对内存进行的虚拟和扩展。

因为购买大型计算机系统的价格十分昂贵，系统管理员又不希望各部门的用户独占资源，所以出现了所谓的虚拟服务器，可以让用户更好地共享（Time-sharing）昂贵的大型机系统。

当然，虚拟化技术的内涵远远不止于虚拟内存和虚拟服务器这么简单。如果我们在一个更广泛的环境中（如任务负载虚拟化和信息虚拟化）来思考虚拟化技术，虚拟化技术就变成了一个非常强大的概念，可以为最终用户、上层应用和企业带来很多好处。

现代计算机系统是一个庞大的整体，整个系统的复杂性是不言而喻的。因此，计算机系统自下而上被分成多个层次，图 3-1 所示为常见的计算机系统的层次结构。

图 3-1　常见的计算机系统的层次结构

每个层次都向上一层次呈现一个抽象，并且每层只需要知道下层抽象的接口，并不需要了解其内部运作机制。例如，操作系统看到的硬件是一个硬件抽象层，它并不需要理解硬件的布线或电气特性。

这样进行层次抽象的好处是：每层只需要考虑本层的设计及与相邻层间的交互接口，从而大大降低了系统设计的复杂度，提高了软件的可移植性。从另一方面来说，这样的设计也给下一层软件模块为上一层软件模块创造"虚拟世界"提供了条件。

本质上，虚拟化就是由位于下层的软件模块，根据上一层软件模块的期待，抽象出一个虚拟的软件或硬件接口，使上一层软件模块可以直接运行在与自己所期待的运行环境完全一致的虚拟环境上。

虚拟化可以发生图 3-1 中的各个层次上，不同层次的虚拟化会带来不同的虚拟化概念。在学术界和工业界，先后出现了各种形形色色的虚拟化概念，这也是我们前面为什么会说"对于虚拟化，每个人都可能有自己的认识"。有人认为虚拟内存和虚拟服务器都是虚拟化，有人认为硬件抽象上的虚拟化是一种虚拟化，也有人认为类似 Java 虚拟机这种软件也算是一种虚拟化。

对云计算而言，特别是提供基础架构即服务的云计算，更关心的是硬件抽象层上的虚拟化。因为，只有把物理计算机系统虚拟化为多台虚拟计算机系统，通过网络将这些虚拟计算机系统互联互通，才能形成现代意义上的基础架构即服务云计算系统。

如图 3-2 所示，硬件抽象层上的虚拟化层是指通过虚拟硬件抽象层来实现虚拟化，为客户机操作系统呈现出与物理硬件相同或相近的虚拟硬件抽象层。由于客户机操作系统所能看到的只是虚拟硬件抽象层，因此客户机操作系统的行为和其在物理平台上没有什么区别。

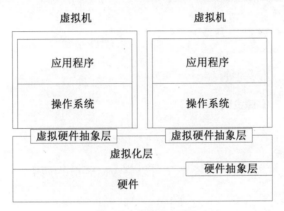

图 3-2　系统虚拟化

这种虚拟硬件抽象层上的虚拟化又被称为系统虚拟化，是指将一台物理计算机系统虚拟化为一台或多台虚拟计算机系统。每个虚拟计算机系统（简称为虚拟机，也就是上面所称的客户机）都拥有自己的虚拟硬件，如 CPU、内存和设备等，并提供一个独立的虚拟机执行环境。通过虚拟机监控器（Virtual Machine Monitor，简称 VMM，也可以称为 Hypervisor）的模拟，虚拟机中的操作系统（Guest OS，客户机操作系统）仍然认为自己独占一个系统在运行。在一台物理计算机上运行的各个虚拟机中的操作系统可以是完全不同的，并且，它们的执行环境是完全独立的。

1. 虚拟化的实现方式

当前主流的虚拟化实现方式可以分为以下两种，如图 3-3 所示。

- VMM 直接运行在硬件平台上，控制所有硬件并管理客户操作系统。客户操作系统运行在比 VMM 更高的级别上。这个模型也是虚拟化历史中的经典模型，很多著名的虚拟机都是根据这个模型实现的，如 Xen。

- VMM 运行在一个传统的操作系统里（第一软件层），可以将其看作第二软件层，而客户机操作系统则是第三软件层。KVM 和 VirtualBox 就是采用的这种实现方式。

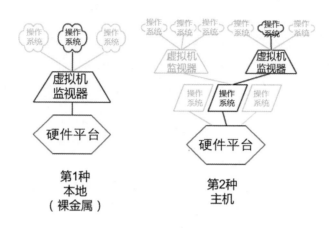

图 3-3　两种虚拟化的实现方式

按照 VMM 所提供的虚拟平台类型又可以将 VMM 分为两类。

（1）完全虚拟化。

VMM 虚拟的是现实存在的平台，并且在客户机操作系统看来，虚拟平台和现实平台是一样的，客户机操作系统感觉不到自己运行在一个虚拟平台上，现有的操作系统无须进行任何修改就可以运行在这样的虚拟平台上，因此这种方式被称为完全虚拟化（Full Virtualization）。

在完全虚拟化中，VMM 需要正确处理客户机操作系统所有可能的行为或指令，因为客户机操作系统会像正常的操作系统那样，去操作虚拟处理器、虚拟内存和虚拟外设。从实现方式来说，完全虚拟化经历了两个阶段：软件辅助的完全虚拟化与硬件辅助的完全虚拟化。

在 x86 虚拟化技术的早期，x86 体系没有在硬件层次上对虚拟化提供支持，因此，完全虚拟化只能通过软件来实现，一个典型的做法是将优先级压缩（Ring Compression）和二进制代码翻译（Binary Translation）结合。

优先级压缩的原理是：将 VMM 和客户机的优先级放到同一个 CPU 中来运行，对应于 x86 架构，通常是 VMM 在 ring 0，客户机操作系统内核在 ring 1，客户机操作系统应用程序在 ring 3。当客户机操作系统内核执行特权指令时，处在非特权的 ring 1 通常会触发异常，VMM 截获异常后就可以进行特权指令的虚拟化。但是 x86 指令体系在设计之初并没有考虑到虚拟化，一小部分特权指令在 ring 1 中不能触发异常，VMM 也就不能将之截获并进行虚拟化了。因此，这些特权指令不能通过优先级压缩来进行虚拟化。

因此，二进制代码翻译被引入，以处理这些对虚拟化不友好的指令。二进制代码翻译就是通过扫描并修改客户机的二进制代码，将难以虚拟化的指令转化为支持虚拟化的指令。VMM 通常会对操作系统的二进制代码进行扫描，一旦发现虚拟化不友好的指令，就将其替换成支持虚拟化的指令块（Cache Block）。这些指令块可以与 VMM 合作访问受限的虚拟资源，或者显式地触发异常，让 VMM 进一步处理。

优先级压缩和二进制代码翻译虽然能够实现完全虚拟化，但是这种打补丁的方式很难在架构上保证其完整性。因此，x86 厂商在硬件上加入了对虚拟化的支持，从而在硬件架构上实现了虚拟化。

很多问题，如果在本身的层次上难以解决，那么通过在其下面增加一个层次来解决，就会变得较容易。硬件辅助的完全虚拟化就是这样一种方式，既然操作系统已经是硬件之上的最下面一层的系统软件，如果硬件本身加入足够的虚拟化功能，就可以截获操作系统对敏感指令的执行或对敏感资源的访问，从而通过异常的方式报告给 VMM，这样就解决了虚拟化的问题。

Intel 的 VT-x 技术是这一方向的代表。VT-x 技术在处理器上引入了一种新的执行模式，用于运行虚拟机。当虚拟机运行在这种特殊模式中时，它仍然面对一套完整的处理器、寄存器和执行环境，只是任何特权操作都会被处理器截获并报告给 VMM。VMM 本身运行在正常模式下，在接收处理器的报告后，通过对目标指令进行解码，找到相应的虚拟化模块进行模拟，并把最终的效果反映在特殊模式的环境中。

硬件虚拟化是一种完备的虚拟化方法，因为内存和外设的访问本身也是由指令来承载的，对处理器指令级别的截获意味着 VMM 可以模拟一个与真实主机相同的环境。在这个环境中，任何操作系统只要能够在现实中的等同主机上运行，就可以在这个虚拟机环境中无缝运行。

（2）类虚拟化（Para-Virtualization）。

第二类 VMM 虚拟出的平台是现实中不存在的，是经过 VMM 重新定义的。这样的虚拟平台需要对所运行的客户机操作系统进行或多或少的修改，使之适应虚拟环境，客户机操作系统知道自己运行在虚拟平台上，并会主动适应虚拟环境，这种方式被称为类虚拟化。

类虚拟化通过在源代码级别修改指令以回避虚拟化漏洞的方式来使 VMM 对物理资源实现虚拟化。对于 x86 中难以虚拟化的指令，完全虚拟化通过二进制代码翻译在二进制代码级别上来避免虚拟化漏洞，类虚拟化采取的是另一种思路，即修改操作系统内核的代码，使操作系统内核完全避免这些难以虚拟化的指令。既然需要修改内核代码，类虚拟化可以进一步优化 I/O。也就是说，类虚拟化不是去模拟真实世界中的设备，因为太多的寄存器模拟会降低性能；相反，类虚拟化可以自定义出高度优化的 I/O 协议，这种 I/O 协议完全基于实物，可以达到近似物理机的性能。

2. 虚拟化技术最近的发展

虚拟化中的核心技术（CPU 虚拟化、内存虚拟化、I/O 虚拟化、网络虚拟化和 GPU 虚拟化）都经历了一场前面提到的革新：由基于软件的虚拟化全面转向硬件辅助虚拟化。

（1）CPU 虚拟化。

早先的 CPU 虚拟化由于硬件的限制，必须将客户机操作系统中的特权指令替换成可以陷入 VMM 的指令，从而让 VMM 接管并进行相应的模拟工作，最后返回到客户机操作系统中。这种做法性能差、工作量大、容易引起 Bug。Intel 的 VT-x 技术对现有的 CPU 进行了扩展，引入了特权级别和非特权级别，从而极大程度地简化了 VMM 的实现。

（2）内存虚拟化。

内存虚拟化的目的是给客户机操作系统提供一个从零开始的连续的物理内存空间，并在各个虚拟机之间进行有效的隔离。

客户机物理地址空间并不是真正的物理地址空间，它和宿主机物理地址空间还有一层映射关系。内存虚拟化要通过两次地址转换来实现，即从客户机虚拟地址（Guest Virtual Address，GVA）到客户机物理地址（Guest Physical Address，GPA），再到宿主机物理地址的转换（Host Physical Address，HPA）。

其中，从 GVA 到 GPA 的转换是由客户机软件决定的，通常由客户机看到的 CR3 指向的页表来指定；从 GPA 到 HPA 的转换则是由 VMM 决定的。VMM 在将物理内存分配给客户机时就确定了从 GPA 到 HPA 的转换，并将这个映射关系记录到内部数据结构中。

原有的 x86 架构只支持一次地址转换，即通过 CR3 指定的页表来实现从虚拟地址到物理地址的转换，这无法满足虚拟化两次地址转换的要求。因此原先的内存虚拟化就必须将两次转换合并为一次转换来解决这个问题，即 VMM 根据从 GVA 到 GPA，再到 HPA 的映射关系，计算出从 GVA 到 HPA 的映射关系，并将其写入所谓的"影子页表"（Shadow Page Table）。尽管影子页表实现了传统的内存虚拟化，但是其实现非常复杂，内存开销很大，性能也会受到影响。

为了解决"影子页表"的局限性，Intel 的 VT-*x* 提供了 EPT（Extended Page Table）技术，直接在硬件上支持 GVA/GPA/HPA 的两次地址转换，大大降低了内存虚拟化的难度，提高了相关性能。此外，为了进一步提高 TLB 的使用效率，VT-*x* 引入了 VPID（Virtual Processor ID）技术，可以进一步优化内存虚拟化的性能。

（3）I/O 虚拟化。

传统的 I/O 虚拟化方法主要有设备模拟和类虚拟化。前者的通用性高，但性能不理想；后者的性能不错，却缺乏通用性。如果要兼顾通用性和高性能，最好的方法就是让客户机直接使用真实的硬件设备。这样客户机的 I/O 操作路径几乎和在没有虚拟机的环境下相同，从而可以获得几乎相同的性能。因为这些是真实存在的设备，所以客户机可以使用自带的驱动程序去发现并使用它们，通用性的问题也得以解决。但是使用客户机直接操作硬件设备需要解决如下两个问题。

- 让客户机直接访问设备真实的 I/O 地址空间（包括 I/O 端口和 MMIO）。
- 让设备的 DMA 操作直接访问客户机的内存空间。因为无论设备当前运行的是虚拟机还是真实操作系统，都会用驱动提供给它的物理地址进行 DMA 操作。

VT-*x* 技术能够解决第一个问题，允许客户机直接访问物理的 I/O 地址空间。Intel 的 VT-d 技术则可以解决第二个问题，它提供了 DMA 重映射（Remapping）技术，以帮助 VMM 的实现者达到目的。

VT-d 技术通过在北桥引入 DMA 重映射硬件提供设备重映射和设备直接分配的功能。在启用 VT-d 的平台上，设备所有的 DMA 传输都会被 DMA 重映射硬件截获，然后根据设备对应的 I/O 页表对 DMA 中的地址进行转换，使设备只能访问限定的内存。这样，设备就可以直接分配给客户机使用了，驱动提供给设备的 GPA 经过重映射变为 HPA，使 DMA 操作得以完成。

（4）网络虚拟化。

早期的网络虚拟化都是通过重新配置宿主机的网络拓扑结构来实现的，如将宿主机的网络接口和代表客户机的网络接口配置在一个桥接（Bridge）下面，使客户机可以拥有独立的 Mac 地址，并且在网络中像一个真正的物理机一样。但是这种方法增加了宿主机网络驱动的负担，降低了系统性能。

VT-d 技术可以将一个网卡直接分配给客户机使用，从而达到和物理机一样的性能。但是它的可扩展性比较差，因为一个物理网卡只能分配给一个客户机，而且服务器能够支持的 PCI 设备数量是有限的，远远不能满足越来越多的客户机数量，因此 SR-IOV（Single Root I/O Virtualization）被引入，来解决这个问题。

（5）GPU 虚拟化。

如图 3-4 所示为 GPU 虚拟化的常用方法。

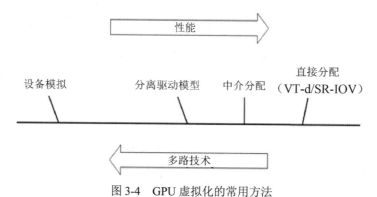

图 3-4　GPU 虚拟化的常用方法

设备模拟（Device Emulation）是最传统的方法，QEMU 就是典型代表。它模拟了一个比较简单的 VGA 设备模型，截获客户机操作系统对 VGA 设备的操作，然后利用宿主机上的图形库绘制最终的显示结果。哪怕绘制最简单的图形，也要经过多次客户机与宿主机间的通信，而且没有硬件帮助其加速，所以性能很差。

分离驱动模型（Split Driver Model）类似于前面提到的"类虚拟化"驱动，只不过它工作在 API 的层面。前端驱动（Front End Driver）将客户机操作系统的 DirectX/OpenGL 调用转发到宿主机的后端驱动（Back End Driver）。后端驱动就像一个在宿主机上运行的 3D 程序，进行绘制工作。这种方法可以利用宿主机的 DirectX/OpenGL 库实现硬件加速，但是由于只能针对特定的 API 加速，所以对宿主机、客户机和运行在其中的 3D 程序有各种限制。

直接分配（Direct Pass Through）基于前面提到的 VT-d 或 SR-IOV 等技术，直接将一个硬件分配给客户机操作系统。VT-d 可以将整个 PCI 显卡分配给客户机用，虽然性能很好，但是可扩展性较差。SR-IOV 标准使得 PCI 设备在本质上可以在各个客户机之间共享，但是由于显示硬件过于复杂，所以众多厂商不愿意在显卡中实现 SR-IOV 的扩展。

中介分配（Mediated Pass Through）是对直接分配的一种改进，允许每个虚拟机访问部分显示设备资源，而不用经过 VMM 的任何干涉。但对于特权操作，需要引入新的软件模块作为中介（Mediator），进行相关模拟工作。中介分配保留了直接分配的高性能，并且避免了 SR-IOV 实现的硬件复杂性，是比较成熟的解决方案。Intel 的 GVT-g（Graphics Virtualization Technology）就是这种方法的典型代表。

XenGT 是由 Intel GVT-g 的 Xen 实现的，XenGT 架构如图 3-5 所示。

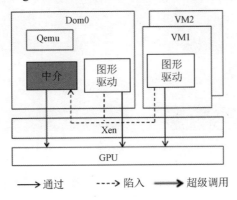

图 3-5　XenGT 架构

客户机操作系统不需要任何改动，原有的图形驱动可以直接工作，从而达到了很好的性能。对于部分关乎性能的重要资源，客户机不经过 VMM 就可以直接访问。但特权操作会被 XenGT 截获，并且转发到中介（Mediator）中。中介为每个客户机创建一个虚拟的 GPU 上下文（Context），并在其中模拟特权操作。当 VM 发生切换时，中介也会切换 GPU 上下文。XenGT 将中介的实现放在 Dom0 中，这样可以避免在 VMM 里面增加复杂的设备逻辑，而且减轻了发布时的工作。

KVMGT 是由 Intel GVT-g 的 KVM 实现的，KVMGT 只支持 Intel 的 GPU，从 Haswell 开始支持。

3. 虚拟化引入的新特性

虚拟化技术自 20 世纪 60 年代诞生以来一直飞速发展，尤其是近年来，IT 管理技术和云计算的大规模应用对虚拟化技术提出了更高的要求，也促使硬件厂商、软件提供商使用更新的技术来提高虚拟化的安全性和其他性能，从而产生了更多的应用场景。

（1）动态迁移。

动态迁移是虚拟化特有的新特性，它将一个虚拟机从一个物理机快速迁移到另外一个物理机，但是虚拟机里面的程序和网络都保持连接。从用户的角度来看，动态迁移对虚拟机的可用性没有任何影响，用户不会察觉到任何服务中断，动态迁移如图 3-6 所示。

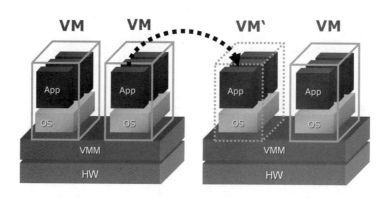

图 3-6　动态迁移

动态迁移最大的好处是可以提高服务器的可维护性。当察觉到即将发生的硬件故障时，可以把虚拟机动态迁移到其他机器中，从而避免服务中断。另外，动态迁移也可以用于负载均衡。例如，当各个服务器之间的 CPU 利用率差别过大时，或者当用户访问量较少时，可以将所有的虚拟机通过动态迁移集中到几个服务器上，而把其他服务器关掉，从而节省电力。

动态迁移实现的方法是在目的服务器上建立一台具有相同配置的新虚拟机，然后不断在两个虚拟机之间同步各种内部状态，如内存、外设、CPU 等。等状态同步完成后，关掉旧虚拟机，启动新虚拟机。

动态迁移的实现难度在于内存的同步，一是因为内存很大，不可能在可以接受的宕机时间内一下子同步到目的虚拟机中，必须迭代进行；二是在每次迭代过程中，客户机操作系统又会写内存，造成新的"脏页"，需要重新同步。因此，需要一个方法来确定"脏页"，并以最高效的迭代算法同步到目的虚拟机中。

常见的虚拟机实现都会提供 Log Dirty 机制，来记录哪些内存页被写过。每次迭代前都会查看从上次到现在产生了哪些脏页，并跳过它们留到下次迭代再传送。通常情况下，这是一个收敛的过程，脏页会越来越少，当达到一定的标准，如脏页小于总内存的 1%、迭代次数已经超过一定的值、迁移的时间已经太久时，就会暂停虚拟机，然后把剩下的脏页和虚拟机的其他状态一起传送到目的虚拟机中。

如果动态迁移的虚拟机拥有 VT-d 设备，那么迁移就不可能成功。因为不能保证目的物理机有完全一样的设备。即使目的物理机有这样的设备，也不能保证它可以完全地保存和恢复设备状态，从而在两个设备之间做到完美的同步。针对 VT-d 的网卡，Intel 利用操作系统内部的键合驱动器（Bonding Driver）和热插拔（Hotplug）机制提供了一套软件的解决方案。

键合驱动器可以将多个网卡绑定成一个网络接口，提供一些高级功能，如热备份，当一个网卡失效了，网络接口可以自动切换到另一个网卡上，从而保证网络连接的通畅。VT-d 网卡的动态迁移就是事先在客户机操作系统中将 VT-d 网卡绑定在一个热备份的 Bonding 接口下，而用一个虚拟网卡作为热备份。在动态迁移前，做一个热移除（Hot Remove）的操作将 VT-d 网卡移除，Bonding 接口会自动切换到虚拟网卡上，就可以进行动态迁移了。动态迁移成功后，再 Hot Add 一个 VT-d 的网卡到目的虚拟机中，并加入 Bonding 接口中作为缺省的网卡。这样就巧妙地实现了 VT-d 网卡的动态迁移。

（2）虚拟机快照。

虚拟机快照（Snapshot）就是在某一时刻把虚拟机的状态像照片一样保存下来。通常，快照要保存所有的硬盘信息、内存信息和 CPU 信息。虚拟机快照可以便捷地产生一套与当前状态相同的虚拟机环境，因此被广泛地用于测试、备份和安全等场景中。

（3）虚拟机克隆。

虚拟机克隆是指把一个虚拟机的状态完全不变地复制到另外一个虚拟机中，形成两个完全相同的系统，并且可以同时运行。为了达到同时运行的目的，新的虚拟机的某些配置，（如 MAC 地址）可能需要进行改动，以避免和老虚拟机产生冲突。

如今的数据中心都是由数以万计的机器组成的，部署工作也需要耗费大量的时间和精力。有了虚拟机克隆技术，只需要先安装配置好一台虚拟机，然后将其克隆到其他数以万计的虚拟机中即可，从而大大减少了整个数据中心的安装和配置时间。

（4）P2V。

P2V（Physical to Virtual Machine）是指将一个物理服务器的操作系统、应用程序和数据从物理硬盘迁移到一个虚拟机的硬盘镜像中。P2V 技术极大地降低了服务器虚拟化的使用门槛，使得用户可以方便地将现有的物理机转化成虚拟机，从而使用各种虚拟机相关技术来进行管理。

4. 典型的虚拟化产品

虚拟化技术经过多年的发展，已经出现了很多成熟的产品，应用也从最初的服务器扩展到了桌面等更宽的领域。下面介绍几种典型的虚拟化产品。

（1）VMware。

VMware 是 x86 虚拟化软件的主流厂商之一，成立于 1998 年，并于 2003 年被 EMC 收购。VMware 提供一系列的虚拟化产品（从服务器到桌面），可以运行于各种平台上，包括 Windows、Linux 和 Mac OS。近年来，VMware 的产品线延伸到数据中心和云计算等方面，实现了各个层次、各个领域的全面覆盖。

VMware 的虚拟化产品如下。

- VMware ESX Server：VMware 的旗舰产品，基于 Hypervisor 模型（类型 1 VMM），直接运行在物理硬件上，无须操作系统，在性能和安全方面得到了全面的优化。
- VMware Workstation：面向桌面的主打产品，基于宿主模型（类型 2 VMM），宿主机操作系统可以是 Windows 或 Linux。支持完全虚拟化，因此可以使用各种客户机操作系统，包括 Windows、Linux、Solaris 和 Freebsd。
- VMware Fusion：面向桌面的一款产品，其功能和 VMware Workstation 基本相同，但是 Fusion 的宿主机操作系统是 Mac OS X，并且进行了很多针对 Mac 系统的优化。

VMware 产品有以下优点。

- 功能丰富。很多虚拟化功能最先都是由 VMware 开发的。
- 配置和使用方便。VMware 开发了非常易于使用的配置工具和用户界面。
- 稳定，适合企业级应用。VMware 产品非常成熟，很多企业选择 VMware ESX Server 来运行关键应用。

（2）Microsoft。

微软在虚拟化方面的起步比 VMware 晚，但在认识到虚拟化的重要性之后，微软通过外部收购和内部开发，推出了一系列产品，涵盖了用户状态（User State）虚拟化、应用程序（Applications）虚拟化和操作系统虚拟化。操作系统虚拟化产品主要有面向桌面的 Virtual PC 和面向服务器的 Virtual Server。这些产品的特点在于和 Windows 操作系统结合得非常好，在 Windows 操作系统下易于配置和使用。

（3）Xen。

Xen 起源于英国剑桥大学的一个研究项目，后来逐渐发展成一个开源软件项目，吸引了许多公司和科研院所加入，发展非常迅速。

从技术角度来说，Xen 基于混合模型，特权操作系统（Domain0，或者说 dom0）起到了很多与宿主机操作系统相同的管理功能，其他非特权的虚拟机（domU）运行用户的程序。Xen 最初是基于类虚拟化来实现的，通过修改 Linux 内核实现处理器和内存的虚拟化，通过引入 I/O 的前端/后端驱动（Front/Backend）架构实现设备的虚拟化。利用类虚拟化的优势，Xen 可以达到接近物理机的性能。

随着 Xen 社区的发展壮大，硬件完全虚拟化技术也被加入 Xen 中，如 Intel VT 和 AMD-V，因此未加修改的操作系统也可以在 Xen 上面运行。

Xen 支持多种硬件平台，官方的版本支持包括 x86_32、x86_64、IA64、Power PC 和 ARM 架构。基于 Xen 的虚拟化产品有很多，如 Ctrix、VirtualIron、Redhat 和 Novell 等都有相应的产品。

作为开源软件，Xen 的主要特点如下。

- 可移植性非常好，开发者可以将其移植到其他平台上，也可以将其修改，用于项目研究。

- 独特的类虚拟化支持，提供了接近于物理机的性能。但 Xen 的易用性和其他成熟的商业产品还有一定的差距，有待加强。

（4）KVM。

KVM（Kernel-based Virtual Machine）也是一款基于 GPL 的开源虚拟机软件。它最早是由 Qumranet 公司开发的，在 2006 年 10 月出现在 Linux 内核的邮件列表上，并于 2007 年 2 月被集成到 Linux 2.6.20 内核中，成为内核的一部分。

KVM 架构如图 3-7 所示。它是基于 Intel VT 等技术的硬件虚拟化，并利用 QEMU 来提供设备虚拟化。此外，Linux 社区中已经发布了 KVM 的类虚拟化扩展。

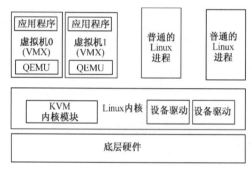

图 3-7　KVM 架构

从架构上看，KVM 属于宿主模型，因为 Linux 设计之初并没有针对虚拟化的支持，KVM 是以内核模块的形式存在的。但是随着越来越多的虚拟化功能被加入 Linux 内核中，可以把 Linux 内核看作一个 Hypervisor，因此也可以将 KVM 看作 Hypervisor 模型。

3.1.2　容器

很久以前，要想在线上服务器上部署一个应用，首先需要购买一个物理服务器，在物理服务器上安装一个操作系统，然后安装好应用所需要的各种依赖环境，最后才可以进行应用的部署。

自虚拟化技术出现以后，在本地操作系统之上增加了一个 Hypervisor 层，通过 Hypervisor 层，我们可以创建不同的虚拟机，可以限定每个虚拟机能够使用的物理资源，并且每个虚拟机都是分离的、独立的。例如，虚拟机 A 使用 1 个 CPU、4GB 内存、100GB 磁盘，虚拟机 B 使用 2 个 CPU、8GB 内存、200GB 磁盘，从而可以实现物理资源利用率的最大化。如此一来，一台物理机可以部署多个应用，每个应用都可以独立运行在一个虚拟机里。

但是，因为每个虚拟机都是一个完整的操作系统，所以需要为其分配一定的物理资源，随着虚拟机数量增多，操作系统本身消耗的资源势必增多。开发与运维的环境都比较复杂，如前端开发、后端开发及测试，基于服务器或云环境运维等，这就导致了开发环境和线上环境的差异，开发环境与运维环境之间无法很好地兼容，因此在部署线上应用时需要花时间去处理环境不兼容的问题。

容器技术的出现解决了上述问题。容器可以帮我们把开发环境及应用整体打包带走，打包好的容器可以在任意环境下运行，从而解决了开发环境与运维环境不一致的问题。

容器技术框架如图 3-8 所示。

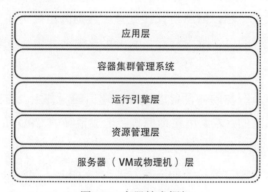

图 3-8　容器技术框架

服务器层包含容器运行时的两种场景，泛指容器运行的环境。资源管理层的核心目标是对服务器和操作系统的资源进行管理，以支持上层的容器运行引擎。应用层泛指所有运行于容器上的应用程序，以及所需的辅助系统，包括监控、日志、安全、编排、镜像仓库等。

运行引擎层主要指常见的容器系统，包括 Docker、Rkt、Hyper、CRI-O 等，负责启动容器镜像、运行容器应用和管理容器实例。运行引擎又可以分为管理程序（Docker Engine、OCID、Hyperd、Rkt、CRI-O 等）和运行时环境（runC/Docker、runV/Hyper、runZ/Solaris 等）。需要注意的是，运行引擎是单机程序（类似虚拟化中的 KVM 和 Xen），运行于服务器操作系统之上，接受上层容器集群管理系统的管理。

容器集群管理系统类似于针对虚拟机的集群管理系统，它们都通过一组服务器运行分布式应用，细微的区别是，针对虚拟机的集群管理系统需要运行在物理服务器上，而容器集群管理系统既可以运行在物理服务器上，也可以运行在虚拟服务器上。常见的容器集群管理系统有 Kubernetes、Docker Swarm、Mesos，其中，Kubernetes 的地位可以与 OpenStack 相比。围绕 Kubernetes，CNCF 基金会已经建立了一个非常强大的生态体系，这是 Docker Swarm 和 Mesos 都不具备的。

3.2 网络技术

网络数据面的性能在很大程度上取决于网络 I/O 的性能，而数据包从网卡到用户空间应用需要经历多个阶段，当数据包到达网卡后，通过 DMA（Direct Memory Access）复制到主机的内存空间并触发中断，网络协议栈处理完数据分组后再将其交由用户空间的应用程序进行处理，整个过程的多个阶段都存在着不可忽视的开销，主要开销如下。

（1）网卡中断。

轮询与中断是操作系统与硬件设备进行 I/O 通信的两种主要方式。在一般情况下，数据包的到来都是不可预测的，若采用轮询模式会造成很高的 CPU 负载，因此主流操作系统都会采用中断的方式来处理网络的请求。

然而，随着高速网络接口等技术的迅速发展，10 Gbit/s、40 Gbit/s 甚至 100 Gbit/s 的网络接口已经出现。随着网络 I/O 速率的不断提升，大量的高速数据分组将会引发网卡发生频繁的中断，每次中断都会引起一次上下文切换（从当前正在运行的进程切换到因等待网络数据而阻塞的进程），而操作系统需要保存和恢复相应的上下文，从而造成较高的延迟，并导致吞吐量下降。

（2）内存拷贝。

为了使位于用户空间的用户应用能够处理网络数据，内核首先需要将收到的网络数据从内核空间拷贝到用户空间；同样，为了发送网络数据，也需要进行从用户空间到内核空间的数据拷贝。每次拷贝都会占用大量的 CPU、内存带宽等资源，代价昂贵。

（3）锁。

在 Linux 内核的网络协议栈实现中，存在大量的共享资源访问。当多个进程需要对某一共享资源进行操作时，就需要通过锁的机制来保证数据的一致性。然而，为共享资源上锁或去锁的过程通常需要耗费几十纳秒。此外，锁的存在也降低了整个系统的并发性能。

（4）缓存未命中。

缓存是一种能够有效提高系统性能的方式，如果由于不合理的设计造成频繁的缓存未命中，会严重削弱数据面的性能。以 Intel XEON 5500 为例，在 L3（Last Level Cache）命中与未命中的条件下，数据操作的耗时相差数倍。如果在进行系统设计时忽视这一点，那么存在频繁的跨核调用，由此带来的缓存未命中会造成严重的数据读写延迟，从而降低系统的整体性能。

对于数据面的包处理而言，一般使用的主流硬件平台大致可分为硬件加速器、网络处理器及通用处理器。依据处理复杂度、成本、功耗等因素的不同，这些平台在各自特定的领域发挥着各自的作用。由于硬件加速器和网络处理器具有专属性，所以具有高性能、低成本的优点。而通用处理器则在复杂多变的数据包处理上更有优势。所以接下来针对上述的各种开销因素，就通用处理器上的高性能数据包处理所采用的一些技术手段和项目进行介绍。

3.2.1 内核旁路

在通用处理器上开发高性能数据包处理应用，首先要考虑的问题是选择一个好的开发平台。现有的主流开发平台有两大类：一类是基于操作系统的内核；另一类是内核旁路方案，即绕过内核中的低效模块，直接操作硬件资源。下面就内核的性能问题和内核旁路技术进行说明。

1. 内核的性能问题

在操作系统的设计中，内核通过硬件抽象和硬件隔离的方法给上层应用程序的开发带来了简便性，但也导致了一些性能的下降。在网络方面，主要体现在整体吞吐率的降低和报文延迟的增加上。这种程度的性能下降对大多数场景来说可能并不是问题，因为整体系统的瓶颈更多地体现在业务处理逻辑和数据库上面。但对类似 NFV（网络功能虚拟化）的纯网络应用而言，内核的性能就有些捉襟见肘，因此性能优化显得很有必要。特别是随着网络硬件的发展，10Gbit/s 网卡是服务器的入门级配置，25Gbit/s 网卡正在普及，100Gbit/s

网卡和 200Gbit/s 网卡也在应用中。内核带来的性能下降是高速网络应用急需解决的问题。

数据包在内核中的处理如图 3-9 所示,图 3-9 左下方是网络硬件,包括网卡传输链表(Descriptor Rings)和配置寄存器(CSRs);图 3-9 左中是内核空间,包括网卡驱动(Driver)、协议栈(Stack)和系统调用(System Calls);图 3-9 左上是用户空间,包括各种应用程序;图 3-9 右边是内核和用户空间的内存示意图。从图 3-9 中可以看出,一个数据包从网卡到用户程序要经过内核中的网卡驱动、协议栈处理,然后从内核的内存复制到用户空间的内存中,它们与系统调用要求的从用户空间到内核空间的切换都会导致内核的性能下降。

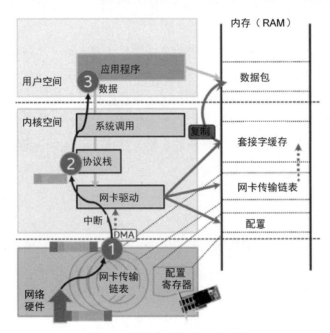

图 3-9　数据包在内核中的处理

2. 内核旁路技术

既然内核的性能不能满足要求,那么有没有一种方案能够克服此问题呢?答案就是内核旁路技术,即应用程序不通过内核直接操作硬件。

如图 3-10(a)所示,应用程序在用户空间,而网络硬件驱动在内核空间。每次进行网络操作时都需要进行从用户空间到内核空间的切换。

在应用内核旁路技术之后,图 3-10(a)就演变为图 3-10(b),应用程序跨过 Linux 内核直接和网络硬件通信，没有用户空间和内核空间之间的切换，从而提高了效率。把网络驱动从内核空间移到用户空间后，即使出问题也不会像之前在内核空间中那样使操作系统崩溃，这是内核旁路技术带来的另外一个好处。

图 3-10　内核旁路技术

3. 开源方案

采用内核旁路技术之后，应用程序直接和网络硬件打交道，但也需要解决硬件的抽象接口、内存分配和 CPU 调度等问题，甚至还要处理网络协议栈。这方面有 DPDK、Netmap、OpenOnload 及 XDP 等开源框架，在一定程度上起到了硬件抽象和隔离的功能，简化了应用程序的开发。

（1）DPDK。

DPDK 是一个全面的网络内核旁路解决方案，不仅支持众多的网卡类型，也有多种内存和 CPU 调度的优化方案。在 DPDK 之上，还有 VPP、fstack 等网络应用和网络协议栈的实现。

（2）Netmap。

Netmap 是一个高效的收发报文的 I/O 框架，已经集成在 FreeBSD 的内部，也可以在 Linux 下编译使用。和 DPDK 不同的是，Netmap 并没有彻底地从内核接管网卡，而是采用一个巧妙的 Netmap Ring 结构来从内核管理的网卡上直接接收和发送数据。

（3）OpenOnload。

OpenOnload 是一个开源的、高性能的 Linux 应用程序加速器，可为 TCP 和 UDP 应用提供更低的、可预测的延迟，以及更高的吞吐率。和 DPDK 与 Netmap 不同的是，DPDK 与 Netmap 都是高性能的 I/O 框架，而 OpenOnload 更多的是一个内核旁路的协议栈。

OpenOnload 在用户空间实现了 TCP 和 UDP 的协议处理，又通过和内核共享部分协议栈信息的方式较好地解决了应用程序的兼容性问题，在金融等领域被广泛使用。虽然 OpenOnload 是开源项目，但由于一些知识产权的限制，现在 OpenOnload 只能用在 Solarflare 及获得其许可的网卡上。

（4）XDP。

对于内核在 I/O 和协议栈两个方面的性能问题，内核的开发人员也有清楚的认识，并提出了各种解决方案，XDP（eXpress Data Path）就是其中之一。XDP 绕过了内核的协议栈部分，在继承内核的 I/O 部分的基础上，提供了介于原有内核和完整内核旁路之间的另一种选择。

3.2.2　平台增强

在 IA（Intel Architecture）多核通用处理器的平台下，如何实现高速的网络包处理？对传统的操作系统而言，跨主机的网络通信都会涉及底层网卡驱动及网络协议栈处理。如前面所述，不少内核旁路技术的诞生为在通用处理器下实现高速网络处理提供了可能。除了软件的创新，IA 平台上的许多技术也可以用来提高网络的处理能力，大致可以将其归纳为以下几方面。

1. 多核及亲和性

多核处理器是指在一个处理器中集成两个或多个完整的 CPU 及计算引擎，它的出现使性能水平扩展成为可能。原本在单核上顺序执行的任务，可以按照逻辑划分为若干个子任务，分别在不同的核上并行执行。那么，按照什么策略将子任务分配到各个核上执行呢？该分配工作一般是由操作系统按照复杂均衡的策略完成的。

利用 CPU 的亲和性能够使一个特定的任务在指定的核上尽量长时间地运行而不被迁移到其他处理器上。在多核处理器上，每个核本身会缓存任务使用的信息，而任务可能会被操作系统调度到其他核上。每个核之间的 L1、L2 缓存是非共享的，如果任务频繁地在各个核间进行切换，就需要不断地使原来核上的缓存失效，如此一来，缓存命中率就低了。当绑定核后，任务就会一直在指定的核上运行，大大增加了缓存命中率。对网络包处理而言，这样显然可以提高吞吐量并降低延迟。

2. Intel 数据直接 I/O 技术

Intel 数据直接 I/O（Data Direct I/O）技术，简称 DDIO，是从 Intel Xeon E5 系列处理器开始引进的功能。如图 3-11 所示，DDIO 技术能够支持以太网控制器将 I/O 流量直接传输到处理器高速缓存（LLC），减少将其传输到系统内存的过程，从而降低功耗和 I/O 延迟。同时，DDIO 不依赖外部设备，且不需要任何软件的参与。

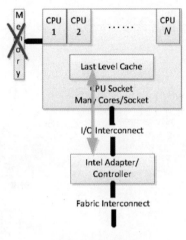

图 3-11　DDIO

在没有 DDIO 的系统中，来自以太网控制器的报文通过 DMA 最先进入处理器的系统内存，当 CPU 核需要处理这个报文时，它会从内存中读取该报文至缓存，也就是说，在 CPU 真正处理报文之前，就发生了内存的读和写。同样，如果处理器发送一个报文，需要从内存中读取该报文并写入缓存，再将报文写回内存中，最后通知以太网控制器通过 DMA 将其发送出去。

在具有 DDIO 的系统中，来自以太网控制器的报文会被直接传输至缓存，对于报文的数据包处理来说，避免了多次的内存读写，在提高性能、降低延迟的同时降低了功耗。图 3-12 与图 3-13 对比了在网卡收发数据包时，在有 DDIO 和没有 DDIO 的系统中数据的轨迹。

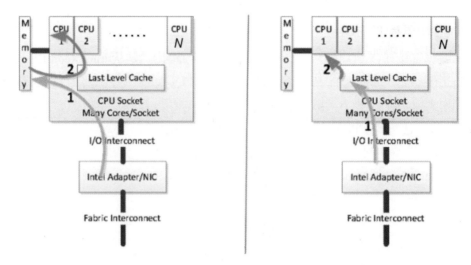

图 3-12　网卡接收数据包之无 DDIO 对比有 DDIO

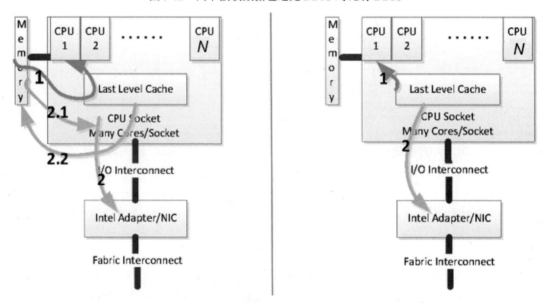

图 3-13　网卡发送数据包之无 DDIO 对比有 DDIO

3. 大页

提到大页（Hugepage），有必要简短介绍一下内存地址的转换过程。处理器和操作系统在内存管理中采用受保护的虚拟地址模式，程序使用虚拟地址访问内存，而处理器在收到虚拟地址后，先通过分段机制将其映射转化为线性地址，然后将线性地址通过分页机制映射转化为物理地址。对于 Linux 实现而言，只采用了分页机制，而没有采用分段机制，这样虚拟地址和线性地址总是一致的。

分页机制是指把物理内存分成固定大小的块，按照页表管理，一般常规页的大小为 4KB。以图 3-14 为例，如果按照常规页的大小，将线性地址映射为物理地址，至少需要读取三次页目录表和页表，也就是说，为了完成这个转换，需要访问四次内存。为了加快处理器的内存地址转换过程，处理器在硬件上对页表进行了缓存，即 TLB（Translation Look-aside Buffer），它存储了线性地址到物理地址的直接映射。当处理器需要进行内存地址转换时，它先查找 TLB，如果 TLB 命中，那么无须多次访问页表就可以直接得到最终的物理地址，大大缩短了地址转换的时间。如果 TLB 未命中，则读取内存中的页表进行图 3-14 中的地址转换，如果在页表中没找到索引，则产生缺页中断，先重新分配物理内存，再进行地址转换。TLB 是处理器内部的一个缓存资源，其容量是有限的。

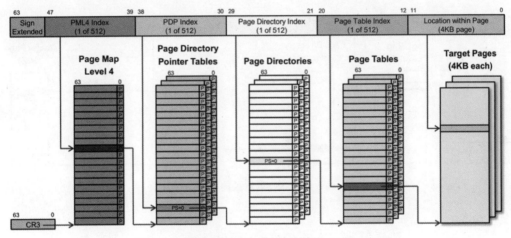

图 3-14　线性地址到物理地址的转换（4KB 页）

以普通的 4KB 页为例，如果一个程序使用了 2MB 内存，即 512 个 4KB 页，那么 TLB 中需要存有 512 个页表表项才能保证不会出现 TLB 未命中的情况。随着程序变大或程序内存使用比率的增加，TLB 会变得十分有限，从而导致 TLB 未命中的情况出现。

大页的出现改善了这一状态。大页，顾名思义，就是分页的基本单位变大，如图 3-15 和图 3-16 所示，可以采用 2MB 或 1GB 的大页。它可以减少页表级数，也就是地址转换时访问内存的次数，同时减少 TLB 未命中的发生次数。对于一个使用了 2MB 内存的程序，

TLB 中只需要存有 1 个页表表项就能保证不会出现 TLB 未命中的情况。对于网络包处理程序，内存需要高频访问，因此在设计程序时，可以利用大页尽量独占内存，防止内存溢出，提高 TLB 的命中率。

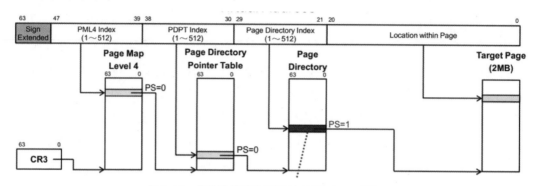

图 3-15　线性地址到物理地址转换（2MB 页）

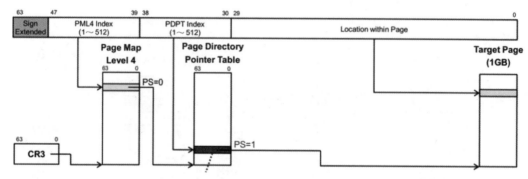

图 3-16　线性地址到物理地址的转换（1GB 页）

4. Numa

在多核处理器平台中，有时需要将多个处理器像单一系统那样运转，因此需要具备对多个处理器及其内存系统管理的模式。一般有两种模式：对称多处理（SMP）和非一致性内存访问（NUMA）。SMP 模式是指多个处理器、内存系统和 I/O 设备都通过一条总线连接起来。在 SMP 模式下，所有的硬件资源都是共享的，多个处理器之间没有区别，它们平等地访问内存和外部设备，并且每个处理器访问内存的任何地址所需的时间是相同的，因此 SMP 也被称为一致内存访问结构（Uniform Memory Access Architecture，UMA）。

很显然，SMP 的缺点是扩展性有限，每个共享的环节都可能成为系统扩展时的瓶颈，而最受限制的则是内存。当内存访问达到饱和的时候，增加处理器并不能获得更高的性能，系统总线成为效率瓶颈，处理器与内存之间的通信延迟也会增加。

非一致性内存访问结构（Non-Uniform Memory Access Architecture，NUMA）的基本特征是具有多个处理器模块（Node），每个处理器模块具有独立的本地内存、I/O 外部设备等，处理器模块之间通过高速互联的接口连接起来。由于处理器模块访问本地内存比访问其他节点的内存的速度要快一些，为了解决非一致性访问内存对性能的影响，NUMA 调度器负责将进程尽量在同一节点的 CPU 之间调度，除非负载太高，才将其迁移到其他节点中。

NUMA 解决了 SMP 系统的可扩展性问题，它已成为当今高性能服务器的主流体系结构之一。如图 3-17 所示为 Intel Xeon 5500 系列系统，2 颗 CPU 支持 NUMA，每颗 CPU 在物理上有 4 个核（Core）。利用 NUMA 技术，在设计数据包处理程序时，在内存分配上使处理器尽量使用靠近其所在节点的内存可以水平扩展数据包处理能力。

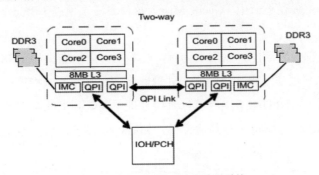

图 3-17　Intel Xeon 5500 系列系统

3.2.3　DPDK

DPDK 的广泛应用很好地证明了 IA 多核处理器可以解决高性能数据包处理的需求。其核心思想可以归纳成以下几方面。

- 轮询模式：DPDK 轮询网卡是否进行网络报文的接收或发送，这样避免了传统网卡驱动的中断上下文的开销，当报文的吞吐量大时，对性能及延迟的改善十分明显。
- 用户态驱动：DPDK 通过用户态驱动的开发框架在用户态操作设备及数据包，避免了不必要的用户态和内核态之间的数据拷贝和系统调用。同时，为开发者开拓了更广阔的天地，如快速迭代及程序优化。

- 降低访问存储开销：高性能数据包处理意味着处理器需要频繁访问数据包。显然降低访问存储开销可以有效地提高性能。DPDK 使用大页降低 TLB miss，保持 Cache 对齐，避免处理器之间的 Cache 交叉访问，利用预取等指令提高 Cache 的访问率等。

- 亲和性和独占：利用线程的 CPU 亲和绑定的方式将特定的线程指定在固定的核上工作，可以避免线程在不同核间频繁切换带来的开销，提高可扩展性，更好地达到并行处理和提高吞吐量的目的。

- 批处理：DPDK 使用批处理的概念一次处理多个数据包，降低了处理一个数据包的平均开销。

- 利用 IA 新硬件技术：IA 的新指令、新特性都是 DPDK 挖掘数据包处理性能的源泉。例如，利用 vector 指令并行处理多个报文，利用原子指令避免锁开销等。

- 软件调优：软件优化散布在 DPDK 代码的各个角落，包括利用阈值提高 PCI 带宽的使用率，避免缓存不命中（Cache Miss）及分支错误预测（Branch Mispredicts）的发生等。

- 充分挖掘外部设备潜能：以网卡为例，一些网卡的功能，如 RSS、Flow Director、TSO 等技术可以被用来加速网络的处理速度，如 RSS 可以将数据包负载分担到不同的网卡队列上，DPDK 多线程可以直接处理不同队列上的数据包。除以太网设备网卡外，DPDK 现已支持多种其他设备，如 crypto 设备，这些专用硬件可以被 DPDK 应用程序用来加速其网络处理速度。

1. 开发模型

基于前面的技术点，DPDK 建议用户使用以下两种开发模型。

（1）Run-to-completion 模型。

Run-to-completion 指一个报文从收到到处理结束，再到发送出去，都由一个核处理，一气呵成。该模型的初衷是避免核间通信带来的性能下降。如图 3-18 所示，在该模式下，每个执行单元在多核系统中分别运行在各自的逻辑核上，也就是多个核执行一样的逻辑程序。为了可线性扩展吞吐量，可以利用网卡的硬件分流机制（如 RSS）把报文分配到不同的硬件网卡队列上，每个核针对不同的队列轮询，执行一样的逻辑程序，从而增加单位时间处理的网络量。

（2）Pipeline 模型。

虽然 Run-to-completion 模型有许多优势，但是针对单个报文的处理始终集中在一个 CPU 核中，无法利用其他 CPU 核，并且程序逻辑的耦合性太强，可扩展性有限。Pipeline 模型的引入正好弥补了这个缺点，它指报文处理像在流水线上一样经过多个执行单元。如图 3-19 所示，在该模型下，每个执行单元分别运行在不同的 CPU 核上，各个执行单元之间通过环形队列连接。这样的设计可以将报文处理分为多步进行，将不同的工作交给不同的模块，使代码的可扩展性更强。

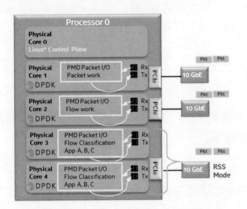 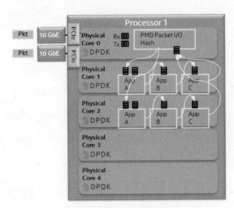

图 3-18　Run-to-Completion 模型　　　　图 3-19　Pipeline 模型

2. 实现框架

DPDK 由一系列可用于数据包处理的软件库组成，能够支持多种类型的设备，包括以太网设备、加密设备、事件驱动设备等，这些设备以 PMD（Polling Mode Driver）的形式存在于 DPDK 中，并提供了一系列用于硬件加速的软件接口。

- 核心库（Core Libraries）：这部分是 DPDK 程序的基础，它包括系统抽象层、内存管理、无锁环、缓存池等。
- 流分类（Packet Classification）：支持精确匹配、最长匹配和通配符匹配，提供常用的包处理查表操作。
- 软件加速库（Accelerated SW Libraries）：一些常用的包处理软件库的集合，如 IP 分片、报文重组、排序等。
- Stats：提供用于查询或通知统计数据的组件。

- QoS：提供网络服务质量的相关组件，如限速（Meter）和调度（Scheduler）。
- 数据包分组架构（Packet Framework）：提供搭建复杂的多核 Pipeline 模型的基础组件。

核心库是 DPDK 程序的核心，也是基础，几乎所有基于 DPDK 开发的程序都依赖它。

系统抽象层屏蔽了各种特异环境，为开发者提供了一套统一的接口，包括 DPDK 的加载/启动；支持多进程和多线程；核亲和/绑定操作；系统内存的管理；总线的访问；设备的加载；CPU 特性的抽象；跟踪及调试函数；中断的处理；Alarm 处理。

3.2.4 VPP

VPP 到底是什么？一个软件路由器？一个虚拟交换机？一种虚拟网络功能？事实上，它包含的不止这些。VPP 是一个模块化和可扩展的软件框架，用于创建网络数据面应用程序。更重要的是，VPP 代码为现代通用处理器平台而生，并把重点放在优化软件和硬件接口上，以便用于实时的网络输入输出操作和报文处理。

VPP 充分利用通用处理器优化技术，包括矢量指令（如 Intel SSE 和 AVX），以及 I/O 和 CPU 缓存间的直接交互（如 Intel DDIO），以达到最好的报文处理性能。利用这些优化技术的好处是：使用最少的 CPU 核心指令和时钟周期处理每个报文。在最新的 Intel Xeon-SP 处理器上，可以达到 Tbps 级的处理性能。

VPP 是一个有效且灵活的数据面，如图 3-20 所示，它包括一系列按有向图组织的转发图形节点和一个软件框架。该软件框架包含基本的数据结构、定时器、驱动程序、在图形节点间分配 CPU 时间片的调度器、性能调优工具等。

VPP 采用插件架构，插件与直接内嵌于 VPP 框架中的模块被同等对待。原则上，插件是实现某一特定功能的转发图形节点，也可以是一个驱动程序，或者是另外的 CLI，或者是 API 绑定。插件能被插入 VPP 有向图的任意位置，从而有利于快速灵活地开发新功能。因此，插件架构能够使开发者充分利用现有模块快速开发出新功能。

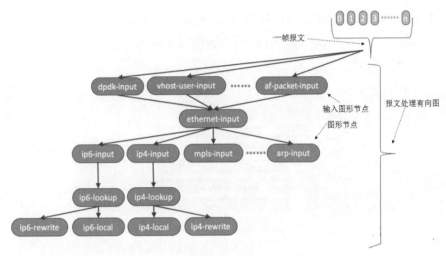

图 3-20　VPP 架构的报文处理有向图

　　输入节点轮询（或中断驱动）接口的接收队列，得到批量报文。接着把这些报文按照下个节点功能组成一个矢量（Vector）或一帧（Frame）报文。例如，输入节点收集所有 IPv4 的报文并把它们传递给 ip4-input 节点；输入节点收集所有 IPv6 的报文并把它们传递给 ip6-input 节点。当 ip6-input 节点被调度时，它取出这一帧报文，利用双次循环（Dual-Loop）、四次循环（Quad-Loop）、预取报文、CPU 缓存技术处理报文，以达到最优性能。这样能够通过减少缓存未命中数来有效利用 CPU 缓存。当 ip6-input 节点处理完当前帧的所有报文后，会把报文传递到后续不同的节点。例如，如果某报文校验失败，就被传送到 error-drop 节点，正常报文被传送到 ip6-lookup 节点。一帧报文依次通过不同的图形节点，直到它们被 interface-output 节点发送出去。

　　按照网络功能一次处理一帧报文有以下几点好处。

- 从软件工程的角度看，每个图形节点都是独立和自治的。VPP 图形节点的处理逻辑如图 3-21 所示。
- 从性能的角度看，首要好处是可以优化 CPU 指令缓存（i-cache）的使用。当前帧的第一个报文加载当前节点的指令到指令缓存，当前帧的后续报文就可以"免费"使用指令缓存了。VPP 充分利用了 CPU 的超标量结构，使报文内存加载和报文处理交织进行，从而达到更有效地利用 CPU 处理流水线的效果。
- VPP 充分利用 CPU 的预测执行功能来达到更好的性能，预测重用报文间的转发对象

（如邻接表和路由查找表），以及预先将报文内容加载到 CPU 的本地数据缓存（d-cache）供下一次循环使用，这些有效使用计算硬件的技术使得 VPP 可以利用更细粒度的并行性。

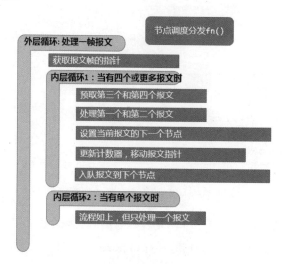

图 3-21　VPP 图形节点的处理逻辑

依靠有向图的处理特性，可以使 VPP 成为一个松耦合、高度一致的软件架构。每个图形节点利用一帧报文作为输入和输出的最小处理单位，提供了松耦合的特性。通用功能被组合到每个图形节点中，提供了一致的架构。

有向图中的节点是可替代的，当将这个特性与 VPP 支持动态加载插件节点相结合时，有趣的新功能将被快速开发出来，而不需要新建和编译一个定制的代码版本。

3.3　存储技术

面向边缘测的分布式存储解决方案是边缘计算的重要组成部分。2018 年，有 40%的数据需要在网络边缘侧分析、处理与存储。鉴于边缘计算的开源平台 StartlingX 以 Ceph 作为默认的存储后端，这里着重对 Ceph 加以介绍。

Ceph 起源于 Sage Weil 在 2004 年发表的一篇博士学术论文，最初是一项关于存储系统的 PhD 研究项目，截至 2010 年 3 月底，2.6.34 Linux 内核开始对 Ceph 进行支持。

Ceph 遵循 LGPL 协议。Ceph 作为一个典型的、强调性能的系统项目，使用 C++ 语言进行开发。

Ceph 从最初发布到逐渐流行经历了多年的时间，近年来，来自 OpenStack 社区的实际需求又让其热度骤升。目前 Ceph 已经成为 OpenStack、Akraino 等社区中呼声较高的开源存储方案。

Ceph 的官方定义：Ceph is a unified, distributed storage system designed for excellent performance, reliability and scalability.（Ceph 是一种为优秀的性能、可靠性和可扩展性而设计的统一的、分布式的存储系统。）

这里面比较关键的两个词是 "unified"（统一的）及 "distributed"（分布式的）。"unified" 意味着 Ceph 可以用一套存储系统同时提供对象存储、块存储和文件系统存储 3 种功能，以便在满足不同应用需求的前提下简化部署和运维的步骤。"distributed" 则意味着 Ceph 无中心结构，系统规模的扩展没有理论上限。

1. Ceph 体系结构

Ceph 作为存储系统，其在物理上必然包含一个存储集群，以及一些访问这个存储集群的应用或客户端。Ceph 客户端还需要一定的协议与 Ceph 存储集群进行交互，Ceph 的逻辑层次演化如图 3-22 所示。

（1）Ceph 存储集群。

Ceph 基于可靠的、自动化的、分布式的对象存储（Reliable、Autonomous、Distributed Object Storage，RADOS）提供了一个无限可扩展的存储集群。RADOS，顾名思义，它本身就是一个完整的对象存储系统，所有存储在 Ceph 系统中的用户数据事实上最终都是由 RADOS 来存储的。而 Ceph 的高可靠性、高可扩展性、高性能、高自动化等特性的本质也是由这一层提供的。因此，理解 RADOS 是理解 Ceph 的基础与关键。

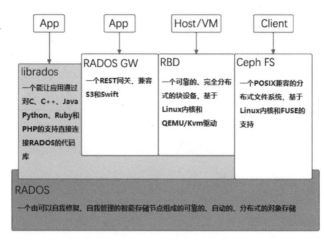

图 3-22　Ceph 的逻辑层次演化

物理上，RADOS 由大量的存储设备节点组成，每个节点拥有自己的硬件资源（CPU、内存、硬盘、网络），并运行着操作系统和文件系统。

（2）基础库 librados。

Ceph 客户端用一定的协议和存储集群交互，Ceph 把此功能封装进了 librados 库，这样我们就能基于 librados 库创建自己的定制客户端了。

librados 库可以对 RADOS 进行抽象和封装，并向上层提供 API，以便可以基于 RADOS（而不是整个 Ceph）进行应用开发。特别要注意的是，RADOS 是一个对象存储系统，因此，librados 库实现的 API 也只是针对对象存储功能的。

RADOS 采用 C++语言开发，所提供的原生 librados API 包括 C 和 C++两种。在物理上，librados 库和基于其上开发的应用位于同一台机器中，因此也被称为本地 API。应用调用本机上的 librados API，再由后者通过 Socket 与 RADOS 集群中的节点通信并完成各种操作。

（3）高层应用接口 RADOS GW、RBD 与 Ceph FS。

这一层的作用是在 librados 库的基础上提供抽象层次更高、更便于应用或客户端使用的上层接口。

Ceph 对象网关 RADOS GW（RADOS Gateway）是一个构建在 librados 库之上的对象存储接口，为应用访问 Ceph 存储集群提供了一个与 Amazon S3 和 Swift 兼容的 RESTful 风格的网关。

RBD（Reliable Block Device）则提供了一个标准的块设备接口，常用于在虚拟化的场景下为虚拟机创建存储卷。Red Hat 已经将 RBD 驱动集成在 KVM/QEMU 中，以提高虚拟机的访问性能。

Ceph FS 是一个与 POSIX 兼容的分布式文件系统，使用 Ceph 存储集群来存储数据。

（4）应用层。

这一层是在不同场景下对应 Ceph 各个应用接口的各种应用方式，如基于 librados 库直接开发的对象存储应用、基于 RADOS GW 开发的对象存储应用、基于 RBD 实现的云硬盘等。

2. RADOS

如图 3-23 所示，RADOS 存储集群主要由两种节点组成：为数众多的 OSD（Object Storage Device），负责完成数据存储和维护；若干个 Monitor，负责完成系统状态的检测和维护。OSD 和 Monitor 之间相互传递节点的状态信息，共同得出系统的总体运行状态，并保存在一个全局的数据结构中，即所谓的集群运行图（Cluster Map）里。集群运行图与 RADOS 提供的特定算法相配合，可以实现 Ceph 的许多优秀特性。

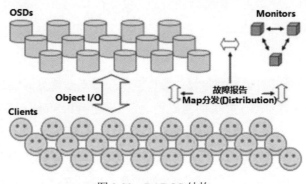

图 3-23　RADOS 结构

在使用 RADOS 系统时，大量的客户端程序向 Monitor 索取最新的集群运行图，然后直接在本地进行计算，得出对象的存储位置后，便直接与对应的 OSD 进行通信，完成数据的各种操作。Monitor 集群确保了某个 Monitor 失效时的高可用性。

Ceph 客户端、Monitor 和 OSD 可以直接交互，这意味着 OSD 可以利用本地节点的 CPU 和内存执行那些传统集群架构中有可能拖垮中央服务器的任务，充分发挥节点的计算能力。

3. 后端存储 ObjectStore

ObjectStore 是 Ceph OSD 中非常重要的概念之一，它完成实际的数据存储，封装了所有对底层存储的 I/O 操作。I/O 请求从 Client 端发出后，最终会使用 ObjectStore 提供的 API 进行相应的处理。

ObjectStore 也有不同的实现方式，目前主要有 FileStore、BlueStore、MemStore、KStore。可以在配置文件中通过 osd_objectstore 字段来指定 ObjectStore 的类型。MemStore 和 KStore 主要用于测试，其中，MemStore 将所有数据放在内存中，KStore 将 Metadata 与 Data 全部存放在 KVDB 中。

（1）FileStore。

FileStore 基于 Linux 现有的文件系统将 Object 存放在文件系统上，也就是利用文件系统的 POSIX 接口实现 ObjectStore 的 API。每个 Object 在 FileStore 层会被看作一个文件，Object 的属性（xattr）会利用文件的 xattr 属性存取。FileStore 目前支持的文件系统有 xfs、ext4、btrfs，推荐使用 xfs。

（2）BlueStore。

FileStore 最初只是针对机械硬盘设计的，并没有对固态硬盘的情况进行优化，而且写数据之前先写 Journal 也带来了一倍的写放大。为了解决 FileStore 存在的问题，Ceph 社区推出了 BlueStore。BlueStore 去掉了 Journal，通过直接管理裸设备的方式减少了文件系统的部分开销，并且对固态硬盘进行了单独的优化。BlueStore 架构如图 3-24 所示。

BlueStore 和传统文件系统一样，由 3 部分组成，即数据管理、元数据管理、空间管理（Allocator）。与传统文件系统不同的是，BlueStore 的数据和元数据可以分开存储在不同的介质中。

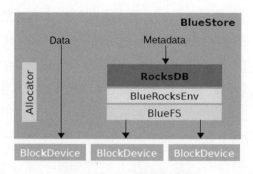

图 3-24　BlueStore 架构

BlueStore 不再基于 ext4/XFS 等本地文件系统，而是直接管理裸设备，在用户态实现了 BlockDevice，使用 Linux AIO 直接对裸设备进行 I/O 操作，并实现了 Allocator 对裸设备进行空间管理。至于元数据，则以 Key/Value 对的形式保存在 KV 数据库里（默认为 RocksDB）。但是 RocksDB 并不是基于裸设备进行操作的，而是基于文件系统（RocksDB 可以将系统相关的处理抽象成 Env，BlueStore 实现了一个 BlueRocksEnv，从而为 RocksDB 提供底层系统的封装）操作的，为此 BlueStore 实现了一个小的文件系统 BlueFS，在将 BlueFS 挂载到系统中的时候将所有的元数据加载到内存中。

（3）SeaStore。

SeaStore 是下一代的 ObjectStore，目前只有一个设计雏形。因为 SeaStore 是基于 SeaStar 的，所以暂时称其为 SeaStore，但是不排除后面有更合适的名字。SeaStore 有以下几个目标。

- SeaStore 是专门为 NVMe 设备设计的，而不是为 PMEM 和 HDD 设计的。
- 使用 SPDK 访问 NVMe，而不再使用 Linux AIO。
- 使用 SeaStar Future 编程模型进行优化，使用 Share-Nothing 机制避免锁竞争。
- 网络驱动使用 DPDK 来实现零拷贝（Zero-Copy）。

由于 Flash 设备的特性，重写时必须先进行擦除操作。进行垃圾回收（GC）擦除时，并不清楚哪些数据有效，哪些数据无效（除非显式调用 discard 指令），但是文件系统层是知道这一点的，所以 Ceph 希望将垃圾回收功能交给 SeaStore。SeaStore 的设计思路主要有以下几点。

- SeaStore 的逻辑段（Segment）应该与物理段（Flash 擦除单位）对齐。
- SeaStar 是每个线程对应一个 CPU 核的，所以将底层按照 CPU 核进行分段。

- 当空间使用率达到设定的上限时，就会进行回收。当分段完全回收后，就会调用 discard 指令通知硬件进行擦除。尽可能保证逻辑段与物理段对齐，避免逻辑段无有效数据，而底层物理段存在有效数据，因为这会造成额外的读/写操作。同时，由于 discard 指令带来的开销，因此需要尽量平滑地处理回收工作，减少对正常读/写的影响。
- 用一个公用的表管理分段的分配信息，用 B 树对所有元数据进行管理。

3.4 基于 OpenStack 的边缘计算平台

2010 年 7 月，RackSpace 和美国国家航空航天局合作，分别贡献出 RackSpace 云文件平台代码和 NASA Nebula 平台代码，并以 Apache 许可证开源发布了 OpenStack 的第一个版本 Austin，以 RackSpace 所在的美国得克萨斯州（Texas）首府命名，计划每隔几个月发布一个全新版本，并以 26 个英文字母为首字母，从 A～Z 顺序命名后面的版本代号。

作为一个 IaaS 范畴的云平台，完整的 OpenStack 系统首先应具有如图 3-25 所示的 OpenStack 基本视图，它向我们传递了这样的信息——OpenStack 通过网络将用户和网络背后丰富的硬件资源分离开来。

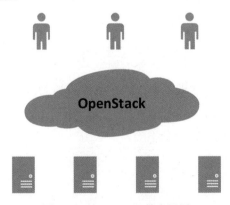

图 3-25　OpenStack 基本视图

OpenStack 一方面负责与运行在物理节点上的 Hypervisor 进行交互，实现对各种硬件资源的管理与控制，另一方面为用户提供一个满足要求的虚拟机。

经过 10 年的发展，OpenStack 已经有形形色色的上百个项目，其中，核心项目包括计算（Compute）、对象存储（Object Storage）、认证（Identity）、块存储（Block Storage）、网络（Network）和镜像服务（Image Service）等。每个项目都是多个服务的集合，一个服务意味着一个进程，根据部署 OpenStack 的规模决定在同一个机器上还是在多个机器上运行所有服务。

（1）计算。

计算的项目代号是 Nova，它根据需求提供虚拟机服务，如创建虚拟机或对虚拟机进行热迁移等。从概念上看，它对应 AWS 的 EC2 服务，而且它实现了对 EC2 API 的兼容。如今，Rackspace 和惠普提供的商业计算服务正是建立在 Nova 之上的，NASA 内部使用的也是 Nova。

（2）对象存储。

对象存储的项目代号是 Swift，它允许存储或检索对象，也可以认为它允许存储或检索文件，它能以低成本的方式通过 RESTful API 管理大量无结构数据。它对应 AWS 的 S3 服务。如今，KT、Rackspace 和 Internap 都提供基于 Swift 的商业存储服务，许多公司内部也使用 Swift 存储数据。

（3）认证。

认证的项目代号是 Keystone，它为所有 OpenStack 服务提供身份验证和授权，跟踪用户及他们的权限，提供一个可用服务及 API 的列表。

（4）块存储。

块存储的项目代号是 Cinder，提供块存储服务。Cinder 最早由 Nova 中的 nova-volume 服务演化而来，当时，由于 Nova 已经变得非常庞大并拥有众多功能，且卷服务的需求会进一步增加 nova-volume 的复杂度，如增加卷调度，所以允许多个卷驱动同时工作；同时考虑 nova-volume 需要与其他 OpenStack 项目交互，如将 Glance 中的镜像模板转换成可启动的卷，所以 OpenStack 新成立了一个项目 Cinder，以扩展 nova-volume 的功能。Cinder 对应 AWS EBS 块存储服务。

（5）网络。

网络的项目代号是 Neutron，用于提供网络连接服务，允许用户创建自己的虚拟网络并连接各种网络设备接口。

Neutron 通过插件的方式为众多的网络设备提供商提供支持，如 Cisco、Juniper 等，同时，Neutron 支持很多流行的技术，如 OpenvSwitch、OpenDaylight 和 SDN 等。与 Cinder 类似，Neutron 也来源于 Nova，即 nova-network，它最初的项目代号是 Quantum，但由于商标版权冲突问题，后来经过提名投票评选更名为 Neutron。

（6）镜像服务。

镜像服务的项目代号是 Glance，它是 OpenStack 的镜像服务组件，相对于其他组件，Glance 的功能比较单一，代码量也比较少。而且因为新功能的开发数量越来越少，社区的活跃度也没有其他组件那么高，但它仍是 OpenStack 的核心项目。

Glance 主要提供虚拟机镜像的存储、查询和检索服务，通过提供一个虚拟磁盘映像的目录和存储库，为 Nova 的虚拟机提供镜像服务。它与 AWS 中的 Amazon AMI Catalog 的功能相似。

现在以创建虚拟机为例，介绍这些核心组件是如何相互配合并完成工作的。用户首先接触到的是界面 Horizon，通过其上的简单界面操作，一个创建虚拟机的请求即可被发送到 OpenStack 系统后端。

既然要启动一个虚拟机，就必须指定虚拟机操作系统的类型，下载启动镜像以供虚拟机启动使用。这件事就是由 Glance 完成的，而此时 Glance 管理的镜像有可能存储在 Swift 上，所以需要与 Swift 交互得到需要的镜像文件。

在创建虚拟机时，自然而然地需要 Cinder 提供块服务，还需要 Neutron 提供网络服务，以便该虚拟机有卷可以使用，能被分配到 IP 地址与外界网络连接，而且之后该虚拟机资源的访问要经过 Keystone 的认证才可以继续。至此，OpenStack 的所有核心组件都参与了创建虚拟机的操作。

3.4.1　OpenStack 基金会边缘计算工作组

2012 年 9 月，OpenStack 发行了第六个版本的 Folsom。也就是在这段时期，非营利组织 OpenStack 基金会成立，由 SUSE 的行业计划、新兴标准和开源部门总监兼 Linux 基金会董事 Alan Clark 担任基金会主席。

OpenStack 基金会最初有 24 名成员，共获得了 1000 万美元的赞助基金，由 RackSpace

的 Jonathan Bryce 担任常务董事。OpenStack 社区决定，从此以后 OpenStack 项目都由 OpenStack 基金会管理。

OpenStack 基金会的职责为推进 OpenStack 的开发、发布和作为云操作系统被采纳，并服务于来自全球的两万多名个人会员。

OpenStack 基金会的目标是为 OpenStack 开发者、用户和整个生态系统提供服务，并通过资源共享推进 OpenStack 公有云和私有云的发展，辅助技术提供商在 OpenStack 中集成最新技术，帮助开发者开发出最好的云计算软件。

简单地说，OpenStack 基金会是一个非营利组织，由各公司资助会费，共同管理 OpenStack 项目，帮助推广 OpenStack 的开发、发行和应用。

一般来说，基金会会成立各种工作组（Working Group，WG），有计划、有目标地做一些推动 OpenStack 发展的事情。而其中的边缘计算工作组正是为了推动 OpenStack 在边缘计算领域的应用与发展而成立的。

1. 发展历程

- 萌芽（2017 年 5 月，OpenStack 波士顿峰会）。

2017 年 5 月，在美国波士顿举办的 OpenStack 峰会上，爱立信发表了一篇主题演讲，其中提到了将 OpenStack 扩展到网络边缘领域，从此开启了 OpenStack 社区的边缘计算之旅。实际上，边缘计算并不是一个新兴的概念或技术领域，传统的内容分发网络（CDN）就是一种边缘计算的形式，简单来说，它通过部署在各地的靠近用户的边缘侧服务器，为用户提供低延迟、稳定的网络内容服务，如对延迟很敏感的音频、视频内容。随着云计算、雾计算和 5G 的融合与发展，从 2017 年开始，边缘计算在"基础设施即服务（IaaS）"和"软件定义基础设施（SDI）"领域迎来了蓬勃发展的新机会。

- 孕育（2017 年 9 月～2017 年 11 月）。

根据 2017 年 5 月在 OpenStack 波士顿峰会上的提议，同年 9 月，在旧金山举行了一个为期 2 天的关于边缘计算的 OpenDev 研讨会。有超过两百人参加了这次研讨会，与会者包括很多电信运营商和电信设备制造商，他们在这次研讨会上对边缘计算及其用例进行了初步探讨，OpenStack 社区关于边缘计算的工作也随之逐步展开。也是在这次会议上，OpenStack 基金会边缘计算工作组正式成立，为接下来的工作奠定了坚实的基础。此后，在

2017 年 11 月举行的 OpenStack 悉尼峰会上,有了更多的关于边缘计算的演讲和主题讨论会,边缘计算受到了越来越多的关注。

- 启航（2018 年 2 月～2018 年 5 月）。

2018 年 2 月,在都柏林举行的 OpenStack 项目团队聚会上,社区对边缘计算的用例和需求进行了详细的讨论,特别聚焦于同步和事务管理。随后,OpenStack 基金会结合社区的反馈和边缘计算工作组讨论的工作成果发布了边缘计算白皮书。

该白皮书将边缘计算定义为对数据中心和云计算的扩展,并列举出了一些示例场景,其中包括盒中云（Cloud-in-a-Box）、移动连接（Mobile Connectivity）、网络即服务（Network-as-a-Service）、通用客户驻地设备（uCPE）、卫星通信等。该白皮书还列举了对边缘计算的共同需求。2018 年 5 月,为了在中国开发者社区进一步推动边缘计算,来自九州云的黄舒泉和来自英特尔公司的宋毅良、王庆、应若愚、丁建峰将该白皮书翻译成中文版。

- 壮大（2018 年 5 月,OpenStack 温哥华峰会）。

2018 年 5 月,Intel 和风河决定将其面向电信行业云平台的拳头产品 "Wind River Titanium Cloud" 中的大部分组件开源,并将此开源项目命名为 StarlingX。它是一个高可用、高可靠、可扩展的边缘云软件堆栈,为在虚拟机和容器中运行的工业物联网、电信运营商级应用程序提供边缘计算服务,满足低延迟、高可靠性和高性能的要求。StarlingX 开源之后被作为 OpenStack 基金会的一个试点项目进行试点、孵化。

也是在 2018 年 5 月,OpenStack 基金会迎来了一个新的试点项目 Airship,该项目是由 AT&T、Intel 和 SK Telecom 发起的,于 2018 年启动。它最初是由一组方便部署的工具组成的,可用于从头开始安装、部署整个云基础架构,如运行在 Kubernetes 上的 OpenStack 服务组件。但是,这实际上只是其众多功能中的一部分,终极目标是为云平台实现具有企业级安全的产品质量的自动化生命周期管理。

StarlingX 和 Airship 这两个 OpenStack 基金会的试点项目正在和 Linux 基金会旗下的 LF Edge 中的边缘计算开源项目展开积极的合作,为边缘计算的各种服务和应用开发量身定制全栈解决方案。

在这届峰会上,还对 OpenStack 基金会边缘计算工作组的工作成果进行了讨论,主要聚焦在身份管理、镜像管理和硬件加速方面,针对边缘计算的需求和场景,对这三方面分别对应的 OpenStack 子项目 Keystone、Glance 和 Cyborg 提出了具体的要求。

- 发展（2018 年 9 月～2019 年 4 月）。

2018 年 9 月，在 OpenStack 丹佛举行的项目团队聚会（PTG）上，一种新的针对边缘计算的部署架构被提了出来，称作最低可行产品（Minimum Viable Product，MVP）架构。几个星期后，也就是在 2018 年 10 月，作为 OpenStack 基金会重要的试点项目之一的 StarlingX，遵从 MVP 架构，向世界正式发布了它的第一个版本。

随着社区对边缘计算的高度重视，2018 年 11 月的 OpenStack 柏林峰会和 2019 年 4 月的 Open Infrastructure 丹佛峰会都为边缘计算领域相关的演讲和议题设立了边缘计算专栏。

2. 使命和工作

边缘计算工作组的目标是支持分布于广阔地理区域的应用（可能是距离数据源、物理设备、用户非常近的数千个站点的规模），定义清晰的基础设施系统。一个假设的前提是各个站点之间是通过广域网相连的。

边缘计算工作组将确定用例、开发需求、提出更多的可行架构选项和测试用作评估跨不同行业和全球范围内的已有的和新的方案。期望以此推动 Open Infrastructure 和其他开源社区对边缘计算用例的开发活动。

针对用例，边缘计算工作组成立了专门的用例小组，统一的模板有助于采用标准化的方法对遍布各个细分行业的用例进行描述，从而收集特征、特性、商业案例和需求方面的信息，并把这些信息映射到参考架构中。目前其涵盖的用例有几十个，下面列出其中的一部分。

- 移动服务提供商 5G/4G 虚拟无线接入网（Virtual RAN）部署和边缘云 B2B2X（Business-to-Business-to-X）。
- 面向企业网络服务的通用客户驻地设备（uCPE）。
- 无人值守飞行器系统（如无人机）。
- 面向边缘侧存储的云存储网关。
- 开放式缓存，在边缘侧的数据流和数据存储。
- 智能城市，由软件定义的闭环系统。
- 增强现实（如索尼游戏网络）。

- 在边缘侧的分析和控制。

- 智能家居。

- 数据收集–智能保温箱和冷链追踪。

OpenStack 边缘计算工作组鼓励并积极地推动跨社区的合作，一起构建针对各种边缘计算场景和用例的全栈解决方案。下面列举一些跨社区和组织的合作。

- LF Edge 下的 Akraino 社区。

- ONAP 社区的边缘自动化工作组。

- OPNFV 社区的边缘云项目。

- Kubernetes 社区的物联网边缘工作组。

- 欧洲电信标准协会（ETSI）的多接入边缘计算（Multi-Access Edge Computing，MEC）。

这些合作将促进集成解决方案的产生，为各方带来共赢的局面。

3. 边缘计算工作组在亚太区的活动

随着 OpenStack 基金会边缘计算工作组的发展，越来越多的人开始对边缘计算工作组和与边缘计算领域相关的工作感兴趣。但是对于在亚太地区工作的人们来说，不同的语言和时区阻碍了他们和在欧洲、北美的人进行有效的讨论和交流。为了更好地服务于亚太地区，边缘计算工作组在 2019 年 4 月成立了亚太地区子工作组，其工作目标如下。

- 为更多的供应商、部署者、用户提供一个论坛，来收集、分享、讨论用户需求、用例和场景、现存的差距、参考架构等。

- 交付有关用例、可出版的事实参考、开源项目需求的文档和白皮书。这其中包括的开源项目有 StarlingX、KubeEdge、EdgeX、CORD、Akraino，但并不只限于这些项目。

- 将边缘计算在亚太地区的讨论进一步激活，构建边缘计算生态系统，加速边缘计算的落地和商业开发。

边缘计算工作组采用轮值的模式来管理亚太区子工作组和组织活动。现任的轮值主席是来自英特尔的王庆、来自九州云的黄舒泉和来自中国移动的赵琦荟。现在亚太区子工作组首要的三个工作重点是：建立本地的生态系统、交付白皮书和让边缘计算随时随地可用。

目前为止，亚太区子工作组已经在例会上讨论了一些议题，这其中有英特尔带来的相关边缘计算项目之间的综合比较、OpenNESS 介绍、Akraino ICN（Integrated Cloud Native

NFV）介绍；中国移动带来的"大云（Big Cloud）"和 StarlingX 的集成，以及 Sigma 边缘架构；VMware 带来的 EdgeX Foundry 介绍；华为带来的深入理解 KubeEdge；九州云分享的一个利用边缘计算养殖虾的案例等。

亚太区子工作组接下来将继续大力协助边缘计算工作组在亚太地区促进边缘计算的发展，相信通过跨社区、跨项目、跨公司的积极合作，越来越多的、满足各种场景和用例的边缘计算开源方案会不断涌现。

4. MVP 架构

目前为止，OpenStack 基金会边缘计算工作组开发的一个重要的技术架构是针对边缘计算的最低可行产品架构。在大多数情况下，边缘计算的负载运行在计算、存储、网络资源很受限的环境下，如边缘设备、网关或小型边缘服务器上，"最低"意味着这个架构针对边缘计算的场景足够简单和轻量。"可行"意味着这个架构对于满足各种边缘计算的需求是灵活、可配置且切实可行的。"产品"意味着一个基于 MVP 架构的解决方案要满足产品的质量要求。

因为边缘计算并不能满足"一种规模适用于所有场景"，所以针对不同的边缘计算场景，不同的部署规模、部署方式和灵活性一直是边缘计算方案在实现过程中要考虑的因素。与传统的集中式的数据中心和云计算中的 OpenStack 架构相比，边缘计算场景中对控制平面的需求有所改变。有时甚至需要针对每个边缘计算站点进行架构上的相应调整和改动。对控制平面来说，集中式和分布式的模型都存在，规模也是重要的考虑因素。

边缘计算中集中式的控制平面的组织架构类似于集中式的云计算：位于数据中心的中心站点是具有全功能和权威性的，实现了所有云服务；而位于远程边缘侧的边缘站点被用作可独立运行的控制平面。远程的边缘站点实现了最小化的功能集合，虽然鉴权和一些信息的获得依赖中心站点，但是它在物理上与中心站点隔离的情况下也可以正常运行。从控制平面的角度来看，这种组织架构的特点是"厚"中心站点和"薄"边缘站点。

边缘计算中分布式的控制平面的功能主要分布在各个边缘站点：大部分云服务（包括鉴权和可运行的控制平面）都在远程的边缘站点上实现，鉴权、镜像服务和安全功能既可以利用中心站点的能力，也要在与中心站点断开的情况下具备自主能力。

边缘计算的一个特点是每个边缘站点的规模一般为中等或较小，但是其总体规模很大。规模较小的边缘站点通常部署基本功能，这样可以保证它们在与网络断开的情况下仍然可以运行已有的功能。

3.4.2　Glance 与边缘计算

现在对于边缘计算的定义较成熟的一种看法是这样的：边缘计算在网络的边缘提供了云计算的服务和应用开发的能力，也提供了一套基础的 IT 服务环境。也有人认为边缘计算的重点是提供了一套能减小应用和其使用者之间的延迟的基础设施。

边缘计算对于镜像服务的要求有别于传统的云计算架构，在其基础上提出了低延迟、高可靠性等要求。对于 Glance 服务，也需要进行相应的架构上和组件上的改进，以便适应边缘计算的需求。

通常来讲，根据规模的大小及与终端用户的远近（延迟）的不同，边缘计算的节点可以分为以下几个级别。

- 数据中心节点：最大规模的节点，能够提供最大能力的服务，与终端用户的延迟为 100 毫秒级别。
- 大节点/中等节点：能够提供常规服务，与终端用户的延迟为 2.5ms～4ms 级别。
- 小节点/边缘节点：最边缘的节点，提供应用服务，延迟在 2ms 及 2ms 以下。

我们根据节点的规模的不同来部署不同的服务组件，如图 3-26 与图 3-27 所示。可以看到，对于小节点/边缘节点，我们并不去部署 Glance 服务，而是会在大节点/中等节点上部署，以减轻小节点/边缘节点的资源需求。对于数据中心节点，我们也会部署并提供 Glance 服务；对于中等节点，我们需要按需求和资源来部署不同的 Glance 服务，或提供完全的 Glance 服务，或提供一份代理服务，将对 Glance 服务的请求转发到 Glance 主机上。

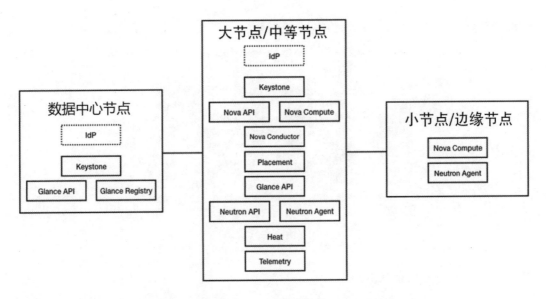

图 3-26　不同规模的节点的服务分布（分布式分布）

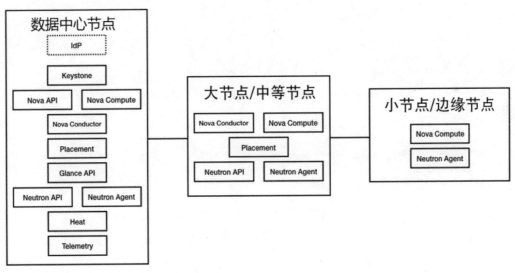

图 3-27　不同规模的节点的服务分布（集中式分布）

1. 现阶段边缘计算中镜像处理的请求流程

上述的部署架构会对现有的 Glance 服务提出一些要求，我们首先来看一下边缘计算中镜像的使用及其在不同节点上的处理流程。我们以集中式分布架构为例，如图 3-28 所示，所有的镜像都存储在区域数据中心节点中，因此用户对于镜像的请求会全部转发到区域数据中心节点上。

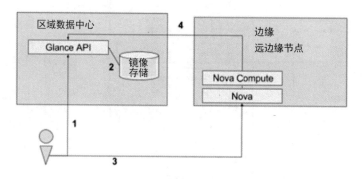

图 3-28 上传镜像并从此镜像启动虚拟机实例

（1）上传镜像到区域数据中心节点。

（2）镜像被存储起来。

（3）用户请求启动虚拟机。

（4.1）远边缘节点向区域数据中心节点提出提求，Nova 请求 Glance 服务询问镜像是否存在。

（4.2）Nova 请求 Nova Compute 启动虚拟机实例。

（4.3）Nova Compute 请求 Glance 服务下载镜像。

（4.4）启动实例。

2. Glance 对边缘计算需求做出的改进

可以看到，镜像与终端用户距离过远的问题始终存在于整个系统中，这无疑是很难满足边缘计算对低延迟的要求的。这就要求镜像存储于不同的节点上，同时能够进行统一的调度。根据此要求，社区进行了以下几点改进。

（1）多后端。

当前，Glance 只会在部署中支持单一的后端，假如部署时选择了 Ceph 作为后端，再去迁移到其他后端时，存储就需要管理员做很多事情，如手动迁移之前存储的镜像等。多后端指的是 Glance 支持不同的后端存储，用户/管理员在上传镜像时可以选择不同的后端，同时支持不同后端之间的迁移。

（2）镜像缓存。

在分布式的环境中，对于所有站点的镜像服务编排较为复杂。用户会期望在某个节点编辑镜像（如上传、删除）之后，该改动可以对所有站点生效。同时要求尽可能降低数据中心节点和边缘节点的镜像传输延迟。因为边缘节点的资源限制，所以不可能把所有镜像都保存到本地。如果网络连接消失，边缘节点也应该能够对已缓存的镜像进行访问。这就要求对现有的 Glance 组件进行修改。

对于分布式的部署，这方面的改进主要是为了满足对低延迟的要求，主要包括以下几方面的改进。

- 改进 Glance API 使 Glance 能与其他 Glance 一起协作。
- 新增加元数据（Metadata）的本地缓存和管理。
- 即使失去了与数据中心节点的连接，也能访问已经缓存的镜像。

3. 改进后边缘计算中镜像处理的流程

假设不存在数据库的同步问题，我们对 Glance 组件进行了改进，改进后的镜像处理流程如图 3-29 所示。分布式的部署方式更加符合边缘计算的应用场景，因此这次我们使用分布式的示例来更好地说明改进的效果。

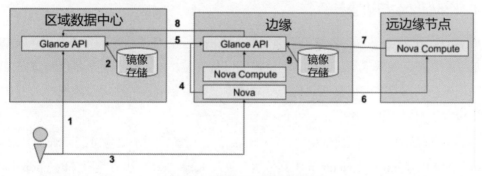

图 3-29　改进后的镜像处理流程

这个场景描述了用户 Nova 在边缘节点运行的场景。镜像在被边缘节点缓存的同时，也要在边缘节点保持镜像元数据的更新。

（1）上传镜像到区域数据中心节点。

（2）镜像被存储起来。

（3）用户请求启动虚拟机。

（4）Nova 请求边缘节点的 Glance 服务，查看镜像是否存在。

（5）Glance 查看本地的镜像是否存在：如果不存在，则请求数据中心节点，查看镜像是否存在（第 6 步）；如果本地镜像存在，则与数据中心节点对比，查看镜像是否相同（查看元数据是否超时），如果不同则更新镜像。

（6）Nova 请求 Nova Compute 启动虚拟机。

（7）Nova Compute 请求 Glance 取得镜像（数据）：如果本地不存在镜像，则请求数据中心节点，下载镜像（第 8 步）；如果镜像已经超时，则请求数据中心节点，更新镜像；如果本地存在镜像并且未超时，则执行第 10 步。

（8）边缘节点的 Glance 请求数据中心节点的 Glance 下载镜像和元数据。

（9）Glance 在本地存储镜像。

（10）Glance 将镜像返回给 Nova Compute，启动实例。

对 Glance 组件进行上述改进之后，Glance 组件会降低到用户端的延迟，减小网络带宽的需求，更好地适应边缘计算的应用场景，从而更好地服务于边缘计算领域。

3.4.3 Keystone 与边缘计算

Keystone 作为 OpenStack 中一个独立的、提供安全认证的模块，主要负责 OpenStack 用户的身份认证、令牌管理，提供访问资源的服务目录，以及基于用户角色的访问控制。用户访问系统的用户名密码是否正确、令牌的颁发、服务端点的注册及该用户是否具有访问特定资源的权限等都离不开 Keystone 服务。

在 OpenStack 的整体框架结构中，Keystone 的作用类似一个服务总线，Nova、Glance、Horizon、Swift、Cinder 及 Neutron 等其他服务通过 Keystone 来注册其服务的 Endpoint（可理解为服务的访问点或 URL），针对这些服务的任何调用都需要经过 Keystone 的身份认证，并获得服务的 Endpoint 来进行访问。

1. Keystone 体系结构

对于 Keystone，我们首先需要解释一些基本概念。

- 域（Domain）。Keystone 中的域是一个虚拟的概念，由特定的项目（Project）来承担。一个域是一组用户组（User Group）或 Project 的容器，一个域可以对应一个大的机构或一个数据中心，必须全局唯一。云服务客户是 Domain 的所有者，可以在自己的 Domain 中创建多个 Project、User、Group 和 Role。通过引入 Domain，云服务客户可以对其拥有的多个 Project 进行统一的管理，而不必再像过去那样对每个 Project 进行单独管理。

- 用户（User）。通过 Keystone 访问 OpenStack 服务的个人、系统或某个服务，Keystone 会通过认证信息（Credential，如密码等）验证用户请求的合法性，通过验证的用户将会分配到一个特定的令牌，该令牌可以用作后续访问资源的通行证，非全局唯一，在域内唯一即可。

- 用户组（Group）。一组 Users 的容器，可以向 Group 添加用户，并直接给 Group 分配角色，那么在这个 Group 中的所有用户都拥有 Group 所拥有的角色权限。通过引入 Group 的概念，Keystone 实现了对用户组的管理，达到了同时管理一组用户权限的目的。

- 项目（Project）。项目是各服务中的一些可以访问的资源的集合。例如，在 Nova 中，我们可以把项目理解成一组虚拟机的拥有者，在 Swift 中，项目则是一组容器的拥有者。基于此，我们需要在创建虚拟机时指定某个项目，在 Cinder 创建卷时也要指定具体的项目。用户默认绑定到某些项目上，在用户访问项目的资源前，必须具有对该项目的访问权限，或者说在特定项目下赋予特定角色。项目不必全局唯一，只需要在某个域下唯一即可。

- 角色（Role）。每个用户都具有角色，角色不同意味着被赋予的权限不同，只有知道用户被授予的角色才能知道该用户是否有权限访问某资源。用户可以被赋予一个域或项目内的角色。一个用户被赋予域的角色意味着该用户对域内所有的项目具有相同的角色，而特定项目的角色只具有对特定项目的访问权限。角色可以继承，在一个项目树下，拥有对父项目的访问权限意味着同时拥有对子项目的访问权限。角色必须全局唯一。

- 服务（Service）。例如，Nova、Swift、Glance、Cinder 等。根据 User、Tenant 和 Role，一个服务可以确认当前用户是否具有访问其资源的权限。服务对外暴露一个或多个端点，用户只有通过这些端点才可以访问所需资源或执行某些操作。
- 端点（Endpoint）。端点是指一个可以用来访问某个具体服务的网络地址，因此我们可以将端点理解为服务的访问点。如果需要访问一个服务，就必须知道它的端点。一般以一个 URL 地址来表示一个端点，URL 细分为 Public、Internal 和 Admin 3 种。Public URL 是为全局提供的服务端点，Internal URL 相对于 Public URL 来说只被提供给内部服务，Admin URL 被提供给系统管理员使用。
- 令牌（Token）。令牌是允许访问特定资源的凭证。无论通过哪种方式，Keystone 最终的目的都是对外提供一个可以访问资源的令牌。
- 凭证（Credential）。用户的用户名和密码。

域、项目、用户、组与角色之间的关系如图 3-30 所示。

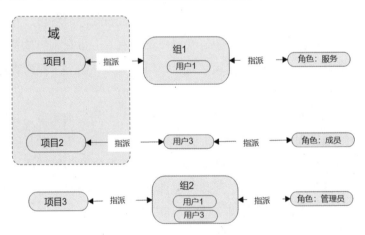

图 3-30　域、项目、用户、组与角色之间的关系

基于上述概念，Keystone 主要提供认证（Identity）、令牌（Token）、目录（Catalog）、安全策略（Policy，也可以说访问控制）、资源（Resource）和授权（Assignment）共 6 方面的核心服务。

- 认证：身份服务提供身份验证凭证及有关用户和组的数据。在基本情况下，此数据由身份服务管理，从而使其还可以处理与此数据关联的所有 CRUD 操作。在更复杂的情况下，数据将由权威的后端服务管理。例如，当身份服务充当 LDAP 的前端时，LDAP 服务器是数据的源头，身份服务的作用是准确地传递该信息。

- 令牌：确认用户的身份之后，会给用户提供一个核实该身份并且可以用于后续资源请求的令牌，Token 服务则验证并管理用于身份验证的令牌。Keystone 会颁发给通过认证服务的用户两种类型的令牌，一类是无明确访问范围的令牌（Unscoped Token），此种类型的令牌存在的目的是保存用户的 Credential，可以基于此令牌获取有确定访问范围的令牌（Scoped Token）。虽然意义不大，但是 Keyston 还是保留了基于 Unscoped Token 查询 Project 列表的功能，用户选择要访问的 Project，继而可以获取与 Project 或域绑定的令牌，只有通过与某个特定项目或域相绑定的令牌，才可以访问此项目或域内的资源。令牌只在有限的时间内有效。

- 目录：目录服务对外提供一个服务的查询目录，或者说是每个服务的可访问 Endpoint 列表。目录中存有所有服务的 Endpoint 信息，服务之间的资源访问首先需要获取该资源的 Endpoint 信息，通常是一些 URL 列表，然后才能根据该信息进行资源访问。从目前的版本来看，Keystone 提供的服务目录是与有访问范围的令牌同时返回给用户的。

- 安全策略：一个基于规则的身份验证引擎，通过配置文件来定义各种动作与用户角色的匹配关系。严格来讲，这部分内容现在已经不隶属于 Keystone 项目了，这是因为访问控制在不同的项目中都有涉及，所以这部分内容作为 Oslo 的一部分被开发维护。

- 资源：资源服务提供关于域和项目的数据。

- 授权：授权服务提供关于角色和角色指派（Role Assignment）的数据，负责角色授权。角色指派是一个包含角色、资源、认证的三元组。

通过上述服务，Keystone 可在用户与服务之间架起一道桥梁：用户从 Keystone 获取令牌及服务列表；当用户访问服务时，会发送自己的令牌；相关的服务向 Keystone 求证令牌的合法性。

Keystone 的体系结构如图 3-31 所示，除了 keystoneclient，Keystone 还涉及另外一个子项目，即 Keystone Middleware。

Keystone Middleware 是 Keystone 提供的对令牌合法性进行验证的中间件。例如，当客户端访问 Keystone 提供的资源时提供了 PKI 类型的令牌，为了不必每次都需要 Keystone 服务的直接介入才能验证令牌的合法性，通常可以在中间件上进行验证，当然这需要中间件上已经缓存了相关的证书与秘钥，以对令牌进行签名认证。如果不是 PKI 类型的令牌，则需要通过 Keystoneauth 获得一个与 Keystone 服务连接的会话（Session），通过调用 Keystone 服务提供的 API 来验证令牌的合法性。

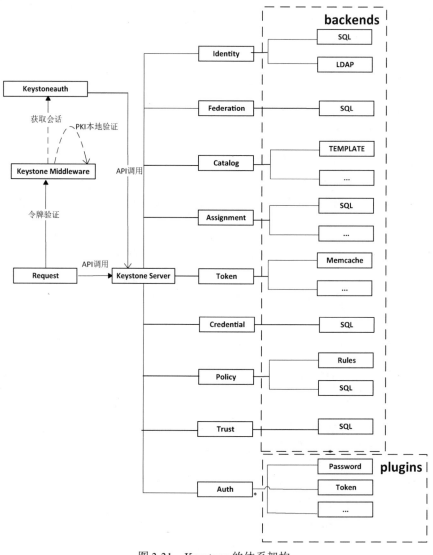

图 3-31　Keystone 的体系架构

除了后台的数据库，Keystone 项目本身主要包括一个处理 RESTful 请求的 API 服务进程。这些 API 涵盖 Identity、Token、Catalog 和 Policy 等 Keystone 提供的各种服务，这些不同的服务能提供的功能分别由相应的后端驱动（Backend Driver）实现。

2. Keystone Federation

联合身份管理（Identity Federation）是跨多个身份管理系统共享身份信息的能力。在 Keystone 中，它是作为一种身份验证方法实现的，允许用户直接从另一个身份源进行身份验证，然后为 Keystone 提供一组用户属性。如果用户所在的公司已经有一个主要的身份认证来源，将十分有用，因为这意味着该用户不需要为云的使用提供单独的证书集。另外，身份联盟对于多云身份验证也很有用，因为我们可以把另一个云的 Keystone 作为身份源，而不需要为每个云都建立身份源。利用 LDAP 作为身份后端是 Keystone 从外部源获得身份信息的另一种方式。但是，它要求 Keystone 直接处理密码，而不是将身份验证转移到 Keystone 外部源。

Keystone 目前支持 Keystone Federation 及通过设置 Keystone 和 Horizon 实现单点登录。实现 Keystone Federation 需要 Keystone 运行在 Apache 下，因为在使用 SAML 协议时，Ferderation 依赖于 Apache 对 SAML 文件进行校验。Keystone Federation 支持 SAML 和 OpenID Connect 两种协议。部署 Keystone Federation 的难点在于配置，如在配置 shibboleth2.xml 配置文件时，一定要注意 entityID 与数据库的配置的一致性，如果某些操作使配置不正确，那么只能去查看 shibboleth 的日志文件，一步步去调试了。

如图 3-32 所示，进行用户身份验证时，需要向 Keystone IdP 发送一个 SAML 请求，IdP 会返还一个包含用户认证信息的 SAML 文件，文件中描述了用户的名称，以及在相应的 Project（Domain）中的角色信息等。从 Keystone SP 的访问重定向到 Keystone IdP，从而对用户登录信息进行验证，可以借助于 Shibboleth 或 Mellon 等第三方工具来实现。

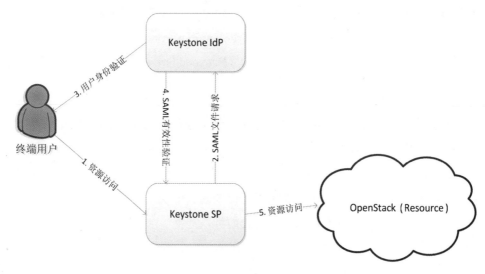

图 3-32　Keystone Federation 的基本流程

3. Keystone 边缘计算架构

在边缘计算的背景下，Keystone 的架构设计有下列几方面的因素需要考虑。首先，部分数据能在本地保存并更新；其次，在没有网络连接的情况下，各项功能必须能持续工作；再次，需要考虑安全性问题，如部分数据不能与远程进行同步，中心集中管理有必要存在，而且中心集中的视图能够远程审核边缘云的状态；最后，由于每个边缘站点是有限的硬件资源，所以还要考虑到 Keystone 边缘计算架构的可扩展性。

在边缘计算的安全认证里，最主要的基础是上述的 Keystone Federation 技术。下面粗略地列举几种基于 Keystone Federation 的解决方案架构设想，边缘计算实现者和管理员们可以根据自身的情况，具体问题具体分析。

（1）含影子用户的主身份提供者。

这种方案在用户、角色和项目之间建立映射关系，并且让身份提供者管理这种映射关系。当用户声明用户名、项目及角色映射关系之后，身份提供者颁发签名过的令牌给该用户。令牌作为一种认证证书被传递给 Keystone。如果用户名、项目和角色映射关系不存在，那么 Keystone 负责为该用户生成新的关系。

例如，管理员为 Jane 在项目 Foo 里建立成员这样的角色关系，在身份提供者认证之后，

Jane 会收到一个签了名的令牌。用户 Jane 在获得签了名的令牌后，将其传递给 Keystone 去请求 Keystone 令牌。经 Keystone 验证请求后，把 Jane 加到数据库里，并返回一张 Keystone 令牌，自此，Jane 就能用那张 Keystone 令牌调用 OpenStack 的其他服务了。这种方式减少了不同集群间主动同步映射关系的操作，大大地降低了运维复杂度，Yahoo Oath 的实现一般采用该种方案。

（2）Keystone 实例间的联合及 API 同步。

理论上，每个边缘云实例都会运行一个自己的 Keystone 实例，每个 Keystone 实例都可以成为一个服务提供者。可以将这些 Keystone 实例联合起来，从身份提供者那里接收并验证 SAML 断言。而且，每个 Keystone 都维护访问控制映射关系。

这种方案的基本流程如下：一个用户出示一份 SAML 断言材料以证明其身份，查找映射关系，获取用户的其他属性，并生成影子用户。用户用其影子用户建立证书，然后用户用证书生成令牌，之后就可以用令牌继续后续的工作了。

这种方案的缺点在于一旦网络连接丢失将导致认证失败，而且有太多映射关系需要维护。

（3）采用分布式数据库的方式复制 Keystone 数据。

2007 年，IEEE 可靠分布式系统研讨会论文集曾发表了一篇用数据库复制加强边缘计算的会议论文，介绍了该方案。将数据库复制机制应用到 Keystone 中，既可以同步这些 Keystone 实例的数据库，也可以同步边缘云与边缘云之间的数据。例如，Galera 就是一种实现高可用性的最佳解决方案，Galera 可以进行同步复制，以不断更新组节点上的数据。但是，这种方案的缺点在于，Galera 同步数据库有大小和数量方面的限制，而且无法支持在线升级。

（4）用同步服务复制 Keystone 数据。

这种方案算是上述方案的变种，也需要同步并复制边缘云 Keystone 的数据。不同之处在于，这种方案在边缘云实例里运行了一个同步代理，这个代理可以读写 Keystone 数据库。在运行 Keystone 数据库的时候，代理从主 Keystone 数据库中读取数据，然后同步到从 Keystone 那里。Fernet 密钥也会被同步，以实现在哪生成在哪使用。分区结束之后，Fernet 密钥会被删除并重新同步。边缘计算项目 StarlingX 是使用这种方案的著名案例。这种方案的缺点在于，同步代理要深刻理解 Keystone 数据库结构，而且维护数据一致性对代理来说不是一件容易的事情。

（5）把分布式 LDAP 数据库作为 Keystone 的后端。

在边缘云侧的 Keystone 可以利用 LDAP 数据库作为后端，并且可以配置 LDAP，以使它自动同步数据。LDAP 可以被设置为只供认证使用，此时 Keystone 数据库提供身份服务数据库。这种方案的优点是充分利用了 LDAP，而 LDAP 的同步问题早已解决。但是，在大量边缘计算节点中使用 LDAP 同步数据还不是公认的正确的方法，此方案还有一些争议。

（6）隔离域及受限更新。

这种方案把每个边缘看作一个独立的隔离域，要求只在隔离域本地认证并更新数据。例如，当用户在认证时，只需要在本地完成就行了，不会要求远程域介入。这种方案里有一个中央网络中心（Hub），Hub 可以向任何域写数据，而本地的数据库只负责本地，更新也只在本地发生。当需要把数据传给 Hub 时，可以通过网络把本地数据发送给 Hub。该种方案的隔离性太强，基本上属于各域自治。

（7）Keystone API 同步及 Fernet 密钥同步。

在这个场景里，Keystone 数据利用 API 同步机制从中心云节点向边缘云同步，同步的内容包括项目、用户、组、域等。同时，为了使某个边缘云或中心云创建的令牌能够被其他云使用，Fernet 密钥也可以跨边缘云实现同步和管理。因为 Fernet 令牌中包括 UserId 和 ProjectId，所以这种方案要求 Keystone API 可以修改并同步 UserId 和 ProjectId。如果 Keystone API 不能被修改，该方案就行不通了。

3.4.4　Ceph 与 OpenStack

Ceph 提供统一的分布式存储服务，能够基于带有自我修复和智能预测故障功能的商用 x86 硬件进行横向扩展。它已经成为软件定义存储事实上的标准。因为 Ceph 是开源的，所以它使许多供应商能够提供基于 Ceph 的软件定义存储系统。除了 Red Hat、Suse、Mirantis、Ubuntu 等公司，SanDisk、富士通、惠普、戴尔、三星等公司现在也提供集成解决方案，甚至还有大规模的由社区构建的环境（如 CERN，即欧洲核子研究委员会）为上万个虚拟机提供存储服务。

Ceph 适合但不局限于 OpenStack，这正是 Ceph 越来越受欢迎的原因。近期的 OpenStack 用户调查显示，Ceph 是 OpenStack 存储领域的显著领导者。

产生这种局面的原因有很多，较重要的有以下三个。

- Ceph 是一个横向扩展的统一存储平台。OpenStack 需要的存储能力有两方面：能够与 OpenStack 自身一起扩展，并且扩展时不需要考虑是块（Cinder）、文件（Manila）或对象（Swift）。传统存储供应商需要提供两个或三个不同的存储系统才能实现这一点。

- Ceph 具有成本效益。Ceph 利用 Linux 作为操作系统，而不是专有的系统。用户不仅可以选择找谁购买 Ceph 服务，还可以选择从哪里购买硬件，可以是同一供应商，也可以是不同的。用户可以购买硬件，甚至从单一供应商购买 Ceph +硬件的集成解决方案。

- 和 OpenStack 一样，Ceph 也是开源项目，因此允许更紧密的集成和跨项目开发。

图 3-33 所示为 Ceph 与 OpenStack 的集成。

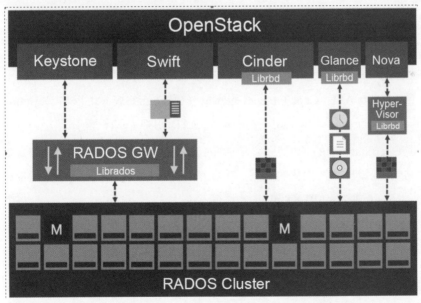

图 3-33　Ceph 与 OpenStack 的集成

下面从 Ceph 块存储、Ceph 对象存储及 Ceph 文件存储 3 方面简要列举与 OpenStack 的集成关系。

（1）Ceph 块存储。

OpenStack 中有 3 个地方可以和 Ceph 块设备结合应用。

Cinder 是 OpenStack 的块存储服务，而 Ceph 可以配置为 Cinder 的存储后端，用于提供虚拟机的块存储，也可以作为 Cinder 的备份存储后端，用来备份 Cinder 的卷数据。

Glance 是 OpenStack 的镜像服务。默认情况下，镜像存储在本地，然后在被请求时复制到计算节点，计算节点缓存镜像，但每次更新镜像时，都需要再次复制。Ceph 可以为 Glance 提供存储后端，允许镜像存储在 Ceph 中，而不是存储在控制节点和计算节点上。这大大减少了抓取镜像时的网络流量，提高了性能。此外，它使不同 OpenStack 部署之间的迁移变得更简单。

Nova 是 OpenStack 中处理计算业务（虚拟机、裸机、容器）的组件。Ceph 可以直接与 Nova 集成，作为虚拟 Guest Disk 的存储后端。此时，当创建 Guest Disk 时，通过 RBD 来创建 Ceph Image，然后虚拟机通过 Librbd 访问 Ceph Image。

（2）Ceph 对象存储。

Keystone 是 OpenStack 中负责身份验证、服务规则和服务令牌的功能，它实现了 OpenStack 的 Identity API。Ceph Object Gateway（RADOS GW）可以与 Keystone 集成，用于认证服务，经 Keystone 认证的用户具有访问 RADOS GW 的权限。

Swift 是 OpenStack 中的子项目之一，提供了弹性可伸缩、高可用的分布式对象存储服务，适合存储大规模、非结构化的数据。RADOS GW 为应用访问 Ceph 集群提供了一个与 Amazon S3 和 Swift 兼容的 RESTful 风格的 Gateway。

（3）Ceph 文件存储。

用来提供云上的文件共享，Manila 是 OpenStack 的文件共享服务，支持 CIFS 协议和 NFS 协议。目前 Manila 中已经有 CephFS 驱动的实现。

3.5 基于 Kubernetes 的边缘计算平台

相对于物理机和虚拟机而言，容器是很轻量化的技术，在等量资源的基础上，容器能创建出更多的容器实例。一方面，在面对分布在多台主机上且拥有数百个容器的大规模应用时，传统的或单机的容器管理解决方案会变得"力不从心"。另一方面，由于为微服务提供了越来越完善的原生支持，在一个容器集群中的容器粒度越来越小、数量越来越多，在这种情况下，容器或微服务都需要接受管理并有序接入外部环境，从而完成调度、负载均衡及分配等任务。简单且高效地管理快速增长的容器实例是一个容器编排系统的主要任务。

而 Kubernetes 就是容器编排和管理系统中的最佳选择。Kubernetes 起源于 Google 内部的 Borg 系统，因为其具有丰富的功能而被多家公司使用，其发展路线注重规范的标准化和厂商"中立"，支持 Rkt 等不同的底层容器运行和引擎，逐渐解除了对 Docker 的依赖。

Kubernetes 又简称为 K8s，其设计初衷是在主机集群之间提供一个能够自动化部署、可扩展、应用容器可运营的平台。在整个 K8s 生态系统中，能够兼容大多数的容器技术实现，如 Docker 与 Rocket。

如图 3-34 所示，Kubernetes 属于主从的分布式集群架构，包含 Master 和 Node；Master 作为控制节点，调度并管理整个系统；Node 是运行节点，运行业务容器。每个 Node 上运行着多个 Pod，Pod 中可以运行多个容器（通常一个 Pod 中只部署一个容器，也可以将一些高度耦合的容器部署在一起），但是 Pod 无法直接对来自 Kubernetes 集群外部的访问提供服务。

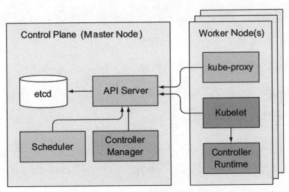

图 3-34 Kubernetes 架构

（1）Master。

Master 节点上面主要有 4 个组件：API Server、Scheduler、Controller Manager、etcd。

etcd 是 Kubernetes 用于存储各种资源状态的分布式数据库，采用 raft 协议作为一致性算法。

API Server（kube-apiserver）主要提供认证与授权、管理 API 版本等功能，通过 RESTful API 向外部提供服务，对资源（Pod、Deployment、Service 等）进行的增加、删除、修改、查看等操作都要先交给 API Server 处理，再提交给 etcd。

Scheduler（kube-scheduler）负责调度 Pod 到合适的 Node 上，根据集群的资源和状态选择合适的 Node 创建 Pod。如果把 Scheduler 看成一个黑匣子，那么它的输入是 Pod 和由多个 Node 组成的列表，输出是 Pod 和一个 Node 的绑定，即将 Pod 部署到 Node 上。Kubernetes 提供了调度算法的实现接口，用户可以根据自己的需求定义自己的调度算法。

Controller Manager，如果说 API Server 负责"前台"的工作，那么 Controller Manager 主要负责"后台"的工作。每个资源一般都对应一个控制器，而 Controller Manager 就是负责管理这些控制器的。例如，我们通过 API Server 创建一个 Pod，当这个 Pod 创建成功后，API Server 的任务就算完成了，而后面保证 Pod 的状态始终和我们预期的一样的工作是由 Controller Manager 完成的。

（2）Pod。

Kubernetes 将容器归类到一起，形成"容器集"（Pod）。Pod 是 Kubernetes 的基本操作单元，也是应用运行的载体。整个 Kubernetes 系统都是围绕 Pod 展开的，如如何部署并运行 Pod、如何保证 Pod 的数量、如何访问 Pod 等。

同一个 Pod 下的多个容器共用一个 IP 地址，所以不能出现重复的端口号，如在一个 Pod 下运行两个容器就会有一个容器出现异常。一个 Pod 下的多个容器可以使用 Localhost 加端口号的方式来访问对方的端口。

如图 3-35 所示，每个圆圈代表一个 Pod，圆圈中的正方体代表一个应用程序容器，圆柱体代表一个卷。Pod 4 中包含 3 个应用程序容器、2 个卷，该 Pod 的 IP 地址为 10.10.10.4。而 Pod 1 中只包含一个应用程序容器。

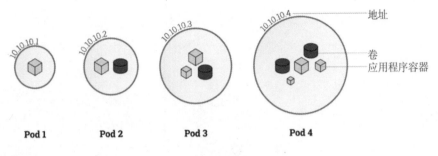

图 3-35　Pod

（3）Node。

Node 是指 Kubernetes 中的工作机器（Worker Machine），Node 既可以是虚拟机也可以是物理机，由 Master 进行管理。每个 Node 上可以运行多个 Pod，Master 会根据集群中每个 Node 上的可用资源的情况自动调度 Pod 的部署。

每个 Node 上都会运行以下内容。

- Kubelet：Master 在每个 Node 节点上面的代理（Agent），负责 Master 和 Node 之间的通信，并管理 Pod 和容器。

- kube-proxy：实现了 Kubernetes 中的服务发现和反向代理功能。在反向代理方面，kube-proxy 支持 TCP 和 UDP 的连接转发，默认基于 Round Robin 算法将客户端流量转发到与 Service 对应的一组后端 Pod 中。在服务发现方面，kube-proxy 使用 etcd 的 watch 机制，监控集群中 Service 和 Endpoint 对象数据的动态变化，并维护从 Service 到 Endpoint 的映射关系，从而保证了后端 Pod 的 IP 地址的变化不会对访问者造成影响。

- 一个容器：负责从镜像仓库（Registry）拉取容器镜像和解压缩容器，以及运行应用程序容器。

图 3-36 所示为 Node，其中部署了 4 个 Pod，此外，Node 上还运行着 Kubelet 和 Docker 容器。

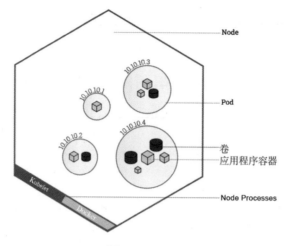

图 3-36　Node

Pod 是有生命周期的，Pod 被分配到一个 Node 上之后，就不会离开此 Node，直到被删除。当某个 Pod 失败后，首先它会被 Kubernetes 清理掉，之后 RC（Replication Controller）会在其他机器上（或本机）重建 Pod，重建之后的 Pod 的 ID 发生了变化，与原有的 Pod 将拥有不同的 IP 地址，因此它会是一个新的 Pod。所以，Kubernetes 中 Pod 的迁移实际上指的是在新的 Node 上重建 Pod。

（4）RC。

RC 是 Kubernetes 中的另一个核心概念，应用托管在 Kubernetes 之后，Kubernetes 需要保证应用能够持续运行，这就是 RC 的工作内容，它可以确保在任何时间 Kubernetes 中都有指定数量的 Pod 在运行。在此基础上，RC 还提供了一些更高级的特性，如弹性伸缩、滚动升级等。

RC 与 Pod 的关联是通过 Label 实现的，Label 是一系列的 Key/Value 对。Label 机制是 Kubernetes 中的一个重要设计，通过 Label 进行对象的关联，可以灵活地进行对象的分类和选择。对于 Pod，需要设置其自身的 Label 来进行标识。

Label 的定义是任意的，但是必须具有可标识性，如设置 Pod 的应用名称和版本号等。另外，Lable 不具有唯一性，为了更准确地标识一个 Pod，应该为 Pod 设置多个维度的 Label，具体命令如下。

```
"release" : "stable", "release" : "canary"
"environment" : "dev", "environment" : "qa", "environment" : "production"
"tier" : "frontend", "tier" : "backend", "tier" : "cache"
"partition" : "customerA", "partition" : "customerB"
"track" : "daily", "track" : "weekly"
```

对 RC 的弹性伸缩、滚动升级的特性描述如下。

● 弹性伸缩。

弹性伸缩是指适应负载的变化，以弹性可伸缩的方式提供资源。反映到 Kubernetes 中，是指可以根据负载的高低动态调整 Pod 的副本数量。

● 滚动升级。

滚动升级是一种平滑过渡的升级方式，通过逐步替换的策略来保证系统的整体稳定性，在初始升级的时候就可以及时发现问题并进行调整，以保证问题的影响不会被扩大。

（5）Service。

为了适应快速的业务需求，微服务架构已经逐渐成为主流。微服务架构的应用需要非常好的服务编排的支持，Kubernetes 中的核心要素 Service 便提供了一套简化的服务代理和发现机制，非常适应微服务架构。

在 Kubernetes 中，当受到 RC 的调控时，Pod 副本是变化的，对应的虚拟 IP 地址也是变化的，如当发生迁移或伸缩的时候，这对 Pod 的访问者来说是不可接受的。Service 是服务的抽象定义，定义了一个 Pod 的逻辑分组和访问这些 Pod 的策略，执行相同任务的 Pod 可以组成一个 Service，并以 Service 的 IP 地址提供服务。Service 的目标是提供一个桥梁，它会为访问者提供一个固定的访问地址，用于在访问时重定向到相应的后端，这使得非 Kubernetes 原生的应用程序在无须为 Kubernetes 编写特定代码的前提下，也可以轻松访问后端。

Service 同 RC 一样，都是通过 Label 来关联 Pod 的。一组 Pod 能够被 Service 访问到，通常是通过 Label Selector 实现的。Service 负责将外部的请求发送到 Kubernetes 内部的 Pod 中，同时将内部 Pod 的请求发送到外部，从而实现服务请求的转发。当 Pod 发生变化时（增加、减少、重建等），Service 会及时更新。这样，Service 就可以作为 Pod 的访问入口，起到代理服务器的作用，而对于访问者来说，当通过 Service 进行访问时，无须直接感知 Pod。

需要注意的是，Kubernetes 分配给 Service 的固定 IP 地址是一个虚拟 IP 地址，并不是一个真实的 IP 地址，在外部是无法寻址的。在真实的系统实现上，Kubernetes 通过 kube-proxy 来实现虚拟 IP 地址的路由及转发。所以正如前面所说的，每个 Node 上都需要部署 Proxy 组件，从而实现 Kubernetes 层级的虚拟转发网络任务。

（6）Deployment。

Kubernetes 提供了一种更加简单的更新 RC 和 Pod 的机制，称为 Deployment。通过在 Deployment 中描述所期望的集群状态，Deployment Controller 会将现在的集群状态在可控的速度下逐步更新成所期望的集群状态。Deployment 的主要职责同样是保证 Pod 的数量和健康，继承了上面所述的 RC 的全部功能（90%的功能与 RC 一样），可以将其看作新一代的 RC。

但是，Deployment 又具备 RC 不具备的新特性。

- 事件和状态查看：可以查看 Deployment 升级时的详细进度和状态。
- 回滚：若在升级 Pod 镜像或相关参数的时候发现问题，可以使用回滚操作回滚到上一个稳定的版本或指定的版本。
- 版本记录：每一次对 Deployment 的操作都会被保存下来，以便后续可能出现的回滚操作使用。
- 暂停和启动：每一次升级，都能随时暂停和启动。
- 多种升级方案：Recreate，删除所有已存在的 Pod，重新创建新的 Pod；RollingUpdate，滚动升级，逐步替换的策略，支持更多的附加参数。例如，设置最大不可用 Pod 数量和最短升级间隔时间等。

（7）命名空间。

对同一个物理集群，Kubernetes 可以虚拟出多个虚拟集群，这些虚拟集群称为命名空间。Kubernetes 中的命名空间并不是 Linux 中的命名空间。Kubernetes 中的命名空间旨在解决的场景是：多个用户分布在多个团队或项目中，但这些用户使用同一个 Kubernetes 集群。Kubernetes 通过命名空间的方式将一个集群的资源分配给多个用户。

命名空间中包含的资源通常有 Pod、Service 和 RC 等，但是一些较底层的资源并不属于任何一个命名空间，如 Node、PersistentVolume。同一个命名空间下的资源名称必须是唯一的，但是不同命名空间下的资源的名称是可以重复的。

3.5.1　Kubernetes 网络

Kubernetes 可以创建 Pod 来运行应用，为了使这些应用被访问，也为了使这些应用访问运行在其他 Pod 或 Kubernetes 集群外部的依赖，我们需要保证 Pod 之间能相互访问，并让 Pod 访问 Kubernetes 集群外部的网络。

在此基础上，我们还需要支持另一个比较常见的功能——网络策略，我们需要通过网络策略来控制 Pod 之间及 Pod 与外部的网络流量，某些情况下，还需要对特定应用层的流量进行更高级、更细粒度的控制，这些都可以通过 Kubernetes CNI Plugin 来实现。

Kubernetes 借助 CNI（Container Network Interface）创建 Pod 之间的网络连接，这些 Pod 可以在同一个 Host 上，也可以在多个不同的 Host 上。

CNI 定义了 Cloud Native 平台（如 Kubernetes）应该如何创建容器之间的网络连接。现在已经有很多 CNI 的实现，每一种 CNI 的实现我们称之为一个 CNI Plugin。如图 3-37 所示，Kubernetes 在两个节点上创建 4 个 Pod，并通过一种 CNI Plugin 连接。

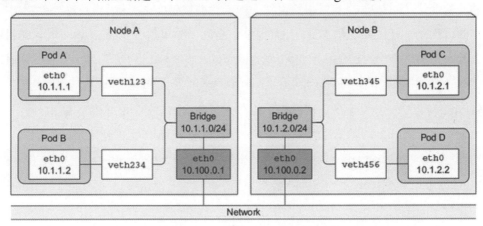

图 3-37　Kubernetes Pod 的网络连接

为了便于理解，在介绍 CNI 之前，我们先介绍 Kubernetes 创建 Pod 的主要流程。如前面所述，Kubernetes 由 6 个组件组成：etcd、API Server、Scheduler、Controller Manager、kube-proxy 和 Kubelet。前 4 个组件属于控制层面的组件，运行在 Master 节点上，后两个组件则属于计算层面的组件，运行在 Worker 节点上。

etcd 是一个 Key-Value 数据库，用来存储 Kubernetes 的一切持久化数据。它会记录

Kubernetes 集群中有哪些 Pod，这些 Pod 的具体描述是什么。etcd 还可以存放客户端访问 API Server 的认证信息。如果我们有 etcd 的访问权限，也可以直接通过 etcd 客户端查看 etcd 中存有哪些数据，从而方便我们理解 Kubernetes。

Kubernetes 的组件中只有 API Server 可以直接和 etcd 交互，从而读取和写入数据，其他组件读写数据都通过向 API Server 发送请求来完成。

Scheduler 是对 Pod 进行调度的组件，它会通过 Watch API Server 来监控新创建的 Pod。一旦 Scheduler 发现新 Pod，就对其进行调度，把 Pod 调度到一个满足条件的 Worker 节点上。

Controller Manager 负责监控 Kubernetes 的各种 Controller 对象，并根据情况创建或删除 Pod，从而满足 Controller 对象的要求。例如，我们通过 Kubernetes 客户端发送请求到 API Server 来创建一个 ReplicaSet 对象（ReplicaSet 是一种 Controller），这个 ReplicaSet 对象的 replica 数是 3。那么当 Controller Manager 监控到有这个 ReplicaSet 对象创建的时候就创建相应的 3 个 Pod。这 3 个 Pod 的定义一样，它们提供完全一样的功能。只是少部分动态分配的属性不一样，如这些 Pod 的 IP 地址、名称。如果这个 ReplicasSet 对象的目的是提供 Nginx 服务，那么对应的 3 个 Pod 都运行 Nginx 服务上。为了使 Nginx 服务暴露一个统一的服务地址而不是 3 个 Pod 的地址，Kubernetes 需要支持 Service 对象。

Service 可以定义一个服务访问地址，并在用户访问这个地址的时候把请求分发到对应的 Pod 上。kube-proxy 的功能主要是根据 Service 在每个 Host 上创建请求分发规则。每个 Host 会根据 kube-proxy 创建的规则把请求分发给相应的 Pod。

Kubelet 是直接创建 Pod 的组件，每个 Worker 节点上都运行着 Kubelet。Kubelet 监控调度到自身节点上的 Pod，一旦发现有 Pod 调度到自身的节点上就根据 Pod 定义创建相应的 Pod。一个 Pod 中可能有一个或多个 Container，所以 Kubelet 在创建 Pod 的过程中会调用 Container Runtime 来创建 Container。

Kubelet 定义了一套调用 Container Runtime 的 API，叫做 CRI（Container Runtime Interface）。很多常见的 Container Runtime，如 Docker、Containerd、Kata Container 等，都已经实现了 CRI。目前使用最广泛的是 Docker，也是 Kubelet 默认的 Container Runtime。

在创建 Pod 的过程中，主要会执行 CRI 里面的两个调用：RunPodSandbox 和

CreateContainer。RunPodSandbox 用于创建 Container 的运行环境，包括 Network Namespace、虚拟网卡、分配 IP 地址等。在 RunPodSandbox 中会调用 CNI Plugin 来为 Pod 创建 Network Interface，使得 Pod 之间能进行网络通信。

图 3-38 所示为 Pod 网卡的创建过程。其中，第一步和第二步属于 RunPodSandbox 调用，第三步属于 CreateContainer 调用。第一步会创建一个 Pause Container，在创建 Pause Container 的过程中就创建了 Network Namespace。这个 Pod 中所有的 Container 都将运行在这个 Network Namespace 中。第二步就是调用 CNI 插件来创建虚拟网卡并分配 IP 地址。然后在第三步中创建我们运行应用的 Nginx Container，Nginx Container 会通过第二步中创建的虚拟网卡提供网络服务。

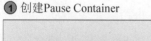
① 创建 Pause Container　② 调用 CNI 插件来创建虚拟网卡并分配 IP 地址　③ 创建 Nginx Container

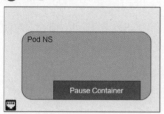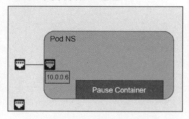

图 3-38　Pod 网卡的创建过程

CNI 插件通常是一个可执行文件。在创建 Pod 的时候调用插件的 ADD 方法来创建 Pod 网络。在删除 Pod 的时候调用 DEL 方法来删除 Pod 网络。CNI 定义了对插件调用的参数和返回值。ADD 方法需要以下参数。

- Container ID：这里指的是 Pause Container 的 ID。
- Network Namespace Path：每个 Network Namespace 都对应一个文件，通过这个文件可以进入对应的 Network Namespace。CNI 插件需要这个参数才能找到对应的 Network Namespace，为其添加虚拟网卡并配置 IP 地址。
- Name of the interface inside the container：这个参数可以指定 CNI 插件将要创建的虚拟网卡的名字。
- Network Configuration：这个参数是一个 json 格式的文件。Kubelet 读取这个 json 格式的文件的内容，并传给 CNI 插件。这个 json 格式的文件主要包含 cniVersion、name、type、ipam 等参数。cniVersion 指的是 CNI 的版本，CNI 在不断改进，版本也在不断升级。很多 CNI 插件都实现了多个 CNI 版本，所以插件需要这个版本参数来运行相应的版本。name 指的是插件的名字，可以自行定义。type 指的是插件的类型，Kubelet 根据这个参数在/opt/cni/bin/下面找同名的可执行文件作为 CNI 插件。ipam 参数定义了如何为新创建的虚拟网卡分配 IP 地址。几乎每种 CNI 插件都需要分配 IP 地址的功能，因为在每种插件里都实现一遍会非常冗余，所以 CNI 又定义了一种额外的插件，叫作 IPAM 插件。IPAM 插件专门负责分配 IP 地址。CNI 插件会调用 IPAM 插件来获取 IP 地址信息，然后将获取的 IP 地址信息配置给新创建的虚拟网卡。

下面是一个 Network Configuration 的例子：

```
{
  "cniVersion": "0.4.0",
  "name": "dbnet",
  "type": "bridge",
  "bridge": "cni0",
  "ipam": {
    "type": "host-local",
    "subnet": "10.1.0.0/16",
    "gateway": "10.1.0.1"
  },
  "dns": {
    "nameservers": [ "10.1.0.1" ]
  }
}
```

ADD 方法的返回值包含创建的虚拟网卡信息，还包含 IP 地址信息：

```
{
  "ips": [
    {
      "version": "4",
      "address": "10.0.0.5/32",
      "interface": 2
    }
  ],
  "interfaces": [
    {
      "name": "cni0",
      "mac": "00:11:22:33:44:55"
    },
    {
      "name": "veth3243",
```

```
      "mac": "55:44:33:22:11:11"
    },
    {
      "name": "eth0",
      "mac": "99:88:77:66:55:44",
      "sandbox": "/var/run/netns/blue"
    }
  ],
  "dns": {
    "nameservers": [
      "10.1.0.1"
    ]
  }
}
```

除了为 Pod 创建虚拟网卡，CNI 插件还需要保证 Pod 之间能通过这个创建的虚拟网卡通信。无论这些 Pod 在同一个 Worker 节点上，还是在不同的 Worker 节点上。不同的插件对于网络连通性的实现各不相同，CNI 没有规定网络连通性的实现要求。

Flannel 是一个使用比较广泛的 CNI Plugin。在 Kubernetes 上安装 Flannel 非常简单，只需要执行 "kubectl apply" 来应用 Flannel 项目中已经预先准备好的 yaml 文件即可。创建一个 DaemonSet，使得每个 Kubernetes 节点上都运行一个 Flannel 的 Pod。该 Pod 有一个 init Container，会生成 Flannel 配置文件，将其存放于 Host 上的/etc/cni/net.d 目录下。init Container 执行完之后，Fannel Pod 运行 flanneld 进程。flanneld 进程可以通过配置 tunnel 和路由使不同节点上的 Pod 能够进行通信。

图 3-39 显示的是一个两个节点的 Kubernetes 环境，Flannel 会在每个节点上创建一个虚拟网桥，叫作 cni0。将节点上创建的 Pod 网络都连接到这个虚拟网桥上。node1 使用了 192.168.64.0/24 这个网段作为该节点上的 Pod 的网段，而 node2 则使用的是 192.168.65.0/24 网段。同一个节点上的 Pod 在同一个子网内，网络互联互通。为了使不同节点上的 Pod 也能通信，Flannel 还在每个节点创建了一个 tunnel 设备，叫作 flannel.1，使得所有节点之间的二层网络打通。在二层网络打通的前提下，再给每个节点加上路由就可以使不同节点上的 Pod 相互之间能进行三层网络通信。路由从 node1 上发往 192.168.65.0/24 的所有数据包都将从 flannel.1 发出，发送到 node2 上面的 flannel.1 上，然后在 node2 上被路由到相应的 Pod 中。

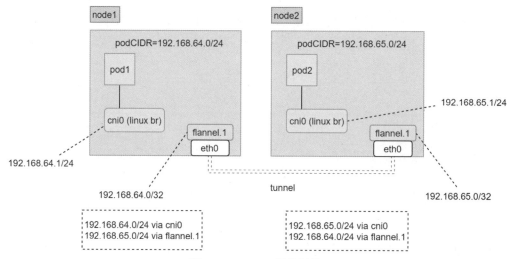

图 3-39　Flannel 网络拓扑

　　Flannel 是一个非常简单的 CNI Plugin，它实现了 Pod 网络间的通信。但它没有关于网络策略的实现，因此我们无法控制哪些 Pod 之间能够通信，当然也不能阻止 Pod 之间的通信。接下来要介绍的另一个非常流行的 Calico 插件就实现了网络策略功能。

　　Calico 和 Flannel 相比，复杂了许多，因为它对网络连通性的实现比 Flannel 复杂，而且 Calico 实现了网络策略功能。相比于 Calico 复杂的实现，它的安装要简单很多。和 Flannel 一样，只需要执行一个"kubectl apply"命令就可以安装 Calico。在每个节点上运行一个叫 calico-node 的 Pod，该 Pod 会在 init Container 中生成 Calico 插件的可执行文件，并存放在 Host 上的目录/opt/cni/bin 下。

　　图 3-40 显示的是一个两节点的 Kubernete 环境，已经安装好了 Calico 插件。Calico 在网络连通性上的实现和 Flannel 的差别比较大。Calico 没有像 Flannel 那样为每个节点创建一个虚拟网桥，而是为每个 Pod 创建 veth pair。将 veth pair 的一端插入 Pod 中（通常端口名为 eth0），其另一端则在 Host 上（通常端口名为 calixxxx）。为每个 Pod 在 Host 上添加相应的路由。node1 上就存在到 pod1 的路由：192.168.64.5 via calixxxx。这样在同一个节点上，Pod 经过 Host 的路由就可以相互通信了。

　　Calico 实现节点间 Pod 通信的机制和 Flannel 也大不相同。Calico 通过路由的方式来实现，而不是通过隧道的方式。Calico 在每个节点上都运行着一个 bgp 路由协议，以此协议来交换节点的路由信息。同时，节点会和连接节点的路由器交互 bgp 路由信息，使得 Pod

的 IP 信息被所有路由器得知。这样发给 Pod 的数据包就能被路由到目标节点，进而路由到目标 Pod。

除了通过路由的方式打通节点间的 Pod 网络，Calico 还支持类似 Flannel 的隧道模式。但 Calico 的隧道模式只适用于某些特殊情况，如当下层的路由器不能和 bird 交换路由信息时，Calico 就不能将 Pod 路由信息分发到下层路由器上了，所以不得不使用隧道模式。Calico 的优势在路由模式下而不是在隧道模式下，因为路由模式下的数据不需要 Overlay，封装更轻量。

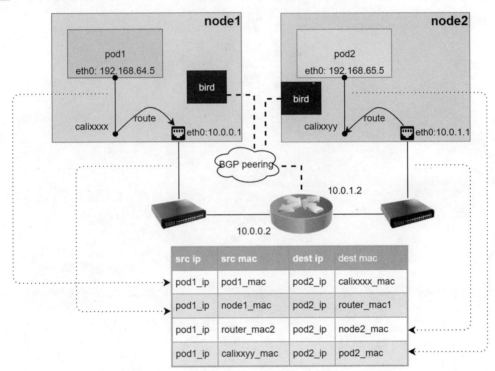

图 3-40　Calico 网络拓扑

calico-node 这个 Pod 中运行着一个 Container，也叫 calico-node。如图 3-41 所示，calico-node 这个 Container 中运行着三个进程：confd、bird 和 felix。

confd 会从 Kubernetes API 中读取 Calico 的配置信息，然后生成配置文件。而 bird 和 felix 启动时会读取这些配置文件。confd 还会监视 Kubernetes，以便在 Calico 配置发生变化时能被及时通知。一旦 confd 发现 Calico 配置发生变化，就会重新生成配置文件，同时重新加载 bird 和 felix 进程，使它们读取最新的配置文件。

bird 是一个 bgp 协议的进程，负责与其他节点和下层的物理路由器交换路由信息。值得一提的是，bird 并不是和所有路由器交换路由信息，只是和下层网络中少量的 bgp 路由器交换路由信息。然后这些 bgp 路由器再通过内部交换协议（如 ospf，rip）和其他下层网络的路由器交换路由信息，这样，所有下层路由器都有 Pod 网络的路由信息。

felix 进程则负责生成节点上的路由信息。例如，我们在节点上创建了一个 IP 为192.168.64.5 的 Pod，那么 felix 会为此生成一条路由信息：192.168.64.5 via calixxxx。bird 和其他路由器交换的正是这样的路由信息。

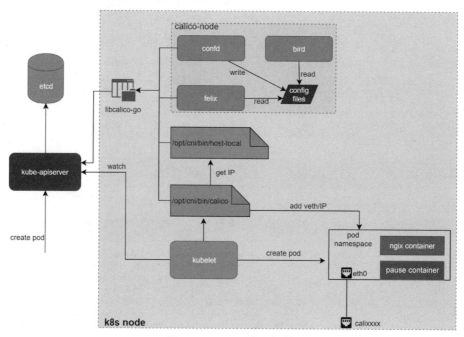

图 3-41　Calico 内部组件

felix 除了生成路由信息，还负责根据网络策略生成相应的 iptables 规则。当我们创建了下面的网络策略之后，felix 就会在 iptables 中生成规则，以允许 red 标签的 Pod 来访问 blue Pod 的 80 端口。felix 通过 libcalico-go 和 Kubernetes API 交互获取 red Pod 和 blue Pod 的 IP 地址信息，然后将它们存放到 ipset 中。在设置 iptable 规则的时候，并不直接指定 Pod IP，而是引用 ipset。当 Pod 被重启或有新的 Pod 加入时，felix 就会更新 ipset，以保证 ipset

中的 IP 和 Pod 的 IP 一致。

```
kind: NetworkPolicy
apiVersion: networking.k8s.io/v1
metadata:
  name: allow-same-namespace
  namespace: default
spec:
  podSelector:
    matchLabels:
      color: blue
  ingress:
  - from:
    - podSelector:
        matchLabels:
          color: red
    ports:
      - port: 80
```

接下来我们介绍 SR-IOV 插件。SR-IOV 技术可以将一个物理网卡虚拟成多个 VF（Virtual Function），每个 VF 都有自己的 PCI 地址，可以作为一个网卡供虚拟机或容器使用。

SR-IOV 需要硬件的支持，所以并不是所有的网卡都支持 SR-IOV。由于硬件的支持，SR-IOV 使虚拟机和容器的网络性能得到了很好的提升。和纯软件实现的虚拟网卡相比，SR-IOV 在提升性能的同时也带来了一些限制，如一个网卡上有最大 VF 数量的限制，还有给虚拟机迁移带来的限制。

SR-IOV 插件作为一个可执行文件，在被调用的时候需要传入 VF 的信息。这样 SR-IOV 插件才能把相应的 VF 分配给 Pod。一个 Kubernetes 集群可能包含多个节点，每个节点又有自己的 SR-IOV VF 信息。如果手动为每个节点的每个 VF 信息进行配置，那将是非常大的工作量，而且不灵活。

所以我们需要用 SR-IOV Network Device Plugin 来动态管理 SR-IOV，识别每个 Kubernetes 节点上有多少个 SR-IOV 网卡，以及每个网卡有多少个 VF，同时记录哪些 VF 已经被使用，哪些 VF 是空闲可用的。

我们可以发现，Calico 和 Flannel 都能创建一个平面网络，使得所有的 Pod 都能通信。同时，我们可以看出所有的 Pod 都只有一个 IP 地址，在大多数情况下，一个 IP 已经够用了。但如果我们想在 Kubernetes 里面部署 CNF，那么我们的 Pod 需要拥有多个网卡和多个

IP 地址。

Intel 开发了一款叫作 Multus 的 CNI 插件，可以给 Pod 插入多个网卡，配置多个 IP 地址。Multus 和其他 CNI 插件有着比较明显的区别，Multus 更像是一个 CNI 代理。它会调用其他的 CNI 插件，为 Pod 插入网卡并配置 IP。当 Multus 调用多个 CNI 插件的时候，Pod 就会拥有多个网卡。

Multus 本身并不能单独工作，它需要和其他 CNI 插件配合。所以需要在 Kubernetes 中同时安装多个 CNI 插件。我们至少需要为 Mutuls 配置一个默认的 CNI 插件，这样 Mutuls 总会调用这个默认的 CNI 插件来保证网络的连通性。在这个默认插件的基础上，我们可以为每个 Pod 定义额外的 CNI 插件，使得这个 Pod 能拥有多个网卡。默认的 CNI 插件在 Multus 的配置文件中，额外的 CNI 插件则是通过 Pod 的 annotation 来指定的。在下面的例子中，我们指定了 Flannel 作为默认插件，并且把 Flannel 网络作为默认的路由网络。在创建 samplepod 的时候还指定了额外的插件。

```
$ cat >/etc/cni/net.d/30-multus.conf
{
  "name": "multus-cni-network",
  "type": "multus",
  "readinessindicatorfile": "/var/run/flannel/subnet.env",
  "delegates": [
    {
      "type": "flannel",
      "name": "flannel.1",
      "delegate": {
        "isDefaultGateway": true
      }
    }
  ],
  "kubeconfig": "/etc/cni/net.d/multus.d/multus.kubeconfig"
}

$ cat positive.example.pod
apiVersion: v1
kind: Pod
metadata:
  name: samplepod
  annotations:
    k8s.v1.cni.cncf.io/networks: macvlan-conf
```

```
spec:
 containers:
 - name: samplepod
   command: ["/bin/bash", "-c", "sleep 2000000000000"]
   image: dougbtv/centos-network
```

在上面的例子中，我们指定这个额外的插件为 macvlan-conf，这其实是 Multus 里面定义的一种资源，它定义了 Multus 如何为 Pod 创建网卡，如何给该 Pod 分配 IP 地址。下面是 macvlan-conf 的定义，我们可以看出，macvlan-conf 其实就是一个 macvlan 插件的配置信息。Multus 根据这些信息为 Pod 添加额外的网卡和 IP 地址。

```
$ cat cr-network-attachment.yml
apiVersion: "k8s.cni.cncf.io/v1"
kind: NetworkAttachmentDefinition
metadata:
  name: macvlan-conf
spec:
  config: '{
      "cniVersion": "0.3.0",
      "type": "macvlan",
      "master": "eth0",
      "mode": "bridge",
      "ipam": {
        "type": "host-local",
        "subnet": "192.168.1.0/24",
        "rangeStart": "192.168.1.200",
        "rangeEnd": "192.168.1.216",
        "gateway": "192.168.1.1"
      }
    }'
```

Multus 的安装也非常方便，根据 GitHub 上的文档 apply 一个 yaml 文件就可以了。在这个过程中，会起一个 DaemonSet，这个 DaemonSet 会生成 Multus 的 CNI 可执行文件，同时会根据当前的 CNI 配置文件生成新的 Multus 配置文件。Multus 之前安装的配置插件会作为 Multus 的默认插件被配置到 Multus 配置文件中。当然，因为 Multus 需要和其他的 CNI 插件配合使用，所以我们除了安装 Multus，还要安装其他需要的插件。

下面，我们看一下多租户和 Kuberntes 网络的关系。多租户特性对于 Kubernetes 来说非常有意义，特别是当同一个 Kubernetes 的用户数量不断增加时，多租户特性可以使用户在自己的租户内活动而不影响其他租户。

Kuberntes 的多租户间目前主要利用命名空间来进行隔离，为命名空间分配额度，以限制某些命名空间使用过多资源而影响其他的命名空间。除了限额，我们还需要进行网络隔离，将不同命名空间中的 Pod 网络隔离开来。与 OpenStack 不同，Kubernetes 并没有虚拟网络的概念，所有的 Pod 都在同一个网络中。在这种情况下，我们只能采用网络策略，通过网络策略设定 Pod 之间能进行何种通信。

3.5.2 Kubernetes 存储

在 Kubernetes 平台上部署和运行的服务分为 3 种：无状态服务、普通有状态服务和有状态集群服务。其中，普通有状态服务和有状态集群服务均有数据保存、共享的需求。为此，Kubernetes 提供了以卷（Volume）和持久化卷（Persistent Volume，PV）管理为基础的存储体系，用于实现服务的状态保存。

PV 是对底层共享存储的一种抽象，将共享存储定义为一种资源。它属于集群的资源而不属于任何命名空间，每个 PV 都具有一些与普通存储卷相同的功能，如卷容量、读写访问模式等。用户需要通过持久化卷申请才能使用 PV。PVC 是用户存储的一种声明，类似于对存储资源的申请，它属于命名空间的资源。

Kubernetes 从 v1.4 版本开始引入了一个新的资源对象——存储类（StorageClass），用于标记存储资源的特性和性能。到 v1.6 版本时，存储类和动态资源的供应机制得到了完善，实现了存储卷的按需创建。

与普通卷不同的是，PV 是 Kubernetes 的资源对象，它具有独立于 Pod 外的生命周期。在 Kubernetes 中，PV 控制器用于实现 PV 和 PVC 的生命周期管理。创建 PV 等同于在 Kubernetes 中创建存储资源对象，PV 和 PVC 的生命周期分为 5 个阶段，如图 3-42 所示。

- 供应：即 PV 的创建，可以采用静态方式直接创建 PV，也可以使用 StorageClass 动态创建 PV。
- 绑定：将 PV 分配给 PVC。
- 使用：Pod 通过 PVC 使用该卷。
- 释放：Pod 释放卷并删除 PVC。
- 回收：回收 PV，可以保留 PV 以便下次使用，也可以直接删除。

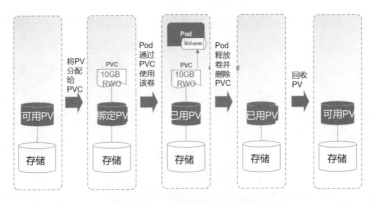

图 3-42   PV/PVC 的生命周期

Volume、PV、PVC 与存储类的关系如图 3-43 所示。卷是最基本的存储抽象，它属于存储基础设置，支持本地存储、网络文件系统和大量的云存储类型。开发人员也可以编写自己的存储插件来支持特定的存储系统，只要这些插件符合 Kubernetes 卷插件的规范即可。卷可以直接供 Pod 和 PV 使用，通过提供不同的存储类，Kubernetes 集群管理员可以在质量级别、备份策略等方面满足不同的存储需求。Kubernetes 能够自动创建满足用户需求的 PV。

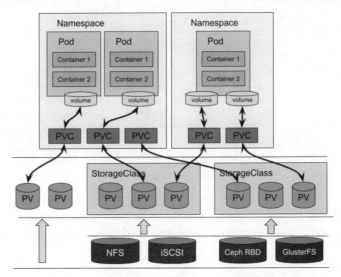

图 3-43   Volume、PV、PVC 与存储类的关系

1. Kubernetes CSI

容器存储接口（Container Storage Interface，CSI）从 Kubernetes v1.9 版本（从 v1.13 版

本开始正式稳定）开始被引入，旨在为容器编排引擎和存储系统间建立一套标准的存储调用接口，在不改变 Kubernetes 当前的存储架构的同时允许在内置核心代码之外进行驱动开发，这样，Kubernetes 核心和外部存储可以完全解耦，每个外部存储功能模块都可以以容器的方式在 Kubernetes 上运行，而非在主机节点上作为 Kubernetes 内置组件运行。借助 CSI 的容器编排系统（Container Orchestration，CO），如 Kubernetes、Mesos 及 Cloud Foundry 等，我们可以将任意的外部存储暴露给容器工作负载。

如图 3-44 所示，CSI 的实现有以下几个重要的部分。

- CSI 驱动：外部存储（Storage System）的 CSI 接口实现，由外部存储供应商维护。如 Ceph-CSI 作为 Ceph 存储的 CSI 驱动实现了块存储（RBD）和文件存储（CephFS）两种类型的接口。
- CSI 插件（CSI gRPC Client）：也是树外（Out-of-Tree）部分，它被容器编排系统的存储核心模块调用，管理对 CSI 驱动的调度和存储卷的创建、连接、挂载等。
- 容器编排系统（CO）：包含树内的卷管理器，用于调用 CSI 插件，获取 CSI 驱动接口实现的持久化卷并提供给工作负载。

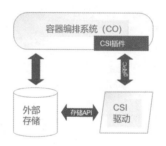

图 3-44　CSI 的组件关系图

CSI 的规范要求插件开发者实现三个 gRPC 服务。

- 身份服务：用于 Kubernetes 与 CSI 插件协调版本信息。
- 控制器服务：用于创建、删除及管理卷存储。
- 节点服务：应用将卷存储挂载到指定目录中，以便 Kubelet 创建容器时使用。

由于 CSI 在 UNIX Socket 文件上监听，Kube Controller Manager 并不能直接调用 CSI 插件。为了协调卷生命周期的管理，并方便开发者实现 CSI 插件，如图 3-45 所示，Kubernetes

提供了几个 Sidecar 容器，并推荐使用下述方法来部署 CSI 插件。

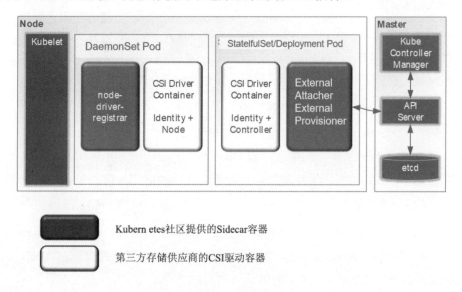

图 3-45　CSI 的部署

部署方法如下。

- StatefulSet：副本数为 1，它包含下列几个容器。
  - ➤ 用户实现的 CSI 插件。
  - ➤ External Attacher：Kubernetes 提供的 Sidecar 容器，它监听 VolumeAttachment 和 PersistentVolume 对象的变化情况，并调用 CSI 插件的 ControllerPublishVolume 和 ControllerUnpublishVolume 等，API 将卷挂载或卸载到指定的节点上。
  - ➤ External Provisioner：Kubernetes 提供的 Sidecar 容器，它监听 PersistentVolumeClaim 对象的变化情况，并调用 CSI 插件的 ControllerPublish 和 ControllerUnpublish 等 API 管理卷。
- DaemonSet：将 CSI 插件运行在每个节点上，以便 Kubelet 调用，包含下列容器。
  - ➤ 用户实现的 CSI 插件。
  - ➤ Driver Registrar：注册 CSI 插件到 Kubelet 中，并初始化 NodeId。

2. Rook 编排框架

Rook 属于云原生基金会（Cloud Native Computing Foundation，CNCF）的孵化项目，是一个用 Go 语言实现的自管理的分布式存储编排系统。Rook 本身并不提供存储服务，而是在 Kubernetes 和存储系统之间提供适配层，简化存储系统的部署与运维。当前，Rook 项目支持的存储系统包括 Ceph、CockroachDB、Cassandra、EdgeFS、MinIO 及 NFS，其中，Ceph 和 EdgeFS 为稳定支持状态，其余均为 Alpha。

Rook 的实现里有一个核心的概念，即 Operator。Operator 是 CoreOS 开发的旨在简化复杂有状态应用（如数据库、缓存和监控系统等）管理的框架，可以将它看作一个感知应用状态的控制器，通过扩展及自定义 API 资源来自动创建、管理和配置应用实例。

自定义 API 资源 CR（Custom Resource）是 Operator 的基础，为了让 Kubernetes 核心识别这个 CR，需要以 Kubernetes 的方式定义这个 CR，也就是通过创建 CRD（Custom Resource Definition）来表述它。CR 的描述如图 3-46 所示。

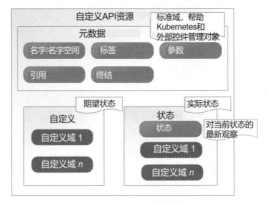

图 3-46 CR 的描述

在实现上，Operator 使用控制器保证集群处于预期状态。一般来说，管理集群的 3 个步骤如下。

- 通过 Kubernetes API 观察集群的当前状态。
- 分析当前状态与期望状态的差别。
- 调用集群管理 API 或 Kubernetes API 来消除当前状态与期望状态的差别。

发展到现在，作为开发和部署分布式应用的一项事实标准，无论是 etcd、Redis，还是 Kafka、RocketMQ、Spark、TensorFlow，几乎所有的分布式项目都由社区维护着自己的 Kubernetes Operator。在 Operator 的官方 GitHub 库里，也维护着一个知名分布式项目的 Operator 汇总列表，里面的项目也在不断增加。而在 Operator 取得当前的重要地位的背后，它也经历了跌宕起伏的过程，具体可以参看文章"亲历者说：Kubernetes API 与 Operator，不为人知的开发者战争"。

Ceph 是对 Rook 框架支持较完善、较稳定的存储系统，Ceph 作为后端存储也广泛应用于边缘计算的平台上，如 StarlingX、Airship 等。接下来我们简单介绍一下 Ceph 在 Rook 框架下的部署和应用。

Kubernetes 应用程序可以挂载由 Rook 管理的块设备和文件系统。Rook Ceph 架构如图 3-47 所示，在部署运行时包含多个组件。

- Rook Operator：由一些 CRD 和一个镜像构成，是 Rook 的核心组件，也是一个简单的容器。它可以启动并监视 Ceph 监视器、Ceph OSD 守护程序及其他 Ceph 模块守护程序，提供 RADOS 存储；管理池、对象存储（S3/Swift）和文件系统等 CRD；监视存储后台驻留程序，以确保集群的运行状况良好，如 Ceph 监视器在必要的时候启动或故障转移，并且随着集群的增长或收缩自动进行调整；自动配置 Ceph CSI 驱动程序将存储挂载到 Pod 上。

- Rook Agent：运行在每个存储节点上，并配置一个 FlexVolume 插件，和 Kubernetes 的存储卷控制框架进行集成。Rook Agent 处理所有的存储操作，如挂接网络存储设备、在主机上加载存储卷及格式化文件系统等。

- Rook Discover：检测挂接到存储节点上的存储设备。

- Rook Cluster：负责创建 CRD 对象，指定相关参数，包括 Ceph 镜像、元数据持久化位置、磁盘位置和 Dashboard，提供了对存储集群的配置能力，用来提供块存储、对象存储及共享文件系统。

- 其他对象：池（为块存储、文件存储和对象存储提供支持）、对象存储（用 Amazon S3 兼容接口开放存储服务）和文件存储（为多个 Pod 提供共享文件存储服务）等。

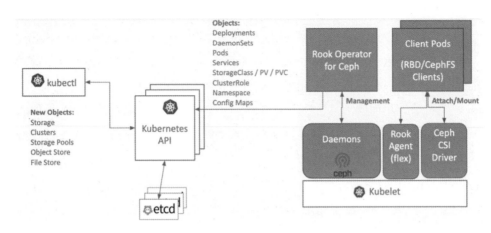

图 3-47　Rook Ceph 架构

　　Rook Ceph 有两种部署方式：Kubernetes 直接部署和 Helm 图表部署。部署的过程如下：Operator 启动后，首先创建代理（Agent）和发现（Discover）容器，负责监视和管理各个节点上的存储资源，然后创建集群（Cluster），集群是创建 Operator 时定义的 CRD。Operator 根据集群的配置信息启动 Ceph 的相关容器。当存储集群启动之后，就可以使用 Kubernetes 创建 PVC 供应用程序使用了。

　　图 3-48 所示为 Rook Ceph 部署架构，可以看出，Rook 和 Ceph 的组件以容器的方式提供服务。整个系统有一个 Operator，每个节点上有一个 Agent，Ceph 监视器、OSD 及 RGW 等组件根据集群的 CRD 配置（如图 3-49 所示）自动部署和监控，并提供高可用性服务。

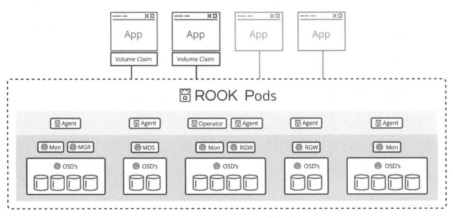

图 3-48　Rook Ceph 部署架构

```
apiVersion: ceph.rook.io/v1
kind: CephCluster
metadata:
  name: rook-ceph
  namespace: rook-ceph
spec:
  cephVersion:
    image: ceph/ceph:v14.2.6
  dataDirHostPath: /var/lib/rook
  mon:
    count: 3
    allowMultiplePerNode: true
  dashboard:
    enabled: true
# cluster level storage configuration and selection
  storage:
    useAllNodes: true
    useAllDevices: true
    deviceFilter:
    config:
      metadataDevice:
      databaseSizeMB: "1024" # this value can be removed for environments with normal sized disks (100 GB or
      journalSizeMB: "1024" # this value can be removed for environments with normal sized disks (20 GB or
      osdsPerDevice: "1"
```

图 3-49　集群的 CRD 配置

Rook 框架还提供了一些工具,其中,Toolbox 可以提供 Rook 的调试和测试功能,它是一个基于 CentOS 的容器,设置了 Ceph 的运行时环境和二进制工具包,所以 Ceph 常用的命令可以在 Toolbox 环境下执行。

3.5.3　平台相关技术

1. 设备插件

在容器中运行的应用往往需要利用系统的硬件资源(如 GPU、FPGA、高性能网卡和 InfiniBand 等设备)来进行计算加速或实现相应的功能,这些设备通常需要设备生产厂商进行特定的初始化和设置。为了在保持核心代码不变的前提下将各种硬件设备灵活地接入 Kubernetes 容器,Kubernetes 从 1.8 版本开始提供设备插件(Device Plugin)框架来辅助设备商实现相应的设备插件,并可以以手工或 DaemonSet 的方式进行部署。

(1)设备插件的工作流程。

通常将设备插件设计为独立的应用程序,它可以作为单独的应用程序手动部署或作为 Kubernetes 的 DaemonSet 部署在 Kubernetes 集群中。

为了和 Kubernetes 的服务进程协同工作，设备插件需要实现以下工作流程。

① 初始化：设备插件需要完成设备的查找、初始化和配置，确保设备正常运行。

② 运行服务。

- 启动 gPRC 服务，监听一个位于/var/lib/kubelet/device-plugins/下的 Unix 套接字，并实现 Kubernetes 定义的 DevicePlugin 接口。

```
service DevicePlugin {
    rpc ListAndWatch(Empty) returns (stream ListAndWatchResponse) {}
    rpc Allocate(AllocateRequest) returns (AllocateResponse) {}
}
```

- 注册：调用 Kubenetes 服务进程（如 Kubelet）提供的设备插件注册接口（基于 gRPC）进行注册。

```
service Registration {
    rpc Register(RegisterRequest) returns (Empty) {}
}
```

需要注册的信息包括：设备插件 gPRC 服务的 Unix 套接字文件名；设备插件实现的 Kubernetes 设备插件（API 版本）；要注册的资源名称，这个资源名称需要符合可扩展资源命名规则，一般采用"第三方域名/资源名"的方式。

- 可用资源列表上报：设备插件需要扫描系统获得可用设备列表并发送给 Kubelet，Kubelet 会将设备资源作为节点状态的一部分上报给 Kubernets API Server。
- 资源分配：进行容器创建和请求资源时，Kubelet 会调用设备插件 gRPC 服务的 Allocate 接口请求分配资源。接收请求后，设备插件完成相应的设备准备工作（如 GPU 的清理等），并返回 AllocateResponse 信息，以提供容器运行时访问所分配资源需要的配置信息。

③ 设备监控：设备插件需要监控设备的运行状态，并将设备状态的变化通过 ListAndWatch 接口通知 Kubelet。

（2）设备插件实用案例。

许多第三方的设备商基于 Kubernetes 的设备插件框架实现了种类繁多、支持不同设备的 Kubernetes 插件，如 AMD 的 GPU 插件、NVIDIA 的 GPU 插件、Xilinx 的 FPGA 插件、Intel 的 SR-IOV 网卡插件及 Intel 的 GPU/FPGA/QAT 设备插件等。下面以 Intel 的设备插件为例，介绍 Kubernetes 设备插件的设计实现、对硬件的支持及如何部署与使用。

Intel 设备插件的设计符合 Kubernetes 的设备插件框架规范，它允许用户请求和访问 Intel 提供的设备资源，包括 GPU、FPGA 和 QAT 等。为了简化设备插件的实现过程，Intel 设备插件实现了一个基本框架，封装了 gPRC 服务的创建、处理及和 Kubelet 的交互过程（如 Register、ListAndWatch 和 Allocate 调用），这样设计一个新的设备插件只需要启动 DevicePlugin.Manager，并实现与设备本身的操作相关的逻辑，如用 Scan 方法来获得可用 的设备列表等，示例代码如下所示。

```
func main() {
    ...

    manager := dpapi.NewManager(namespace, plugin)
    manager.Run()
}

func (dp *deviceplugin) Scan(notifier deviceplugin.Notifier) error {
    for {
        devTree := deviceplugin.NewDeviceTree()
        ...
        devTree.AddDevice("yellow", devID, deviceplugin.DeviceInfo{
            State: health,
            Nodes: []pluginapi.DeviceSpec{
                {
                    HostPath:      devPath,
                    ContainerPath: devPath,
                    Permissions:   "rw",
                },
            },
        })
        ...
        notifier.Notify(devTree)
    }
}
```

根据具体的设备需求，设备插件还可以选择性地实现 DevicePlugin.PostAllocator 接口，以更改资源分配时返回 Kubelet 的 AllocateResponse 信息（如设置容器的环境变量等）。

图 3-50 所示为 Intel 设备插件的工作流程。

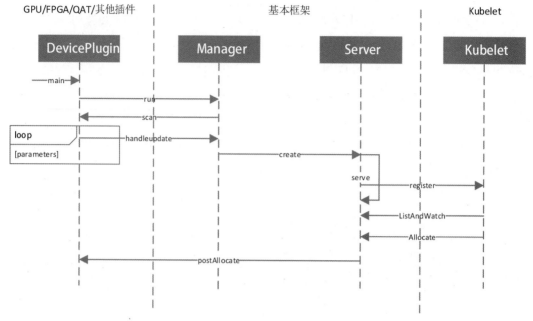

图 3-50 Intel 设备插件的工作流程

Intel 设备插件实现了对如下硬件资源的支持。

● GPU 设备插件：提供了对 Intel Core 和 Intel Xeon 处理器中的集成 CPU 和 Intel 视觉计算加速器（Intel VCA）在 Kubernetes 容器中应用的支持。GPU 设备插件可以将计算密集型工作负载的处理工作移交给 GPU 硬件，如应用 Intel Media SDK 通过 GPU 进行视频转码操作，或者应用 OpenCL 库通过 GPU 进行计算加速。

● FPGA 设备插件：提供了对基于 Intel Arria 10 FPGA 和 Intel Stratix 10 FPGA 的可编程加速卡在 Kubernetes 容器中应用的支持。FPGA 设备插件支持开放式可编程加速引擎（OPAE）框架和 OpenCL 代码。FPGA 设备插件可以用于预编程的加速器、业务流程编程和访问控制，它包含如下几个模块。

  ➢ 设备插件：负责发现 FPGA 设备并将其报告给 Kubelet。在资源分配阶段，它提供给 Kubelet 有关容器要访问的设备节点的信息，并设置 Pod 注释，该注释随后将被传递给 CRI，以通过 CRI-O Hook 触发 FPGA 器件编程。

  ➢ CRI-O Prestart Hook：由设备插件设置的 Pod 注释触发。它应用所需的具有 FPGA 功能的比特流并根据工作负载描述中的环境变量对 FPGA 器件进行编程。

➤ 准入控制器 Webhook：实现从用户定义功能 ID 到 FPGA 编程 CRI-O 挂钩所需的接口 ID 和比特流 ID 的映射。映射存储在命名空间的自定义资源定义（CRD）对象中，并由准入控制器执行访问控制，确定比特流可用于哪个命名空间。

- QAT 设备插件：提供了对 Intel QuickAssist Adapters（如 Intel C62x Chipset、Atom C3000 Processor Family SoC 和 Intel Xeon Processor D Family）的支持。QAT 设备插件可以用于计算密集型工作负载，如批量加密、公共密钥交换和压缩等。

接下来我们以 GPU 设备插件为例来说明如何部署和使用 Intel 设备插件。

- 获得源代码。

```
$ mkdir -p $GOPATH/src/github.com/intel/
$ cd $GOPATH/src/github.com/intel/
$ git clone https://github.com/intel/intel-device-plugins-for-kubernetes.git
```

- 部署。

Intel GPU 设备插件支持两种部署方式：以独立进程的方式部署（如开发环境）或以 Kubernetes DaemonSet 的方式部署（如生产环境）。

以独立进程的方式部署：

```
# 编译
$ cd $GOPATH/src/github.com/intel/intel-device-plugins-for-kubernetes
$ make gpu_plugin

# 运行
$ sudo $GOPATH/src/github.com/intel/intel-device-plugins-for-kubernetes/cmd/gpu_plugin/gpu_plugin
```

以 Kubernetes DaemonSet 的方式部署：

```
# 编译
$ cd $GOPATH/src/github.com/intel/intel-device-plugins-for-kubernetes
$ make intel-gpu-plugin

# 运行
$ kubectl create -f ./deployments/gpu_plugin/gpu_plugin.yaml
```

GPU 设备插件部署成功后，在 Kubernetes 集群中的资源名称被定义为 gpu.intel.com/i915，可以通过如下命令查询是否部署成功：

```
$kubectl describe node <node name> | grep gpu.intel.com
gpu.intel.com/i915:  1 - 可供分配的资源
gpu.intel.com/i915:  0 - 已经分配的资源
```

● 使用。

在 Pod 的规范定义文件中，可以通过容器的 resources 定义来向 Kubeletes 申请需要使用的 GPU 资源。

```
spec:
    template:
        …
        spec:
            containers:
                - name: …
                  …
                  resources:
                      limits:
                          gpu.intel.com/i915: 1
```

当通过 kubectl 命令创建 Pod 时，如果 GPU 资源存在，它会被 Kubernetes 分配给新创建的 Pod（此时，用 kubectl describe node 命令可以看到 gpu.intel.com/i915 已分配资源变为 1），在 Pod 中运行的应用（如 Media SDK）就可以以与在 Host 上相同的方式使用 GPU 进行需要的操作了。

2. 节点特性发现

很多场景都需要硬件加速，要实现硬件加速就必须让软件感知硬件的存在并了解硬件能力，节点特性发现（Node Feature Discovery，NFD）就是暴露 Kubernetes 的硬件能力的一个插件。NFD 可以被用于探测平台的硬件能力和软件能力，并把这种能力以标签（Label）的方式显示出来。

NFD 只处理非可分配的特性，也就是说，它是一种不需要任何计算且对所有工作负载都可用的功能（如支持 AVX512）。需要记账（记录使用该设备的数量，用一个少一个）、初始化和其他特殊处理的可分配资源（如 Intel Quick Assist 技术、GPU 和 FPGA）被表示为 Kubernetes 扩展资源，并由设备插件处理。它们超出了 NFD 的范围，和 NFD 最易混淆的概念就是设备插件，它们的最大区别是 NFD 只进行定性，即是否有这个东西，而设备插件则更加注重如何使用这个设备，即设备的数量和使用方法等。简单而言，就是 NFD 报告的资源是无限的，不会用一个少一个，而设备插件管理资源是用一个少一个的。

Kubernetes 有两种方式实现 NFD：一种是启动一个 job 任务，一种是启动 DaemonSet。job 是一次性发现设备并打 Label。DaemonSet 可以根据用户设置定期去检查节点上的硬件设备的情况（时间间隔默认是 1 分钟，用户可以设置更改）。不管是通过 job 还是通过 DaemonSet 启动 NFD 的容器，最终都会在 Master 中启动一个容器运行 nfd-master，在每个 Worker 节点上启动一个容器运行 nfd-work，nfd-work 会去节点的各个目录下搜集数据。

下面以 SR-IOV 网卡为例重点介绍一下如何收集信息，SR-IOV 的信息包含两个：是否有能力，以及是否配置了此能力。

是否有此能力可以通过查询下面的文件来获得：

```
"/sys/class/net/" + netInterface.Name + "/device/sriov_totalvfs"
```

是否配置了此能力可以通过查询下面的文件来获得：

```
"/sys/class/net/" + netInterface.Name + "/device/sriov_numvfs"
```

sriov_totalvfs 表示该网卡支持被配置为多少个 VF，sriov_numvfs 表示当前配置了多少个 VF。从上面看，这个逻辑不复杂，和我们在 Linux 上面查询是否支持 SR-IOV 是相同的思路。事实上，NFD 背后的技术就是借助 Linux 机制去获取各种信息。

当我们获取这两个信息之后还需要把它们呈现出来，这样用户部署应用时就可以部署到拥有此硬件特性的节点了。正好 Kubernetes 提供了 Label 用于选择节点，如果把硬件和软件的特性以 Label 的方式呈现出来，就可以让用户部署应用时通过 Label 选择并找到拥有对应硬件特性的节点了。因此，SR-IOV 网卡的呈现就是以下两个 Label。

```
feature.node.kubernetes.io/network-sriov.capable=true
feature.node.kubernetes.io/network-sriov.configured=true
```

下面我们介绍一下 Label 的命名规则，如图 3-51 所示。

- 命名空间（namespace）：随着 Kubernetes 版本的变更，该值可能会发生变化。该标志用于表明该标签属于哪个节点特性域。
- 类型（nfd）：标签类型，这里为 nfd，除了 nfd，Kubernetes 里面还有其他标签类型。
- 标签之类（source）：用于表明属于网络、存储或 CPU 等。
- 属性名（sriov.capable）：具体标志一个属性，即属性命名。
- 值（value）：值的类型一般是字符串，也可以是真假等。

node.alpha.kubernetes-incubator.io/nfd-network-sriov.capable = true

namespace   source attribute name   value

图 3-51   Kubernetes 的 Label 定义

我们借助图 3-52 来直观理解一下应用选择部署节点的过程。应用 A 需要 SR-IOV 和 AVX 特性，它去 Master 的 etcd 数据库里面查找是否有这样的节点，它发现节点 Node-worker2 刚好满足条件，于是调度器就将应用 A 调度到 Node-worker2 上部署。

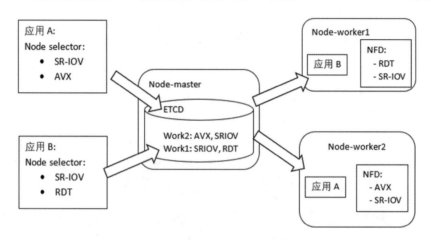

图 3-52   应用基于 Label 选择部署节点

上图中的比较过程恰好是两个特性匹配，实际上，比较过程还分为以下两种。

- 硬约束（Hard Constraints）：指该条件必须满足应用的所有要求，如果不满足所有要求，就不进行部署。如图 3-52 中的例子，按该约束，应用 A 必须部署到 Node-worker2 上，因为没有其他节点满足应用的所有要求。

- 软约束（Soft Constraints）：是指最好满足该条件，不满足该条件时，挑满足条件最多的节点进行部署。如图 3-52 中的例子，按该约束，应用 A 在没有 Node-worker2 的情况下也是可以部署到 Node-worker1 上的，如果实在找不到，找个没有硬件标签的节点也可以部署。

接下来我们示例 NFD 的安装与部署过程，NFD 实验环境如图 3-53 所示。

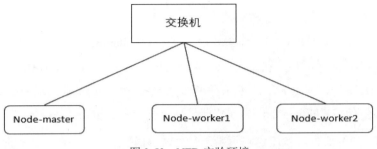

图 3-53　NFD 实验环境

我们首先需要为上面的 3 个节点安装好操作系统，然后部署 Kubernetes 环境，之后应该可以看到类似下面的信息。

```
$ kubectl get nodes
NAME           STATUS    ROLES     AGE    VERSION
node-master    Ready     master    79d    v1.15.2
node-worker1   Ready     worker    79d    v1.15.2
node-worker2   Ready     worker    79d    v1.15.2
```

在使用 NFD 之前，我们首先需要对其进行编译：

```
$ git clone https://github.com/kubernetes-sigs/node-feature-discovery
$ cd node-feature-discovery
$ make
```

把镜像加入一个仓库里，因为这个容器镜像会被 Master 和 Worker 节点使用，每个节点都会部署一个容器，而容器启动也需要用到这个镜像。

部署 NFD 的方法有以下两种。

● 通过 job 部署。

该部署方式适用于硬件变化不大的环境，一次把硬件识别好，打好标签后，job 就结束了，随后可以根据标签找到对应的 Node，当有硬件变化时，需要重新运行该脚本。

```
$ ./label-nodes.sh
```

● 通过 DaemonSet 方式部署。

该部署方式适用于硬件变化大的环境，它每隔一段时间（时间间隔是可以控制的）就去探测硬件，并通过标签的方式报告硬件的情况。当有新的节点加入时，也会自动在新节点上运行 NFD 并发现新加入的节点的情况。

```
$ kubectl create -f nfd-daemonset-combined.yaml
$ kubectl -n kube-system get node -o json | jq '.items[].metadata.labels'
```

3. 内存大页的管理

虚拟地址映射到物理地址的工作主要由 TLB（Translation Lookaside Buffers）与 MMU 一起完成。以 4KB 大小的页为例，虚拟地址寻址时，首先在 TLB 中查找，如果没有找到，则需要通过 MMU 加载的页表基地址进行多次寻表来找到对应的物理地址。找不到，则产生缺页，那么会有相应的 handler 进行处理，来填充页表并更新 TLB。

总体而言，通过页表查询或由缺页带来的 CPU 开销是非常大的，TLB 的出现能很好地解决其性能问题。但是经常性的缺页是不可避免的，为此我们可以采取大页的方式。

通过使用 Hugepage 分配大页可以提高性能。因为页大小的增加可以减少缺页异常。例如，对于 2MB 大小的内容（假设是 2MB 对齐），如果是 4KB 大小的页粒度，那么会产生 512 次缺页异常，但是使用 2MB 大小的页，只会产生一次缺页异常。页粒度的改变，使得同样空间的 TLB 可以保存更多虚存空间到物理空间的映射。尽可能地利用 TLB，少用 MMU，减少寻址和缺页处理带来的开销，就可以提高应用程序的整体性能。

内存大页作为一种系统资源，由操作系统管理。我们可用通过设置内核启动参数来设置页的大小和数量。如果我们需要保留 512 个 2MB 的大页，那么需要加入相应的内核参数"hugepagesz=2M hugepages=512"。这样就会保留 1GB 的内存作为大页内存分配给有需要的应用。

当然，大页内存也是从机器物理内存中划分出来的，保留 1GB 的大页内存，那我们的 4KB 的内存总量也会相应地减少 1GB。除了通过添加内核启动参数来分配大页，在某些情况下还能在系统启动之后通过命令分配大页"sysctl -w vm.nr_hugepages=512"。但这种方法不是很可取，因为这种方法只能用来分配默认大小的大页，如系统同时支持 2MB 和 1GB 的大页，这种方法不能同时分配两种大小的大页，即使没有分配多种大页的需求，我们也最好在系统启动时分配大页而不是在系统启动之后再来分配。因为系统运行有可能会打散内存，从而没有连续的 1GB 内存，这会导致分配 1GB 的大页失败。而系统启动之初，大量内存未被使用，正是分配大页的好时机。

应用可以通过 mmap、共享内存等方式来向系统申请大页资源。但在虚拟化或容器平台上，大页资源需要被平台统筹管理，从而帮助平台调度。OpenStack 会收集每个计算节点的大页资源信息汇报给调度器，这样就能把对大页资源有需求的虚拟机调度到合适的节点上。Kubernetes 作为一个非常流行的容器调度平台，它也支持大页内存。但 Kubernetes 对

大页的支持现在还处于初级阶段。一个节点不能同时有多个大小的大页，即每个节点都只能有一种大页，否则节点会处于 NotReady 的状态。当然，也不能为一个 Pod 同时分配多种大页内存。Kubernetes 社区目前正在对多种大页的支持进行开发，相信不久以后就能支持多种大页了。

4. CMK

作为一个开源项目，CMK（CPU Manager for K8s）引入了额外的 CPU 优化能力。CMK 在原生 Kubernetes 的基础上针对 NFV 工作负载提供了 CPU 核亲和性的设置功能。CMK 为用户提供了命令行工具，以实现针对主机 CPU 核的配置、分组管理及将特定的 CPU 核与工作负载进行绑定。

在使用 CMK 之前，Linux 内核任务调度器认为所有的 CPU 都是可供调度的，而且正在执行任务的线程可以被抢占，以便让出 CPU 给其他线程。这种非确定性的行为并不适合对延迟敏感的工作负载。使用预设的 isolcpus 启动参数，CMK 可以确保一个 CPU（或者一组 CPU）与内核调度器隔离开来，不会被内核调度器感知到。CMK 向那些对延迟敏感的工作负载提供了一种针对被隔离的 CPU 的独占式访问方式，使得对延迟敏感的工作负载的处理线程可以绑定到那些被隔离的 CPU 上执行。从而，CMK 保证了高优先级工作负载的行为的确定性，通过隔离 CPU 还解决了资源管理的问题，允许多个 VNF 共存于同一台物理服务器上。

CMK 通过完成一系列的操作来实现针对容器或线程的 CPU 核的绑定和隔离。

- 发现服务器上的 CPU 拓扑结构。
- 借助 Kubernetes 完成可用资源的公告。
- 根据工作负载的需求将工作负载放置在合适的节点上。
- 跟踪 Pod 上的 CPU 的分配，确保应用程序可以获取期望的 CPU 资源。

CMK 会创建三类资源池：exclusive、shared 及 infra。exclusive 资源池里的 CPU 资源是用独占方式访问的，这意味着 CPU 资源同一时间只能被分配给一个任务，但是 shared 和 infra 资源池里的 CPU 资源是共享的，即 CPU 资源可以被分配给多个任务。

CMK 可以将 exclusive 资源池中所有预留的物理 CPU 核分配给通过 CMK 请求 CPU 资源的容器，这也意味着其他容器不能获取 exclusive 资源池中的 CPU 资源。CMK 通过控制每个容器执行目标程序时会使用到的逻辑 CPU 来实现 CPU 核心的隔离，容器则通过将目标应用程序封装在 CMK 的命令行中达到执行的目的。

CMK 的封装程序在磁盘上的目录结构中维护 CPU 的分配状态，这套目录结构描述了一个 CPU 资源池，用户容器所能获取到的 CPU 的列表都存放在此资源池中。这些资源池中的 CPU 资源可以用独占的方式（一组 CPU 资源只能被一个容器独占）访问，也可以用非独占的方式（一组 CPU 资源可以被多个容器共享）访问。目录结构中的每个目录代表一组 CPU，并包含一个文件，用于跟踪记录已获取的 CPU 资源的容器的进程 ID。当容器进程退出时，CMK 封装程序会从记录的进程 ID 的文件中清除对应的进程 ID。如果 CMK 封装程序在完成进程 ID 清除之前意外被删除，那么一个周期性独立运行的 reconciliation 程序会侦测到这种情况并完成对应的清除工作。

图 3-54 所示为 CMK 目录结构示意图。其中，超线程功能已被开启，8 个 CPU 核被 CMK 分配到 exclusive 资源池，2 个 CPU 核被分配到 shared 资源池，其他的 CPU 核被分配到 infra 资源池。

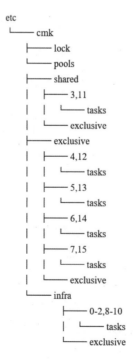

图 3-54   CMK 目录结构示意图

- /etc/cmk/lock：一个锁文件，用于防止并发修改冲突。
- /etc/cmk/pools/<pool>：目录，每个目录表示一个资源池。
- /etc/cmk/pools/<pool>/exclusive：用于确定资源池里的某个 CPU 列表可以被共享（值为 0）或不能被共享（值为 1）。可被共享的 CPU 列表里的 CPU 核可以被多个任务共享，然而 exclusive 的 CPU 列表里的 CPU 核只能被一个任务独占。
- /etc/cmk/pools/<pool>/<cpulist>：表示一个目录，此目录命名符合 Linux 的 cpuset 的 CPU 列表格式。
- /etc/cmk/pools/<pool>/<cpulist>/tasks：表示一个文件，此文件包含用逗号分隔的容器进程 ID，这些容器进程已经被 CMK 分配给了相应的 CPU 资源。

用户需要在每一台主机上初始化 CMK 的配置，可以手动配置，也可以利用 CMK 的初始化脚本进行配置。当应用程序的任务通过 CMK 的 Isolation 命令启动后，所请求的资源池中的可用 CPU 列表就会被选中，被选中的 CPU 列表对应的 task 的文件就会被写入被隔离的容器进程 ID。如果通过 CMK Isolate 隔离的容器进程运行异常，那么与此进程相关的 CPU 列表的 task 文件就会移除此容器进程 ID。CMK Reconcile 会在每台主机上周期性地执行并记录从所有资源池中申请 CPU 资源的进程 ID。没有运行的进程 ID 会从 task 文件中被移除。

对于 Pod，在默认情况下，CMK Isolate 只会分配 1 个 CPU，如果要分配多个 CPU，需要设置 CMK_NUM_CORES 环境变量。CMK Isolate 则会根据此环境变量和应用程序的需求分配 CPU。

建议用户在宿主机上安装 CMK 的二进制文件，使用户的容器可以挂载，并使用这些二进制文件，从而不必在容器内部再次构建 CMK 映像。在默认状态下，CMK 的二进制文件存放在/opt/bin/cmk 目录下。

5. Metal3

Metal3 项目可以向用户提供在 Kubernetes 下管理裸机的能力。Metal3 作为一个 Kubernetes 下的应用程序运行，可以通过 Kubernetes 的接口进行管理。

Metal3 的一个组件是裸机执行器（Actuator），它是由 cluster-api 定义的 Machine Actuator 接口的一种实现。裸机执行器会监控 Machine 对象的变化，并充当 BareMetalHost 定制资源的客户端。

Metal3 还包含一个新引入的裸机操作者（Operator），它包含新的定制资源的控制器 BareMetalHost。这个新的定制资源代表已知的（配置好的或自动发现的）裸机主机。当创建一台主机时，裸机执行器会将这台主机进行配置并作为一个新的 Kubernetes 节点。当 BareMetalHost 向控制器发出更新命令时，控制器将执行裸机主机配置步骤，使裸机主机达到预期的状态。裸机主机的创建有两种方式：借助 BareMetalHost 对象手动创建；借助裸机主机发现流程自动创建。

Matal3 的 Operator 管理一系列工具，负责裸机主机的上电、状态监控、映像安装等工作。这些工具在 Pod 中运行，无须用户配置。

Metal3 的操作步骤如下。

- 利用创建 BareMetalHost 资源的方法进行节点登记，此步骤可以手动实现也可以利用节点发现机制实现。
- 使用 Machine API 分配一个 Machine。
- 将新创建的 Machine 和可用的 BareMetalHost 对象进行关联，接着触发裸机主机配置过程，配置完成后会加入集群。关联操作是由执行器通过设置 BareMetalHost 的 MachineRef 字段完成的。

6. Prometheus

Prometheus 是一套开源的系统监控和告警工具集，是目前在 Kubernetes 生态环境下使用较频繁的监控软件之一。它最早于 2012 年由 SoundCloud 公司开发并投入实际生产环境，并于 2016 年作为一个开源项目被加入 CNCF 基金会，成为该基金会下继 Kubernetes 之后的第二个项目。

Prometheus 的主要特点如下。

- 支持多维度的数据模型，采用一个名字和多个键值标签来表示一个时序数据（监控项）。
- 采用灵活的 PromQL 作为查询语言，能够最大限度地利用多维度数据模型的优势。
- 不依赖第三方分布式存储，单服务器节点本身就能构成可工作的自治系统。
- 采用基于 HTTP 协议的拉模型（Pull Model）来获取时序数据。

- 通过采用中介网关的方式也可以支持把时序数据推送（Push Model）到 Prometheus。
- 可以通过内建的服务发现机制自动侦测被监控的目标，也可以通过配置文件来静态配置。
- 监控数据可以采用多种方式展现。

上述特点决定了 Prometheus 特别适合用来记录任何纯数值的时序数据，适用于各种多变的白盒监控场景及黑盒监控场景。特别是在 Kubernetes 的微服务场景下，Prometheus 所提供的多维度的数据采集和查询服务对各种微服务监控有着其他监控系统所没有的优势。但需要注意的是，Prometheus 不适用于要求数据 100%精确或长时间持久化保存的场合，如计费系统等。

（1）体系架构。

Prometheus 的体系架构如图 3-55 所示。

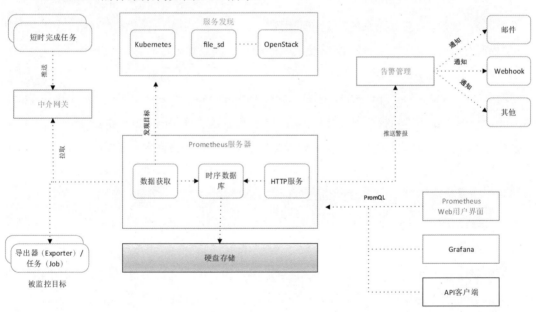

图 3-55　Prometheus 的体系架构

Prometheus 服务器会通过服务发现机制来获取被监控目标，并通过拉取的方式周期性地从被监控目标上运行的导出器（Exporter）获得各种监控项（时序数据）。获取的时序数据会保存在 Prometheus 内部的时序数据库中,外界的客户可以通过多种方式,如 Prometheus

Web 用户界面、Grafana 数据可视化工具或多种编程语言的 API 客户端等，用 PromQL 语言来查询监控数据。

Prometheus 服务器在获得监控数据后，可以依据事先配置好的告警规则，如果计算后发现监控值达到了相应的警报触发值，则把相应的警报推送给告警管理单元，由告警管理单元向外通过多种不同的插件发送通知。

（2）数据模型。

Prometheus 把所有的监控数据以时序数据的方式保存和展现。一个时序数据由下面几部分组成。

- 指标名（Metric Name）。
- 0 个或多个标签（Label）。
- 多个数据采样（Sample）。

指标名一般表示被监控系统的某个通用特征，每个标签由一个键值对（Key/Value）构成。Prometheus 通过指标名和标签来唯一地标示某一项具体的监控项，具体如下：

指标名{<标签键>=<标签值>... ...}

例如，method_code:http_errors_total{method="get", code="500"}，指标名 method_code:http_errors_total 表示被监控系统中 http 返回错误的总数，标签 method="get"表示测量的是 http 方法为 get 的错误返回数，标签 code="500"表示测量的是错误返回值为 500 的错误返回数。所以 method_code:http_errors{method="get", code="500"}可以唯一地标示监控项：系统中的 http 错误值为 500，并且 http 方法为 get 的错误数。

每个数据采样（Sample）由一个 float64 类型的浮点数 v 和一个毫秒级精度的时间戳 T 组成，表示在 T 时刻测量到数据 v。

当用户通过 API 客户端访问 Prometheus 服务器时，API 客户端可以把服务器中保存的时序数据用如下 4 种不同的数据类型进行传输和展示（需要注意的是，Prometheus 服务器从导出器抓取测量数据后，并不区分这 4 种数据类型，而是将所有数据扁平化处理后以时序数据的方式保存在内部数据库中）。

- 计数器（Counter）：适合用来表示随着时间的流逝，数据值只会增加而不会减少的指标，如 CPU 使用时间、API 访问次数等。

- 计量（Gauge）：适合用来表示数值可能会增加，也可能会减少的指标，如 CPU/内存使用率、当前的系统温度、当前的在线用户数等。
- 柱状图（Histogram）：用来统计数据的分布情况，可计算在一定范围内的分布情况，同时提供了测量项的总和。
- 摘要（Summary）：摘要和柱状图类似，主要用来计算在一定的滑动时间窗口内的测量项的总数及总和。

（3）PromQL 查询语言。

Prometheus 采用 PromQL 作为查询语言，用户可以在 Prometheus Web 用户界面下直接用 PromQL 语言对时序数据进行查询或统计，也可以通过 HTTP API 接口使用 PromQL 语言进行查询。

PromQL 中的表达式（或子表达式）包括以下 4 种类型。

- 瞬时向量（Instant Vector）：瞬时向量可以包含多个时序数据，每个时序数据中都只有一个采样值 Sample，所有的时序数据共享同一个时间戳。
- 区间向量（Range Vector）：区间向量可以包含多个时序数据，每个时序数据包含一段时间范围内的多个采样值 Sample。
- 标量：浮点类型数据。
- 字符串：字符串值。

下面我们用一些具体的例子来了解一下 PromQL 查询语言的用法。

- 返回指标名为 collectd_cpufreq 的所有时序数据（所有 CPU core 的运行频率）。指标名可以作为时序数据选择符，返回瞬时向量。

```
collectd_cpufreq
```

- 返回指标名为 collectd_cpufreq，并且标签 cpufreq 的值为 0 的时序数据（CPU core0 的运行频率）。指标名加标签可以作为时序数据选择符，返回瞬时向量。

```
collectd_cpufreq{cpufreq='0'}
```

- 返回指标名为 collectd_cpufreq，并且标签 cpufreq 的值为 11～13 的所有时序数据（CPU core 11、CPU core 12、CPU core 13 的运行频率）。标签值除了支持等于（=）匹配，还支持不等于匹配（!=）、正则表达式匹配（=～）、正则表达式不匹配（!～），返回瞬时向量。

```
collectd_cpufreq{cpufreq=~'1[1-3]'}
```

- 返回指标名为 collectd_cpufreq，并且标签 cpufreq 的值为 0 的过去 10 秒内的所有时序数据（CPU core0 的过去 10 秒内的运行频率）。时序数据选择符后面可以增加区间长度[]，返回区间向量。区间差度可以是秒（s）、分（m）、小时（h）、天（d）、周（w）、年（y）等。

```
collectd_cpufreq{cpufreq='0'}[10s]
```

- 返回指标名（metric name）为 collectd_cpufreq，并且标签 cpufreq 的值为 0 的过去 10 秒内的所有时序数据，以每 2 秒作为一个解析度（CPU core0 的过去 10 秒区间内每 2 秒的运行频率），返回区间向量。

```
collectd_cpufreq{cpufreq='0'}[10s:2s]
```

- 返回指标名为 collectd_cpufreq，并且标签 cpufreq 的值为 0 的过去 10 秒内的时序数据的平均每秒的变化率，返回区间向量。PromQL 查询语言支持种类丰富的函数。

```
rate(collectd_cpufreq{cpufreq='0'}[10s])
```

- 返回指标名为 collectd_cpufreq，并且标签 cpufreq 的值为 0 的时序数据，以 MHz 为单位（CPU core0 的运行频率，以 MHz 为单位）。

```
collectd_cpufreq{cpufreq='0'}/10000000
```

- 返回指标名为 collectd_cpufreq，并且标签 cpufreq 的值为 0 的时序数据，以 MHz 为单位（CPU core0 的运行频率，以 MHz 为单位）。

```
collectd_cpufreq{cpufreq='0'}/10000000
```

- 根据 endpoint 和 instance 两个标签分组，返回每组里面有多少个 collectd_ipmi_power 的测量项。

```
count by (endpoint, instance) (collectd_ipmi_power)
```

（4）系统集成。

Prometheus 可以由多种不同的方式和不同的系统集成，从而在不同的系统级解决方案中发挥作用。

在时序数据的存储访问方面，Prometheus 默认会把所有的数据保存在本地磁盘中，但是，管理员可以通过配置 remote write 的方式把时序数据的采样写入第三方的时序数据库或其他存储端，也可以通过配置 remote read 的方式把时序数据的采样从第三方的数据库中读取出来。目前已经支持的主流时序数据库有 InfluxDB、M3DB 等，也支持 ElasticSearch、Kafka、Splunk 等其他不同类型的数据存储端。

在服务发现方面，用户可以通过 Prometheus 内建的基于文件的自动发现机制来和第三方服务发现进行集成。

在测量值获取方面，用户可以通过 3 种方式和 Prometheus 集成。

- 用户可以直接在源代码中使用 Prometheus 客户端库来导出测量值。
- 用户可以开发符合 Prometheus 标准的导出器来暴露测量值。
- 针对少数场景，如短时间的服务层级的批处理任务，用户可以把测量值发送给中介网关。

在前两种方式下，用户都需要以符合 Prometheus 标准的方式来暴露测量值。Prometehus 要求导出器通过基于 HTTP 响应的文本方式来导出测量值：

```
# HELP http_requests_total The total number of HTTP requests.
# TYPE http_requests_total counter
http_requests_total{method="post",code="200"} 1027 1395066363000
http_requests_total{method="post",code="400"}    3 1395066363000

# Minimalistic line:
metric_without_timestamp_and_labels 12.47

# A weird metric from before the epoch:
something_weird{problem="division by zero"} +Inf -3982045
```

以"# HELP"开头的行表示指标名及对指标名的说明性文字。例如，在上面的例子中，行"# HELP http_requests_total The total number of HTTP requests."说明接下来的几行代码会导出一个指标名为 http_request_total 的时序数据，此时序数据用来表示 HTTP 请求的总数。

以"# TYPE"开头的行表示测量值的数据类型。例如，在上面的例子中，行"# TYPE http_requests_total counter"说明测量值 http_request_total 是 counter 类型。类型可以是 Prometheus 的 4 种数据类型中的任意一种：counter、gauge、histogram、summary。如果对应的测量值没有用"# TYPE"来指定类型，则默认采用 untype 类型。

其他以"#"开头的行都表示注释，Prometheus 会自动忽略。

其他行一般以指标名和标签开头，接下来是一个浮点数，表示测量采样值，最后以测量采样的时间戳结尾，时间戳用以 EPOCH 时间开始的 64 位整数来表示，以毫秒为单位。例如，行"http_requests_total{method="post",code="400"} 3 1395066363000"表示时序数据

"http_requests_total{method="post",code="400"}"在时间戳 1395066363000 毫秒（2014 年 3 月 17 日国际标准时间 2 点 26 分 03 秒）时，采样值为 3。

如果行内没有时间戳，则 Prometheus 会用 Prometheus 服务器来抓取时间当作其时间戳。采样值除了浮点数，还可以用+Inf、-Inf 和 NaN 来表示正无穷大、负无穷大和非数值。

目前上述 Prometheus 规定的测量值的获取表示方式正在 OpenMetrics 这个组织下进行标准化工作。

（5）扩展性与性能。

在当前主流的 x86_64 架构的服务器上，单个 Prometheus 理论上每秒能处理百万级别的时序数据。如果每台服务器上有 100 个测量值，并且 Prometehus 服务器每 10 秒查询一次，理论上一台 Prometheus 服务器可以支持 1000 个节点。

如果需要测量的数据规模非常大，那么用户可以通过分组的方式来解决其扩展性，即某一个 Prometheus 服务器只负责某些特定类型的服务。或者通过如图 3-56 所示的 Sharding 和 Federation 的方式来扩展。

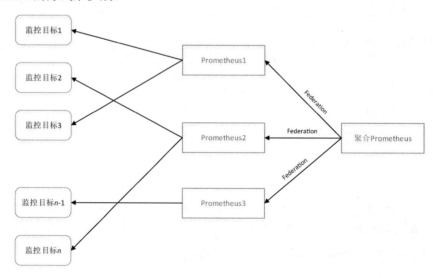

图 3-56　Sharding 和 Federation

假定我们有 n 个监控目标，有 3 个 Prometheus 一级服务器（Prometheus1、Prometheus2、Prometheus3）。在 Prometheus2 服务器上，我们可以用类似下面的配置来达到 Sharding 的

目的，下面的配置告诉 Prometheus2 服务器，只测量源地址哈希取模 3 后余 1 的那些监控目标。

```
global:
  external_labels:
    slave: 1 # This is the 2nd slave. This prevents clashes between slaves.
scrape_configs:
- job_name: some_job
  # Add usual service discovery here, such as static_configs
  relabel_configs:
  - source_labels: [__address__]
    modulus: 3 # 3 slaves
    target_label: __tmp_hash
    action: hashmod
  - source_labels: [__tmp_hash]
    regex: ^1$ # This is the 2nd slave
    action: keep
```

同理，我们可以配置 Prometheus1 服务器，只测量源地址哈希取模 3 后余 0 的监控目标，配置 Prometheus3 服务器检测取模 3 后余 2 的监控目标。

在 3 个 Prometheus 一级服务器的基础上，我们可以配置一台聚合 Prometheus 服务器来从 3 台一级服务器中获取聚合数据。

CNCF 社区中还有一些其他孵化项目用来提高 Prometheus 的可扩展性，如 Cortex 项目的设计目标是为 Prometheus 提供一个高可用、可扩展、多租户的长期持久化数据存储；Thanos 项目可以提供一个适合长期保存数据的具有高可用性的 Prometheus 配置，并向外提供统一化的数据查询视图。

7. Knative

Knative 是 Google 开源的 Serverless 架构（无服务架构）方案，基于 Knative，用户能够轻松地完成容器的部署、流量的定向及管理、应用的自动伸缩、事件的触发，并兼容任何 Kubernetes 平台的使用。目前，Google 正积极与 Pivotal、IBM、Red Hat 及 SAP 共同协作，一起推动项目的发展。

Knative 建立在 Kubernetes 和 Istio 之上，利用了 Kubernetes 提供的容器管理能力及 Istio 提供的网络管理功能。

从整体功能上看，Knative 可以分为两大部分：负责为 Serverless 提供网络、规模伸缩及修订版本记录的 Serving 组件；负责事件订阅、分发及管理的 Eventing 组件。这两大部分均有其各自的目标和效用，以便在不同场景中灵活运用。

值得一提的是，Knative 现在需要依赖于 Ingress/网关来引导请求到达相应的 Knative 服务中去。在实现中，Ambassador（基于 Envoy 的 API 网关）、Gloo（基于 Envoy 的 API 网关）及 Istio（基于 Envoy 的服务网格）都是满足要求的实现方式。其中，Ambassador 项目能够通过完成服务网格的安装来帮助 Serving 组件完成导流的工作，但 Eventing 中的部分功能仍需 Istio 项目进行辅助。Gloo 项目能够在 Knative 中担当轻量级网关的角色，来支持 Knative 项目中所涉及的所有功能。Istio 项目则包含一个与 Knative 兼容的 Ingress，同时可以利用 Istio 本身所支持的服务网格功能来进行拓展。

（1）Knative Serving 组件。

Serving 组件主要负责 Serverless 应用及功能的部署，并为其服务。利用 Serving 组件，用户能够快速完成 Serverless 应用的部署、应用规模的伸缩（甚至可以缩容至零）、应用版本的自动监测及针对 Istio 组件的导流配置。而 Serving 中又包含以下资源。

- 服务（Service）：服务是管理整体负载生命周期的资源。Service 负责创建其他资源，并确保每个服务都有其对应的路由、配置和修订版本。同时，用户可以在 Service 资源中定义流量的流向，如指向某个特定的修订版。

- 路由（Route）：路由是负责服务与修订版本（Revision）之间映射的资源。利用该资源，用户能够定义服务与修订版本间 1:1 或 1:n 的映射关系。同时，可以根据需要设定流量的流向。

- 配置（Configuration）：配置资源确保了代码与配置信息的隔离，使用户能够更好地控制及管理。在 Knative 中，每更新一次配置都会自动生成相应的修订版本。

- 修订版本（Revision）：修订版本是 Knative 中实现版本控制的一种方法。这类资源类似于虚拟机的快照，完整地保留了当前的代码及配置信息。以此类推，修订版本是一种不可变的资源且可以长期保存。同时，在 Knative 中，用户可以利用修订版本资源完成应用规模的伸缩。修订资源也有 3 种不同的状态，分别是 Active、Reserve 和 Retired。不同状态的资源会被不同的服务监听和控制。

图 3-57 简单介绍了各种资源之间的联系。

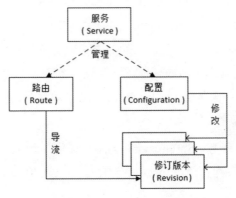

图 3-57　Knative Serving 内部架构

Serving 由 Activator、Autoscaler、Controller、Webhook 及 Network Istio 等服务组成。

- Activator：负责监听 Reserve 状态下的修订版本。该状态下的 Revision 暂时没有数据的流入，不为其分配 Pod 也不消耗任何 CPU 资源，所以处于预留状态。而一旦有数据流入，基于 Istio 配置的路由规则会先将流量预存至 Activator，并将 Revision 的状态修改至 Active 状态，待分配部署完成后，再将数据重新转发给相应的 Revision。

- Autoscaler：Knative 实现按需分配、依量扩容的关键组件。该服务会通过 Queue Proxy 组件持续监听处于 Active 状态下的 Revision，利用 Prometheus 及 OpenCencus 作为数据抓手，采集各个 Revision 的流量情况，并根据用户设定的并发阈值进行计算处理，从而得出最合适的部署数量和对应的增减 Pod 的个数。流量数据的计算目前以 60s 为一个周期。若发现当前 Revision 的并发量持续为 0，Autoscaler 就会将该 Revision 的状态设置为 Reserve，释放所有资源并将该服务缩容为 0（将流量导流至 Activator 处）。同时，为保证服务的效能，Autoscaler 设置了两种不同的服务模式：稳定模式及恐慌模式。在稳定模式下，Autoscaler 按照正常的频次处理并按需调节部署情况。而除普通的监测窗口外，Autoscaler 还针对紧急情况设置了一个监测窗口以加载特殊处理模式，即恐慌模式。如果当前的并发量超过了用户定义阈值的 2 倍，那么就会触发恐慌模式。在恐慌模式下，Autoscaler 每 6s 就会计算并对部署情况进行增加，以应对大幅度的变更及修改。如果部署规模足以满足需求，则 60s 后 Autoscaler 将会重新切换回稳定模式进行处理。

- Controller：负责协调转化 Serving 内部资源的服务。用户定义的模板通过 Controller 进行解析并生成对应的 Configuration、Route 和 Revision，同时负责将 Revision 转化为 Kubernetes 中对应的 Deployment，并交由 Knative Pod Autoscaler 进行管理。
- Webhook：作为与 Kubernetes API 之间的中间层，Webhook 完成了 CRD 的创建及更新步骤，会提前对用户描述的模板进行验证和修改，如设置默认值等。
- Network Istio：Network Istio 以 Deployment 的形式存在，主要目的是将集群的 Ingress 转化为 Istio 虚拟服务。

结合上述 4 种资源及服务，Serving 能够为用户提供多种解决方案，其中最常用的一种就是自动缩扩容。接下来，我们会简单介绍一下 Knative 提供的自动缩扩容功能（Knative Pod Autoscaler，KPA）。

毫无疑问，Autoscaler 服务是 Serving 实现自动缩扩容功能的关键。用户分别通过配置 Autoscaler 的 configmap 及模板定义并发阈值（以每秒请求数量为单位）及自动缩扩容的上下限，在服务部署完成后，Autoscaler 监听流量情况并读取配置信息，计算当前的并发量并与标准值进行比较，进行相应的调整（调整可增可减，增减范围由 configmap 中的配置决定）。KPA 除了支持以请求数量为依据的自动缩扩容，还能与 Kubernetes 原生的 HPA（Horizontal Pod Autoscaler）兼容，以 CPU 利用率作为参数来调节部署规模。除此之外，开发者也可以自行开发 Controller 并设置控制自动缩扩容的参数条件。

当然，除了具备自动缩扩容功能，基于 Istio 的 Knative Serving 还能通过配置设定流量流向哪个修订版本，实现蓝绿部署等功能。

（2）Knative Eventing 组件。

Knative Eventing 组件以事件为服务主体，定义了一系列组件以帮助触发新事件或转发事件。该服务为云原生服务提供了各自解耦的事件源和事件消费者，供用户自行组合，以满足通用需求。同时，事件的产生方和消费方完全是相互独立的，事件的产生无须消费方存在，消费方也可以关注尚未产生的事件。这些低耦合的服务保证了跨服务间的可操作性和可扩展性，同时使得 Eventing 服务能在多类不同的平台上运行。

为了更好地理解 Eventing 服务，这里对事件消费者（Event Consumer）、事件源（Source）、事件中间商及触发器（Event Broker & Trigger）、事件频道及订阅（Event Channel & Subscription）等组件进行详细介绍。

- 事件消费者。

根据不同的使用场景，Knative Eventing 为用户提供了两种可选的消费方接口，分别是目标地址类（Addressable Objects）和请求类（Callable Objects）。利用目标地址类的接口，消费方能够接受并验证经由 HTTP 发送至目的地址的事件，目的地址可在 status.address.url 中设定。请求类接口在接受通过 HTTP 传输的事件后将其转换为 0/1 个新事件回传。这些回传的新事件将会和其他外部事件一样被处理。

- 事件源。

事件源本质上就是基于 sources.eventing.knative.dev API 开发的 CRD，不同的事件源中包含各自不同的参数和内容，目前，Knative 支持 8 种不同的事件源。

- KubernetesEventSource：该事件源会在创建或更新 Kubernetes 事件后触发一个新事件。

- GitHubSource：该事件源会在特定的 Github 事件后触发一个新事件。

- GcpPubSubSource：该事件源会在 GCP 的 Pub/Sub 分类接收到消息后触发一个新事件。

- AwsSqsSource：该事件源会在 AWS 的 SQS 分类接收到事件后触发一个新事件。

- ContainerSource：该事件源会实例化一个容器并产生新事件。

- CronJobSource：该事件源依据 Cron 产生新事件。

- KafkaSource：该事件源从 Kafka 集群中读取事件并转送给 Knative Serving 应用。

- CamelSource：该事件源可以代表任意已有消费方的 Apache Camel 组件，并将事件发布给目的地址类末端。

用户也可以参考官方文档构造、定制的事件源。

- 事件中间商及触发器。

Eventing 服务中定义了事件中间商及触发器，以帮助用户对事件进行过滤。其中，事件中间商能够根据事件标签将事件导流至特定的订阅者。而触发器则设定了针对事件标签的相关过滤规则，并能将其转发至目的地址，如图 3-58 所示。

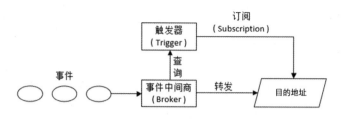

图 3-58 事件中间商和触发器的示意图

● 事件频道及订阅。

Eventing 也提供了一个处理转发的中间层,即频道(Channel)。利用这个中间层,事件可以被传递至指定服务或是被转发至指定订阅处。频道是通过 CRD 实现的。利用这两种机制,事件就可以根据不同需求进行传递和转发,大幅增加了其多样性。

Eventing 服务还提供了两种不同的事件处理模式。第一种是简便传送,即将事件直接传送至某服务方(一般为目的地址类消费端)。在这种模式下,当传送未成功时,事件源负责重传或存储事件队列。第二种方式是多点传送。在该模式下,基于事件频道和订阅,一个事件能被传送至多个服务方。频道则用来把控事件传输并在对端尚未完成准备的情况下存储相应的事件信息,如图 3-59 所示。

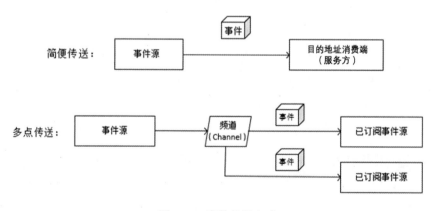

图 3-59 事件传送方式

实际上，数据的传送是通过多个数据面组件间的交互转义实现的。Eventing 中还设置了两个高级 CRD 以触发多个事件，分别是 Sequence 和 Parallel。Sequence 能够设置一系列有序的事件，而 Parallel 能设置多个事件分支，将事件同时传送给多个 Parallel Ingress 频道，这两者都会利用 Channel 和 Subscription 实现。

3.5.4　容器与虚拟机

容器与虚拟机是两种不同的虚拟方式，在使用虚拟机时，通过虚拟化软件模拟出一个完整的机器硬件系统，虚拟机里面需要安装客户机操作系统才能启动，客户机操作系统与主机操作系统完全分离，客户机操作系统里面的系统库不能被其他客户机共享。而容器在操作系统层进行虚拟化，一个操作系统可以虚拟出多个操作系统，但这些操作系统都共享一个系统内核，也就是同一个主机上的容器共享一个系统内核，甚至系统库能够被多个容器共享。

1. Kata 容器

Kata 容器致力于通过轻量级的虚拟机来构建安全的容器运行，这些虚拟机运行的性能及给人的感觉均类似于容器，但因为使用了硬件虚拟化技术作为第二层防御，所以其可以为容器中运行的工作负载提供更强的隔离性能。

（1）Kata 容器架构。

传统的容器通过命名空间进行隔离，通过 CGroups 划分资源，如图 3-60 所示，其中，进程 A、进程 B 和进程 C 分别代表 3 个不同的容器，它们共享同一个 Linux Kernel，同时，共享物理机上的 CPU、内存、网络和存储。通过这种方式，容器可以获得非常好的性能，但是隔离性能较差，其中存在以下问题。

- 命名空间虽然分别对 mount、Process ID、Network、IPC、UTS、User ID 进行了隔离，但没有完全隔离 Linux 资源，如/proc、/sys、/dev/sd*等目录未被完全隔离。
- 通过 CGroups 来为容器划分资源，只能限制容器对资源消耗的最大值，但不能禁止其他容器使用自己的资源。

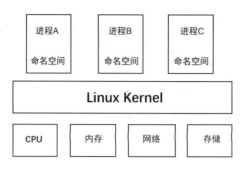

图 3-60 传统容器的运行模型

Kata 容器采用虚拟机进行容器的隔离，如图 3-61 所示，每个容器或 Pod 都运行在一个单独的虚拟机里，虚拟机里面需要运行一个客户机操作系统，而虚拟机作为容器实现的一部分对用户不可见。用户看到的是和传统容器一样的容器，采用虚拟机进行隔离可以提高安全性能，但其增加了虚拟机的消耗。

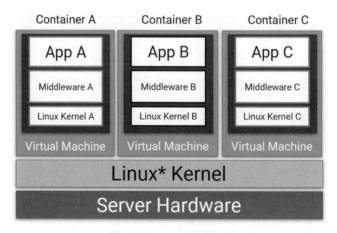

图 3-61 Kata 容器原理

Kata 容器对虚拟机及虚拟机里面的客户机操作系统都进行了大量的裁剪和优化，使得它的启动速度可以达到秒级，资源消耗也大大降低。这使得 Kata 容器既具有容器的速度也具有虚拟机的安全隔离性能。

Kata 容器遵循容器 OCI 的实现标准，所以，Kata 容器的接口与传统容器是一样的，这使得它可以无缝对接 Docker 及 Kubernetes 等容器引擎，而且 Kata 容器使用的容器镜像与传统容器是完全一样的，如图 3-62 所示，仅需要将 Docker 使用的 runc 替换为 kata-runtime，就可以通过 Docker 来创建 Kata 容器。

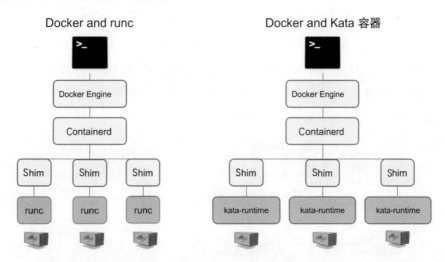

图 3-62　Docker 与 Kata 容器

图 3-63 所示为 Kata 容器架构，它主要包含以下几个组件。

- 当 kata-runtime 作为一个遵循 OCI 标准的容器运行时，它负责处理所有 OCI 运行时的命令，如启动和销毁容器等。并且负责启动 kata-shim 实例。kata-runtime 重度依赖 virtcontainers 项目，它提供一个一般的、基于虚拟机的运行时规范实现库。

- kata-shim 是容器进程收割器，用来处理所有容器的 I/O 流，并转发所有容器进程信号。

- Proxy 通过 virtio-serial 与 VM 连接 Runtime 和 Shim。

- Kata 容器虚拟机。Kata 容器采用虚拟机进行容器的隔离，在带来更高的安全隔离性的同时，也带来了虚拟机的消耗，为了满足容器的轻量性，首先需要解决的一个问题就是提供一个轻量级的虚拟机。这需要从虚拟化层和 Guest OS 层进行优化。Kata 容器最先支持的是 Linux 上的 KVM/QEMU 虚拟机，QEMU 本身的代码量非常庞大，有几百万行，它支持和模拟的设备也很多，但是在 Kata 容器的场景中，仅仅需要支持有限的设备，并且运行在现代系统架构上，这让 Kata 有机会对 QEMU 本身进行深度的裁剪，并从 QEMU 代码中裁剪出 QEMU-Lite 分支，在 Intel 及 QEMU 社区的共同努力下，这些优化都被合并到 QEMU 4.0 的主干代码中，并且最新发布的 Kata 1.9 默认支持 QEMU 4.0，摒弃了 QEMU-Lite 分支。

对于 Guest OS 来说，整个虚拟机和 Guest OS 对用户是不可见的，Guest OS 仅仅运行容器，不直接运行用户的代码程序，Kata 项目基于 Clear Linux 定制了一个最小化的 Guest OS，同时 Clear Linux 这一发行版本具有快速启动的优点。

- kata-agent 是运行在 Guest 里面的一个进程，用来管理容器和容器里面的进程，它通过 gRPC 与其他 Kata 组件通信，使用 libcontainer 来管理容器的整个生命周期。所以 kata-agent 可以复用大部分 runc 的代码。

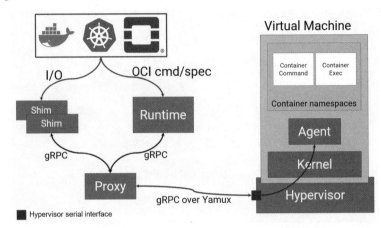

图 3-63 Kata 容器架构

（2）Kata 容器与 Kubernetes。

Kubernetes 集群通过 kube-scheduler 进行调度，kube-scheduler 会调用各个节点上的 Kubelet 来创建、更新、删除 Pod。Kubelet 负责管理节点内的 Pod 的生命周期，并最终通过调用容器运行时来创建、更新、删除容器。通过基于 gRPC 的 CRI（Container Runtime Interface），Kubernetes 成功地将 Pod 的生命周期管理与容器的创建、更新、删除解耦。换言之，Kubelet 实现了 CRI 的客户端，其请求将被实现了 CRI 服务器端接口的程序响应。CRI-O 和 Containered CRI 插件均实现了 CRI 服务器端的接口，并最终通过调用兼容 OCI 的运行时来管理容器实例。

Kata 容器是受 CRI-O 和 Containerd CRI 插件官方支持的运行时，与 OCI 兼容，因此与 Kubernetes 的架构和需求所契合。但是，由于 Kubernetes 执行单元是 Pod（单个 Pod 中可以运行一个或多个容器），而非单个容器，因此 Kata 容器运行时需要获取额外的信息才能知道何时创建完整的虚拟机（用于 Pod），以及何时在先前创建的虚拟机中创建新的容器。

在这两种情况下，都将使用非常相似的参数来调用 Kata 容器，因此它需要 Kubernetes CRI 运行时的帮助才能区分两种不同的请求：Pod 创建请求和容器创建请求。这里以 CRI-O 为例，讲解其是如何帮助 Kata 容器来区分这两种请求的。

为了使 kata-runtime（或任何基于虚拟机的 OCI 兼容的运行时）能够了解它是否需要创建完整的虚拟机，或者是否必须在现有 Pod 的虚拟机内部创建新的容器，CRI-O 向 OCI 配置文件（config.json）添加了特定的 annotations，该 annotations 将传递到 OCI 兼容的运行时。在调用运行时前，CRI-O 会将类型为 io.kubernetes.cri-o.ContainerType 的 annotation 添加到根据 Kubelet CRI 请求生成的 config.json 配置文件中。io.kubernetes.cri-o.ContainerType 可以设置为沙箱（Sandbox）或容器（Container）。然后，Kata 容器将使用此 annotation 来决定是创建虚拟机，还是在已有的虚拟机中创建容器。

```
containerType, err := ociSpec.ContainerType()
if err != nil {
    return err
}

handleFactory(ctx, runtimeConfig)

disableOutput := noNeedForOutput(detach, ociSpec.Process.Terminal)

var process vc.Process
switch containerType {
case vc.PodSandbox:
    process, err = createSandbox(ctx, ociSpec, runtimeConfig, containerID,
bundlePath, console, disableOutput, systemdCgroup)
    if err != nil {
        return err
    }
case vc.PodContainer:
    process, err = createContainer(ctx, ociSpec, containerID, bundlePath,
console, disableOutput)
    if err != nil {
        return err
    }
}
```

图 3-64 所示为 Kubernetes（Shim）与 Kata 容器的集成。其中，Kubelet 作为 CRI 客户端，向实现了 CRI 服务器端 API 的 Containerd 发送 CRI 请求，如创建 Pod、创建容器、删

除 Pod 等。Containerd 中定义的 Shim 服务与 Pod 中的容器一一对应，即每个 Shim 服务负责一个容器的 I/O 和额外的进程，并且 Shim 服务是容器的父进程，此外，Shim 服务也被用于关闭容器。contianerd-shim 实现了 Containerd 中的 Shim 接口，并与 Docker 容器一同使用。然而，当与 Kata 容器一同使用时，contianerd-shim 不能直接监视在虚拟机中运行的容器，其最多可以看到 QEMU 的进程。为此，kata-shim 充当了 containerd-shim 所监视的容器，需要处理所有容器 I/O 流（Stdout、Stdin 和 Stderr），并转发 containerd-shim 发送给容器进程的所有信号。

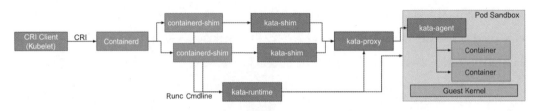

图 3-64　Kubernetes（Shim）与 Kata 容器的集成

因为 kata-shim 代表 Pod 中的容器，当 Pod 中运行有 N 个容器时，将相应地为这些容器创建 N 个对应的 kata-shim。与虚拟机的通信可以通过 virtio-serial 来实现。如果主机内核的版本比 v4.8 高，则可以使用虚拟套接字 Vsock，默认值为 virtio-serial。当使用 virtio-serial 时，虚拟机中的进程可以从串行端口设备读/写数据，而主机中的进程可以从 Unix 套接字读/写数据。但是，串行链接要求一次只能有一个进程进行读/写。为了解决此限制，必须对资源（串行端口和 Unix 套接字）进行多路复用。在 Kata 容器中，这些资源通过使用 kata-proxy 和 Yamux 进行多路复用。因为 Vsock 可以接受来自多个客户端的连接，所以当使用 Vsock 时，并不需要使用 kata-proxy 和 Yamux。

kata-agent 运行于虚拟机中，并负责管理容器和运行于容器中的进程。kata-agent 的执行单元是沙箱，该沙箱是由一组命名空间（NS、UTS、IPC 和 PID）定义的容器沙箱，虚拟机中的多个容器均运行于同一个沙箱中，从而共享网络、存储等资源。kata-agent 通过 gRPC 与其他 Kata 组件进行通信，从而接收各种请求，如创建容器、在现有的某个容器中执行某个指令等。kata-agent 使用 libcontainer 来管理容器的生命周期。在 Docker 中，runc 也是使用 libcontainer 来管理容器的生命周期的。这样，kata-agent 重用了 runc 所使用的大多数代码，这也使得在 Kata 容器中运行的容器能够直接使用 Docker 镜像。

kata-runtime 是一个 OCI 兼容的容器运行时，负责处理 OCI 运行时规范指定的所有命令并启动 kata-shim 实例。kata-runtime 使用 TOML 格式的配置文件，名称为 configuration.toml。在默认情况下，该配置文件安装在/usr/ share/defaults/kata-containers 目录下，并且包含各种设置，如 hypervisor 的路径、虚拟机内核的路径和 mini-OS 镜像的路径等。下面我们讲解一下 kata-runtime 如何处理 OCI 中定义的创建命令。

① 创建网络命名空间，在该网络命名空间中创建虚拟机和 shim 进程。

② 调用预启动钩子，其中之一负责在主机网络命名空间和步骤①中新创建的网络命名空间之间创建 veth 对。

③ 在新的网络命名空间中扫描网络，并在该网络命名空间中的 veth 设备和即将插入虚拟机的 tap 设备之间创建一个 MACVTAP 连接。

④ 在新的网络命名空间中启动虚拟机，并将步骤③中的 tap 设备提供给虚拟机。

⑤ 等待虚拟机启动成功并正常运行。

⑥ 启动 kata-proxy，它将连接到新创建的虚拟机中。kata-proxy 进程将负责代理与虚拟机间的所有通信。

⑦ 通过 kata-proxy 与 kata-agent 通信，在虚拟机内部配置沙箱。

⑧ 根据提供给 kata-runtime 的 OCI 配置文件 config.json，利用 kata-agent 来创建容器。kata-agent 会利用 libcontainer 在 VM 内部创建容器。

⑨ 启动 kata-shim，它将连接到 kata-proxy 提供的 gRPC 服务器套接字中。kata-shim 将产生一些 Goroutine 来并行化阻塞调用 ReadStdout()、ReadStderr()和 WaitProcess()。在容器进程终止之前，ReadStdout()和 ReadStderr()都将无限循环运行。WaitProcess()只调用一次，当它在虚拟机内部的容器终止时，会返回容器进程的退出码。值得注意的是，kata-shim 是在步骤①中创建的网络命名空间中启动的，这是为了方便上层通过检查 kata-shim 进程来确定已经创建了哪个网络命名空间。

Kata 容器从 1.5 版本开始引入了 containerd-shim-kata-v2（简称 shimv2）。shimv2 集成了 containerd-shim、kata-shim、kata-runtime 和 kata-proxy 的功能，如图 3-65 所示。

图 3-65　Kubernetes 与 Kata 容器

2. Virtlet 和 KubeVirt

Kubernetes 作为时下最流行的云计算解决方案，提供了很灵活的管理容器的能力和调度容器的能力，其部署和应用的落实也越发便捷、可靠。但是，由于 Kubernetes 本身是对服务进行容器化并部署到相关的集群或 Node 中为 Pod 提供服务，这就使得其缺乏对需要虚拟机环境的服务的支持，一个很明显的对 VM 的需求就是遗留应用程序，需要特定的内核调整配置才能有效地运行它们，还有各种原因或额外的 privileges 需求，从而导致其无法轻易地容器化，除此，还有以下几方面重要特性需要 VM 提供支持。

- NFV：由于和宿主机共享内核的不安全性和非预期行为，许多 VNFs 很难被轻易地容器化。
- Non-Linux 系统：有时，我们的服务可能需要运行在非 Linux 系统中，如 Windows 操作系统，尽管已有 Windows 系统的容器，但是我们更需要的是基于 Linux 和 Kubernetes 一体的结构，而不是不同系统各自独立部署。
- Unikernel 应用：许多的 Unikernel 应用（如 OSv、Mirage 和 Rump Kernels 等）需要虚拟机的支持。
- Isolation：现有的容器化解决方案提供了大部分服务所需要的隔离性，然而，我们还是缺乏一种"真实 OS"环境的隔离，而不应仅仅是容器的隔离。

随着 Kubernetes 的不断发展，其功能也不断被完善，但对于 VM 的支持，社区推出了两套相对成熟的方案——Virtlet 和 KubeVirt。

（1）Virtlet。

Virtlet 是 Mirantis 面向 Kubernetes 的虚拟机管理插件，它实现了 Kubernetes CRI，并且作为 Kubernetes 的一个运行时服务器提供服务。Virtlet 使我们可以在 Kubernetes 集群上运行 VM，并将其定义为一个 Kubernetes 的普通 Pod 对象，这样我们可以通过大多数标准的

kubectl 命令对该对象进行操作，还为 VM 提供了如 Deployment、StateSets 和 DaemonSets 等高级 Kubetnetes 对象的构建。这里的虚拟机充当 Pod，意味着 Kubernetes 实现了 VM 和容器的统一化管理。

Virtlet 最主要的目的就是在 Kubernetes 集群上运行 VM，并像普通 Pod 一样使用。这需要对常见的 kubectl 命令进行支持，如 create、apply、get、delete、logs、attach 和 port-forward，对 exec 的支持会在将来实现。启动的 VM Pod 会加入集群网络中，并从 Pod 子网获取 IP 地址，可以结合 Multus 对 VM 进行多网络并存的搭建，如 Flannel+SR-IOV、Calico+SR-IOV 等。还可以创建指向 VM Pod 的 Kubernetes 服务。VM Pod 也可以利用 TCP 和 HTTP 的 readiness、Liveness 探针进行相关的操作。和常规的 Kubernetes Pod 类似，Virtlet 遵守为 VM Pod 指定的 CPU 和内存资源限制。

Virtlet 广泛使用了 Cloud-Init 机制用于注入 ssh 密钥、创建用户、在 VM 启动时运行特定命令等，以及在无法基于内部 DHCP 服务器使用标准 Virtlet 网络处理的情况下传递相关的网络配置。为了避免对运行 VM 的节点进行单独的烦琐部署，Virtlet 使用了 CRI Proxy，通过该代理，可以在同一节点上同时运行 VM Pod 和普通 Kubernetes Pod。并且 Virtlet 控制的虚拟机更易于配置 SR-IOV，Mirantis 也加强了对于安全及容灾的实现，Virtlet 通过对内部 Libvirt 接口的连接实现了对 qcow2 镜像虚拟机的操作。Virtlet 的工作原理如图 3-66 所示。

Virtlet 主要由以下几个功能组件组成。

- Virtlet 管理器，实现用于虚拟化和图像处理的 CRI 接口。
- Libvirt 实例。
- Vmwrapper 负责为模拟器设置环境。
- Emulator，结合 KVM 实现的 QEMU 模拟器。

（2）KubeVirt。

KubeVirt 是由 Redhat 推出的一个可以在 Kubernetes 中通过类似容器的模式运行虚拟机的开源项目。KubeVirt 的核心是通过 Kubernetes 的自定义资源（CRD）API 添加其他虚拟化资源类型（特别是 VM 类型），从而扩展 Kubernetes。通过这种机制，可以使用 Kubernetes API 与 Kubernetes 提供的所有其他资源一起管理这些 VM 资源。

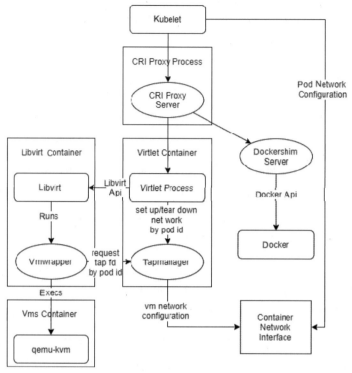

图 3-66　Virtlet 的工作原理

KubeVirt 利用 Kubernetes 的 CRD 实现所需要的功能。Pod 是用户所创建的最底层的基础运行单元，它代表的是一个有始有终的执行任务，新建的 Pod 会被调度到集群中，完成任务后 Pod 会被停止，这也意味着其生命周期的结束。

KubeVirt 就是运用了这样的设计思想，拥有一个最底层的运行单元，即一个自定义的实现对象——虚拟机实例（Virtual Machine Instance，VMI），一个 VMI 对应着一个虚拟化的执行任务，从任务开始执行到结束，对应着该虚拟机的开机和关机，可以将其映射到 Pod 的概念中。

KubeVirt 基于 VMI 之上，有着更高层的 VM Controller，而 VM Controller 可以根本地体现虚拟化工作负载和 Container 之间的区别，对应到 Kubernetes 中，VM Controller 类似于 StatefulSet，其创建的是一个有状态的 VM，这保证了在节点出错或 VM 重启时保持状态。用户可以关闭 VM，然后在某个时间重新启动。KubeVirt 还有 VirtualMachineInstanceReplicaSet 的概念，用来管理 VMI 的伸缩，其与 Kubernetes ReplicaSet

的区别在于管理的对象不同。图 3-67 所示为 KubeVirt 的工作原理。

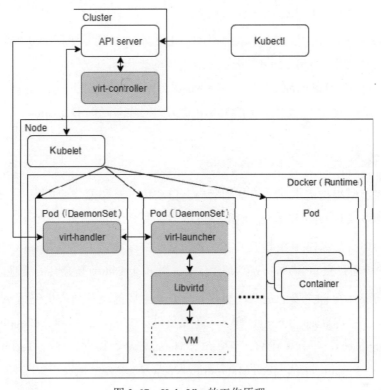

图 3-67　KubeVirt 的工作原理

KubeVirt 主要有以下几个功能组件。

- virt-api-server：用作所有虚拟化相关流程的入口点，对 VMI CRD 进行默认设置和验证。
- virt-controller：负责监视 VMI CRD 并管理关联的 Pod。
- virt-handler：监视 VMI 对象的更改，一旦检测到，它将执行所有必要的操作来更改 VMI，以满足所需的状态。
- virt-launcher：提供 cgroup 和命名空间，用于托管 VMI 进程。
- Libvirtd：virt-launcher 使用 Libvirtd 来管理 VMI 进程的生命周期。

KubeVirt VM Pod 的启动过程如下。

- 客户端将新的 VMI 定义发布到 Kubernetes API 服务器中。
- API Server 验证输入并创建 VMI 自定义资源（CRD）对象。

- virt-controller 观察新 VMI 对象的创建并创建一个对应的 Pod。
- Kubernetes 调度 Pod 到一个节点上。
- virt-controller 观察到 VMI Pod 已启动，并更新 VMI 对象中的 nodeName 字段，于是控制将被转移到 virt-handler 进行更进一步的操作。
- virt-handler（DaemonSet）监视到 VMI 已分配了运行它的主机。
- virt-handler 使用 VMI Pod 中的 Libvirtd 实例创建对应的 Domain。

3.6 编排技术

编排技术就是根据需求在系统基础架构上自动化开发和部署应用程序，边缘计算中应用的编排技术主要有 ONAP 及 OpenNESS，本节主要介绍 ONAP。

ONAP 的前身是 AT&T 主导的 ECOMP 项目和中国移动主导的 Open-O 项目，2017 年 2 月份，这两个项目宣布合并，成立新的 ONAP 并置于 Linux 基金会的管理之下。

ONAP 囊括了全球主要的运营商和众多厂商，主要的运营商成员包括 AT&T、中国电信、中国移动、中国联通、Orange 等，厂商成员包括 Juniper、思科、Cloudbase Solutions、爱立信、GigaSpaces、华为、IBM、英特尔、Metaswitch、微软、H3C Technologies、诺基亚、Raisecom、Reliance Jio、Tech Mahindra、VMware、Wind River 和中兴等。

ONAP 的第一个版本阿姆斯特丹于 2017 年 11 月发布，整个 ONAP 的阿姆斯特丹版本大约有 600 万行代码，包括最初的 AT&T 的 300 万行代码与 OPEN-O 的 100 万行代码，并且大概有超过 300 名的来自全球各地的开发者一起编译阿姆斯特丹版本的代码。

每一个 ONAP 的版本都会依据字母顺序，选用世界上著名的一个城市来命名，取阿姆斯特丹的首字母 A，代表 ONAP 的第一个版本，现已发布了 5 个版本。

在 ONAP 出现之前，大型网络服务商常常为大量部署新服务（如配置新数据中心或更新现有的客户设备）而产生的人力成本所困扰。许多供应商都期望依靠 SDN 和 NFV 来提升服务速率，简化设备互通及集成操作，并由此降低在 CapEx 及 OpEx 上的整体支出。除此之外，现有的高分块化管理格局使得确保和监控服务级协议管理（SLAs）难上加难。

ONAP 项目应运而生。它通过为物理及虚拟网络元件提供全局及大规模的编排能力来解决上述问题。同时，通过提供一系列开放互通的北向 REST 接口，支持 YANG 及 TOSCA

数据模型，ONAP 也增强了服务的灵活度。其模块化和层级的结构使得服务的互通性更强，同时简化了集成所需的操作。由此，ONAP 支持多 VNF 的环境，并能与多种设备进行集成，包括 VIMs、VNFMs、SDN 控制器，老旧设备也能与之集成。

ONAP 中采用了加固的 VNF 需求发布器，使得发展商业化（符合 ONAP 要求的）VNF 成为可能。这一举措使网络及云服务供应商能够依据支出和服务性能对物理和虚拟网络元件进行进一步优化。ONAP 所采用的标准化模型减少了异构集成及部署所需的支出，同时降低了分隔度。

ONAP 平台使终端用户或组织与其网络/云服务供应商携手合作，通过一系列动态的闭环操作来实例化网络元件，并对可操作事件提供实时应答。为了实现对这些多元件服务的设计、处理、策划，ONAP 平台必须拥有以下 3 大部件。

- 拥有一个良好的设计框架，为各方面提供规范要求。它能够规范服务所需的资源及其关系，通过设定规则引导服务，指明针对弹性服务管理所需的应用、分析及闭环操作。
- 拥有一个以策略/方法为驱动的编排控制框架。在获取需求后自动实例化相应服务，并对服务需求进行弹性管理。
- 拥有一个分析框架。在服务的生命周期中，它能够对服务现状进行实时监控。依据特定的设计、分析及策略，该框架能够为控制提供应答，还能依据不同的需要处理不同的场景。

ONAP 通过从信息模型、核心编排平台及通用管理工具中解耦出特定的服务及技术，将 DevOps/NetOps 模式的速度及样式与新服务与技术所需的格式相结合。同时，利用 Kubernetes 等原生云技术来管理及部署整个平台，这与传统的 OSS/Management 软件平台架构完全不同。

众多机构均参与到 ONAP 平台的建设中，通过 ONAP 社区互相协作，依据不同的客户需求，ONAP 现已升级出众多新功能以加强其在不同用例中的可操作性和易用性。ONAP 也专门建立了相应的邮件列表以便开发者进行交流合作。

1. ONAP 基本框架

ONAP 平台为用户提供了一系列常用功能，以实现特定的服务，如数据采集、控制回路、元数据菜单生成、策略/方法分配等。

为了实现一种新服务或操作，用户必须使用 ONAP Design Framework Portal 设定相应的定义，完成数据的采集、分析及策略制定。同时，ONAP 通过对一系列 SDO（包括 ETSI NFV MANO、TM Forum SID、ONF Core、OASIS TOSCA、IETF 及 MEF）的拓扑、工作流及策略模型信息的整合，生成了统一的信息模型及框架，使得该模板能够满足不同用例的需求，提升 ONAP 各组件间的编码一致性并提升 ONAP 平台的互用性。在北京版本中，ONAP 已经能够支持基于 ETSI NFV IFA011 v2.4.1 的 VNF 信息模型、基于 TOSCA 的 VNF 描述模型及基于 ETSI NFV SOLv004 的 VNF 封装模型。

同时，ONAP 还为所有组件提供了多种常用操作，包括事件日志、报告、通用数据链、访问控制、密钥管理、弹性控制及软件生命周期管理。这些操作均符合标准 VNF 界面及其要求。

由于 ONAP 平台完全基于虚拟环境，平台也会因此面临更多的安全挑战和机遇。通过在每个平台组件中添加访问控制系统，ONAP 能够检测并降低被攻击的可能性，提高其安全等级。整体而言，ONAP 可分为设计态框架、运行态框架及闭环自动化框架。

（1）设计态框架。

设计态框架是一套具备工具、技术、资源库、服务和产品的完整开发环境。该框架通过模型的复用来提升效率。通过一套声明方法和策略，所有的资源、服务、产品及其管理控制功能都会被模型化，从而控制服务的行为和结果。操作声明便能自动化处理资源、服务、产品，以及 ONAP 平台构件的实例化、交付和生命周期管理。其中包括的子项目有 SDC、Policy、VNFSDK、VVP 和 CLAMP。

SDC（Service Design and Creation）是设计态框架中至关重要的组件之一。SDC 提供了工具、技术及资源库，是一个集成设计环境。所有的资源都会被划分为以下四类：资源、服务、产品、供给。SDC 环境也支持多用户通过同一平台进行操作，利用该设计平台，产品及服务设计者可以轻松地上架、延伸、撤下资源、服务和产品。操作者、工程师、客户经理及安全专家能够确立所需的工作流程、策略及方法，以此实现闭环控制自动化及弹性管理。所有服务的建立和配置都依赖 SDC 进行设计。同时，它拥有一套下发机制，能够将设计完成的服务分发给下游其他组件（下发工作由 DMAAP 项目支持）。

ONAP 的子模块 VNFSDK（VNF Supplier API and Software Development Kit）及 VVP（VFC Validation Program）提供了一套 VNF 封装和验证工具，以保证 VNF 生态系统的健康发展。供应商能将这些工具与 CI/CD 环境集成，封装 VNF 后再将其上传至验证工具中。仅当 VNF 通过测试验证后，才能通过 SDC 进行后续的上架和加载。

Policy Creation，即 Policy 模块，主要负责策略的处理。策略囊括了已制定的规则、先决条件、需求、约束、特定属性及任何必须提供或确保的要求。从较低的层面看，Policy 模块功能包括在受到触发或收到请求后执行某些操作。同时，Policy 还负责给出一些特殊情况的处理方法，包括在符合某些特定条件时触发特定策略需求及根据不同条件选取更为合适的结果。

Policy 中的策略支持大幅度的修改。当需要更新某些组件的输出结果时，无须重写代码，只要通过修改相应规则就能达到更新的目的。同时，它支持以抽象的方式实现对一些复杂机制的管控。

CLAMP（Closed Loop Automation Management Platform）则是一个负责控制环路设计和管理的平台。它主要用来设计闭环，并根据不同的网络服务为其配置相应的参数，然后进行部署和最终的停用操作。在配置完成后，用户仍可以在运行状态下更新参数，或暂停，或重启环路。

（2）运行态框架。

运行态框架实际上主要执行设计所制定的规则和策略。设计态中设立的策略及模板会被分发至多个 ONAP 模块，如 SO（Service Orchestrator）、Controllers、DCAE（Data Collection Analytics Events）、A&AI（Active and Available Inventory）和 Security Framework。这些模块都使用支持日志记录、访问控制和数据管理的通用服务。而平台中的另一个新模块 MUSIC（Multi-Site State Coordination）则能够帮助平台记录和管理跨区域部署的状态信息。外部 API 同时支持第三方访问，如 MEF、TM 论坛及其他潜在用户，以此来增进运营商 BSS 和相关 ONAP 组件间的互动交流。

运行态框架的组件包括：编排器、以策略为驱动的负载优化、控制器和仓储管理。

● 编排器。

Service Orchestrator 模块扮演了 ONAP 中编排器的角色，主要负责执行相应的编排操作，如事件、任务、规则及策略的按需编排，网络、应用、基础服务和资源的修改及移除。在对基础设施、网络和应用进行全局考量后，SO 能为 ONAP 提供高层次的编排服务。

SO 主要向 BSS 和其他 ONAP 组件（包括 SO、A&AI 和 SDC）提供外部北向接口，并配备了一个标准化的界面。这样，无须进行冗长、高成本的组件集成，用户就能对包含 BSS/OSS 环境的平台有较抽象的理解。

VID（Virtual Infrastructure Deployment）使用户能够实例化 SDC 中建立的基础服务及相关模块。通过该组件，用户能够执行变更管理操作，如针对现有 VNF 实例的规模化操作和软件升级。

- 以策略为驱动的负载优化。

该部分主要是一个优化机制，由多个 ONAP 模块组成。

OOF（ONAP Optimization Framework）是其中最为重要的组成部分，它是一个以策略和模板为驱动的框架。可以为大量的用例提供优化方案。OOF 内部的 HAS（Homing Allocation Service）组件提供了策略驱动的负载优化服务。利用 HAS，在多种不同的约束（包括容量、位置、平台能力及其他特殊要求）下，ONAP 能为跨区域、跨云的服务提供最佳布局。

除 OOF 外，ONAP Multi-VIM/Cloud（MC）、Policy、A&AI 和 SO 等其他 ONAP 组件也在策略驱动负载优化中起到了重要作用。而 OOF 内部的 HAS 组件则是负责实际解析优化的部分。在得到 SO 的部署定位请求后，依据 Policy 平台中已有的约束及要求，OOF-HAS 会根据硬件平台识别（HPA）功能及 ONAP MC 提供的实时容量检测对 A&AI 中现存的云信息进行选择，以挑选出最符合性能和负载要求的 VIM 或云实例。基于对云资源更加合理的利用，用户能够进一步领略到虚拟化带来的价值。该特征现已在北京版本的 vCPE 案例中得到运用。

- 控制器。

控制器是指那些与云端及网络服务相连，并为组件及服务的运行、配置设定规则并控制其状态的应用。在通常情况下，操作者不会使用单一的控制器，而是会根据不同控制域使用多种不同类型的控制器。在 ONAP 中，对于云计算资源，就有负责网络配置的 SDN-C 和负责应用的 App-C。除此之外，虚拟功能控制器（VF-C）也提供了与 NFV-O 功能相契合的 ETSI 网络功能虚拟化服务，可以负责虚拟服务及相关物理 COTS 服务硬件的生命周期管理。VF-C 不仅提供了通用 VNFM（VNF Management），还能与外部的 VNFM 和 VIM 集成，形成 NFV MANO 栈的一部分。

在北京版本的 vCPE 中，新加入的跨站点状态交互（MUSIC）项目能够记录和管理 Portal 和 OOF 的状态，以保证跨区域部署 ONAP 项目的稳定性、冗余度及高可用性。

- 仓储管理。

A&AI（Available and Available Inventory）是 ONAP 中负责实时监控系统资源、服务、产品及其关系的项目。A&AI 提供的视图关联了多个 ONAP 实例、业务支撑系统（BSS）、运行支持系统（OSS）及网络应用中的数据，并利用这些数据组建了一个包含终端用户购买的产品到生成新产品的原材料信息的自顶而下的视图。A&AI 不仅为产品、服务和资源提供了注册服务，还对这些资源的库存情况进行实时更新。

为保证 SDN/NFV 的多样性，当控制器对网络环境做出修改时，它们也会对 A&AI 进行实时更新。可以说，A&AI 完全由元数据驱动，能够支持通过 SDC catalog 动态添加新品类的库存信息，规避了冗长的开发周期。

（3）闭环自动化框架。

ONAP 平台在最大限度上实现了以下步骤的自动化。

设计 → 建立 → 采集 → 分析 → 检测 → 发布 → 响应。

以上步骤的自动化能够保证在无人干预的情况下，平台仍能对不同的网络和服务情况进行自主响应。在 ONAP 平台中，有多个运行态模块参与实现了该闭环自动化。

DCAE（Data Collection Analysis Events）负责收集事件、性能、使用情况等数据，并将其推送至其他模块（如 Policy、SO），使之执行闭环中的各步操作。

Holmes 为电信云基础设施提供了关联提醒及数据分析服务，基础设施包括服务器、云基础设备、VNFs 及网络服务。

2. ONAP 与边缘计算

随着当前边缘计算、5G 等技术的日趋成熟，ONAP 项目也希望能在其中发掘自身的潜力，以协助管理和编排边缘侧。为此 ONAP 成立了针对边缘自动化的工作组，进行研究并罗列了一系列目标的任务。

- 边缘云向中心 ONAP 节点提供包括应用及基础设施的实时数据和错误信息，而中心节点的闭环故障处理系统能够利用单一控制面管理多个边缘节点。
- 边缘云向中心 ONAP 节点提供包括应用及基础设施的实时数据、错误信息及告警信息，而中心节点动态网络模块的闭环故障处理系统/布局优化系统能够利用单一控制面管理多个边缘节点。
- 边缘云向中心 ONAP 节点提供包括应用及基础设施的实时数据、错误信息及告警信息，而中心节点动态网络模块的闭环故障处理系统/布局优化系统能够利用多个控制面管理多个边缘节点。

为实现上述目标，ONAP 与 Linux 基金会旗下的开源项目 Akraino 合作，共同打造针对虚拟机和容器的边缘解决方案，其中利用 ONAP 作为服务/VNF 的编排器。

鉴于边缘侧通常存在资源量少、网络条件受限的情况，ONAP 中积极扩充了针对容器（目前基于 Kubernetes）的支持，在其 Multicloud 模块中添加了针对 Kubernetes 的 ONAP4K8s 内容，以达成边缘侧的编排。其中，包含能够自动化搭建 Kubernetes 平台的 KUD 组件、部分用例的自动化脚本及适配 VNF 部署的 Kubernetes 插件。目前还计划增加针对各类硬件加速插件的支持，如 SR-IOV、QAT、GPU 等。利用 ONAP4K8s，用户可以在边缘节点搭建一套 Kubernetes 平台，在部署 VNF/CNF 时利用 ONAP 完成边缘侧的编排。

ONAP 中还包含一个针对边缘自动化的用例，即 DAAS（Distributed Analytics As a Service）。该用例旨在使数据/日志的收集、处理及分析更贴近数据产生处，即边缘侧。对于这些数据的训练及推理过程都会更贴近边缘侧，从而减少网络延迟带来的影响。

3.7 人工智能技术

人工智能（AI）的概念已经存在很长时间了，在最初的发展期间它被视为一个高度专业的领域，当时由于硬件条件的制约，其发展极其缓慢。但是随着硬件的快速发展，以及各种相关库和框架的发展和不断优化，AI 的生命力被极大地催发。高可用的框架、简单方便的开发语言和高精度的算法大大降低了 AI 的门槛，越来越多的开发人员看到了世界对 AI 技术不断增长的需求，也有越来越多的人参与其中。AI 已经成为未来世界不可或缺的重要角色。

3.7.1 AI 框架及 OpenVINO

互联网海量的数据为 AI 的进一步发展提供了无限的可能，但在实际的算法研究和应用开发中，每位数据科学家在实现其项目时都有不同的需求，因此在实际开发中，选择合适的开发框架和工具，将大大提高开发效率和开发质量。在开始学习 AI 及在编程中实现 AI 时，人们想到的第一个问题往往是"我该使用的语言/框架/库是什么，有没有什么方便的工具"。

1. 常见的 AI 框架

（1）TensorFlow。

当我们步入 AI 世界时，首先听到的框架基本都是 TensorFlow。TensorFlow 是一个使用数据流图的开源 AI 框架，用于机器学习和高性能数值计算，由 Google 开发，是能够在任何 CPU/GPU 上进行计算的架构。

TensorFlow 支持许多分类和回归算法，支持深度学习和神经网络，它已成为 AMD、SAP、Google、Intel、Nvidia 等顶级科技巨头热衷的 AI 框架。

TensorFlow 非常适合进行大容量的复杂数值的计算，使用计算图抽象，通过称为节点的数据层进行排序，根据获得的信息做出决定，TensorBoard 的可视化支持也是其一大亮点。

（2）PyTorch。

PyTorch 是一个开源的深度学习平台，提供了从研究原型到生产部署的路径，主要由 Facebook 的 AI 研究小组开发。

PyTorch 支持通过 CPU 和 GPU 计算，在研究和生产中提供可扩展的分布式训练和性能优化。凭借大量方便的工具和库，PyTorch 提供海量资源来支持开发，包括旨在评估用于自然语言处理的深度学习模型 AllenNLP，允许开发人员在不同的游戏环境中训练和测试算法的游戏研究平台 ELF，可增强各种硬件平台上深度学习框架的性能的一种机器学习编译器 Glow。

（3）Torch。

Torch 是一个用于科学和数字操作的开源机器学习库，是一个基于 Lua 编程语言的面向 GPU 的 AI 计算框架，并带有底层的 C/CUDA 实现。

Torch 通过提供大量的算法，使得深度学习研究和使用更容易，并且极大地提高了研究效率和速度。其强大的 N 维数组的实现有助于切片和索引等操作。它还提供了线性代数程序和神经网络模型等大量可用的预训练模型，并且有足够的文档的支持。简单性、高效性和灵活性使得它被 Google、Facebook、Purdue、NYU 和 Twitter 等广泛使用。

（4）Theano。

Theano 是一个 Python 库，可以让我们有效地定义、优化和评估涉及多维数组的数学表达式。

Theano 是一个旨在处理和评估表达式的优化编译器。速度是 Theano 的优点之一，在大数据处理方面，它可以和 C 语言实现速度竞争。通过将计算机代数系统（CAS）的元素与优化编译器的元素配对，Theano 为需要重复、快速评估的复杂的数学表达式任务提供了理想的环境。它可以在提供重要功能的同时最大限度地减少无关的编译和分析。

Theano 曾经是 TensorFlow 的强有力的竞争对手，以高效率的方式进行多维数组的数值操作，并且使用 GPU 而不是 CPU 执行对于数值密集型的计算。遗憾的是，Theano 于 2017.09 停止了版本更新，如今它主要作为一个用来进行对 AI 的学习研究的强大的资源库。

（5）Accord.Net。

Accord.Net 是一个基于.NET 的通用 AI 框架，它提供了大量现成的库，主要用于音频和计算机视觉图像处理，为 C#程序员提供了机器学习的框架。

Accord.Net 可以有效地处理数值优化、人工神经网络、可视化。除此之外，Accord.NET 对计算机视觉和信号的处理功能非常强大，并且实现起来很容易。该框架的社区团队非常积极，实现了非常高质量的可视化，但是由于语言的局限性，它并不是一个相对流行的框架。

（6）Scikit-learn。

Scikit-learn 是 2007 年开发的基于 Python 的开源机器学习库，可供商业使用，主要用于构建模型，处理主要的 AI 问题，进行数据挖掘和分析，支持分类、回归和聚类算法，还支持降维、模型选择和预处理。

基于 Matplotlib、NumPy、SciPy 构建使得 Scikit-learn 对统计建模技术非常有效，含有有监督学习算法、无监督学习算法和交叉验证等功能。它将自己称为"用于数据挖掘和数据分析的简单有效的工具"，"每个人都可以使用，并且可以在各种情况下重用"。为了支持这些说法，Scikit-learn 提供了广泛的用户指南，以便数据科学家可以快速访问各种资源，从多类和多标签算法到协方差估计。但 Scikit-learn 在 CPU 效率方面的表现不够令人满意。

（7）Microsoft Cognitive Toolkit。

可以将 Microsoft Cognitive Toolkit 看作微软对于 Google 的 TensorFlow 的回应，它是一个免费、易于使用的开源商业级工具包，可训练深度学习算法，使其像人脑一样学习。它以前被称为 Microsoft CNTK，是一个增强分离计算网络模块化和维护的开源深度学习库，旨在支持强大的商业级数据集和算法。

借助 Skype、Cortana 和 Bing 等知名客户，Microsoft Cognitive Toolkit 可具有从单个 CPU 到 GPU，再到多台机器的高效可伸缩性，且不会牺牲速度和准确性。Microsoft Cognitive Toolkit 支持 C ++、Python、C＃和 BrainScript。它提供了用于训练的预构建算法，所有这些算法都可以自定义。它采用新的语言 NDL（Network Description Language）实现，适用于任何 AI 应用程序，并且可以利用多台服务器进行大规模的操作，具有很高的灵活性，支持分布式训练，其速度比 TensorFlow 快，但在可视化方面不足。

（9）Spark MLlib。

Apache 的 Spark MLlib 是一个可扩展的机器学习库，它非常适用于 Java、Scala、Python、R 语言等。

Spark MLlib 非常高效，对大规模数据的处理非常快速，可以与 Python 库和 R 库中的 NumPy 进行互操作。Spark MLlib 可以轻松插入 Hadoop 工作流程中。它还提供了机器学习算法，如分类、回归和聚类。这个强大的库在处理大型数据时非常快速。

2. OpenVino

据 IDC 预测，未来智能设备的数量将会超过 500 亿，需使用超过 2100 亿个传感器，这意味着平均每个互联网用户每天会产生 1.5GB 的数据，其中包括各类工具、工厂产生的数据，全世界每天产生的数据量可以达到 40ZB。对于这种规模下的数据处理，仅仅依靠云端是不现实的，会给网络带宽和云计算能力带来极大的挑战。将数据的处理部分从云迁移到边缘进行边缘计算，在终端侧进行数据分析，利用人工智能处理，已经是大势所趋。

从云到边缘，将 AI 网络从训练环境部署到嵌入式平台以进行推理是一项复杂的任务，引入了许多必须解决的技术挑战。

- 业界广泛使用了许多种类的深度学习框架，如 Caffe、TensorFlow、MXNet、Kaldi 等，其实现方式和部署方式都有一定的差异。

- 深度学习网络的训练通常是在数据中心或服务器中心中进行的，而推理则可能在针对性能和功耗进行了优化的嵌入式平台上进行。从软件角度（编程语言、第三方依赖关系、内存消耗、支持的操作系统）和硬件角度（不同的数据类型、有限的功耗）来看，此类平台通常都受到各种条件的限制，因此通常不建议使用原始训练框架进行推理（甚至是不可能的），有一种替代解决方案是使用针对特定硬件平台进行了优化的专门用于推理的 API。

- 部署过程的其他复杂性包括需要支持越来越复杂的各种多层网络模型。显然确保网络模型转化的准确性并非易事。

云端服务器和数据中心市场优势巨大的 Intel 结合其强大的硬件实力，考虑到同一种算法应用到不同的硬件平台上所得到的效果的差异会很大（算法通常会根据某个特定的硬件平台进行优化），而不同的网元提供的计算量和支撑的操作系统也是不同的，因此产生了各自使用的不同的芯片架构，同时产生了开发的门槛。从 Intel 的角度来看，视频在物联网中是终极的传感器，以此为切入点，Intel 推出了一个集功耗和成本最优化为一体的端到端的全栈式解决方案——全新的视觉推理和神经网络优化开源工具套件 OpenVINO，轻松实现了从云到边缘的跨平台部署，充分发挥了各个硬件平台的能力。

OpenVINO 是 Open Visual Inference 和 Neural Network Optimization 的缩写，是用于快速开发部署可模拟人类视觉的应用程序和解决方案的综合工具包，有助于在视觉应用中快速跟踪高性能计算机进行视觉和深度学习推理的开发。该综合工具包基于卷积神经网络（CNN），在 Intel 硬件上优化拓展了计算机视觉的功能，从而最大限度地提高了性能，可在多种类型的 Intel 平台上轻松实现异构执行，从而提供跨云架构到边缘设备的功能实现。

OpenVINO 工具箱可为开发人员在各种类型的 Intel 处理器上提供改进的神经网络和高性能实现，并帮助他们进一步实现具有成本效益的实时视觉应用程序。该工具包支持跨多个 Intel 平台的深度学习推理。这种开源的形式和分布为开发社区提供了很强的灵活性和可用性，可以创新性地发展深度学习和 AI 解决方案。考虑到开发者的习惯，Intel 在设计

OpenVINO 时，根据目标平台的特性对载入的框架模型进行了一定的优化，并将优化的结果转换成表述文件，由推理引擎读取，并根据目标平台去使用相应的硬件插件（Intel 的 CPU 插件、GPU 插件、FPGA 插件及 Myriad VPU 插件）。

众所周知，目前的深度学习模型大部分通过数据中心进行训练，如果将模型部署到其他平台或嵌入式的推理设备中，由于每个平台的操作系统、数据精度和硬件的不同，计算性能不同，因此可能无法工作或表现不尽如人意，于是 OpenVINO 进行了很多优化。通过 OpenVINO，开发者可以方便地调用 Intel 平台下的各种硬件加速资源，提升深度学习推理性能，并支持异构处理和异步执行，减少等待系统资源的时间。此外 OpenVINO 使用经过深度优化的 OpenCV 和 OpenVX，支持异构的执行，快速开发的相关应用可以通过异构接口直接运行在其他目标平台上。

OpenVINO 的独特之处在于其软件的开放透明性、灵活性及多而广的深度学习模型。除了有限的二进制程序包，OpenVINO 工具包还可以作为具有 Apache 2.0 许可证的开源程序。第三方可以通过添加各自对应的插件增加对所选的与 OpenVINO 相关的硬件的支持，然后覆盖使用 OpenVINO 的基础架构（如模型优化器和推理引擎），目前市面上没有其他工具包可以提供这种灵活性。OpenVINO 即插即用地支持多种深度学习模型，其包含的 Intel 模型 Zoo 支持 40 种不同的公共模型和约 40 种 Intel 预训练模型。

总体而言，OpenVINO 主要具有以下特点。

- 在边缘启用基于 CNN 的深度学习推理，解决了 CNN-based 网络在边缘的瓶颈。
- 在 Intel 平台上关于计算机视觉相关的深度学习提升了近 19 倍的性能。
- 支持跨 Intel CPU、Intel 集成显卡、Intel FPGA、Intel Movidius 神经计算棒、具有 Intel Movidius VPU 的 Intel 视觉加速器设计的异构执行。
- 支持兼容大部分深度学习框架。
- 通过易于使用的计算机视觉功能库和预先优化的内核加快上市时间。
- 对计算机视觉标准（包括 OpenCV、OpenCL 和 OpenVX）的传统 API 实现了优化和加速。
- 一次训练可满足不同的硬件平台。

（1）OpenVINO 组件。

OpenVINO 组件如下。

- Deep Learning Deployment Toolkit（DLDT，深度学习部署工具包）。
  - ➤ Deep Learning Model Optimizer（深度学习模型优化器）：一种跨平台的命令行工具，用于导入模型并为通过推理引擎进行最佳执行做准备，这些模型在流行的框架（如 Caffe、TensorFlow、MXNet、Kaldi 和 ONNX）中进行了训练。
  - ➤ Deep Learning Inference Engine（深度学习推理引擎）：统一的 API，可对多种硬件类型进行高性能推理。
  - ➤ Samples：一组简单的控制台应用程序，展示了如何在应用程序中使用推理引擎。
  - ➤ Tools：一组用于模型的简单的控制台工具。
- Open Model Zoo。
  - ➤ Demo：控制台应用程序，演示如何在应用程序中使用推理引擎来解决特定用例。
  - ➤ Tools：用于下载模型和检查准确性的工具。
  - ➤ 预训练模型的文档：Open Model Zoo 存储库中提供的预训练模型的文档。
- OpenCV：为 Intel 硬件编译的 OpenCV 社区版本。
- OpenCL2.1 版的驱动程序和运行时。
- Intel Media SDK。
- OpenVX：为实现在 Intel 硬件（CPU、GPU、IPU）上运行而优化的 Intel OpenVX 实现。

（2）OpenVINO 架构。

OpenVINO 工作流程如图 3-68 所示。

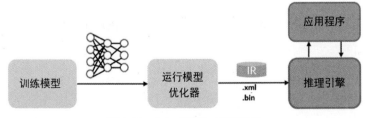

图 3-68　OpenVINO 工作流程

- 针对特定的训练模型配置模型优化器。
- 运行模型优化器（Model Optimizer），根据训练好的模型的网络拓扑、权重和偏差值及其他可选参数生成模型的优化中间表示（IR）。
- 在目标环境中测试 IR 格式的模型，使用推理引擎（Inference Engine）提供的示例应用程序。
- 将推理引擎集成到应用程序中，以便在目标环境中部署模型。

其中，最主要的组件就是模型优化器和推理引擎。

- 模型优化器。
  - 为深度学习框架配置模型优化器。
  - 提供包含特定网络拓扑、调整后的权重和偏差（带有一些可选参数）的经过训练的网络作为输入。
  - 运行模型优化器以执行特定的模型优化（如某些网络层的水平融合）。
  - 将模型优化器产生的网络的中间表示（IR）作为输出，将该中间表示用作所有目标上推理引擎的输入。IR 是一对描述整个模型的文件：.xml，拓扑文件，描述网络拓扑的 XML 文件；.bin，训练有素的数据文件。可以使用推理引擎读取、加载和推断中间表示（IR）文件。推理引擎 API 在许多受支持的 Intel 平台上提供了统一的 API。
- 推理引擎是一个运行时，提供统一的 API 来将推理与应用程序逻辑集成在一起。
  - 作为输入模型，该模型以模型优化器生成的特定形式的中间表示（IR）表示。
  - 优化目标硬件的推理执行。
  - 在嵌入式推理平台上提供减少占用空间的推理解决方案。

推理引擎支持多种图像分类网络的推理，包括 AlexNet、GoogLeNet、VGG 和 ResNet 系列的网络，以及完全卷积网络（如用于图像分割的 FCN8）和对象检测网络（如 Faster R-CNN）。

（3）自定义层。

OpenVINO 发行版工具包在多个框架中支持神经网络模型层。对于每个受支持的框架，已知层的内容都不尽相同，每个框架具体所支持的层依据框架设计而定。自定义层（Custom Layers）是未包含在已知层列表中的层。如果你所使用的拓扑包含未在已知层列表中的任何层，则模型优化器会将它们分类为自定义层，并进行适当的优化，使你可以为现有层或全新层插入自己的实现。

OpenVINO 中自定义层的相关组件如下。

- 层（Layers）：为特定目的任务（relu、sigmoid、tanh、convolutional）而选择的数学函数的抽象概念，这是神经网络内一系列连续的构建块之一。
- 内核（Kernel）：Layers 层功能的实现，是为在目标硬件（CPU 或 GPU）上执行层操作而进行的数学编程运算（在 C ++和 Python 中）。
- 中间表示（Intermediate Representation）：OpenVINO 中的推理引擎所使用的神经网络，用于抽象不同的框架并描述和构建其拓扑、层参数和权重。
- 模型扩展生成器（Model Extension Generator）：为模型优化器和推理引擎所需的每个扩展生成模板源代码文件。
- 推理引擎扩展（Inference Engine Extension）：特定于设备的模块，用于实现自定义层（一组内核）。

在构建模型的内部表示之前，模型优化器会搜索输入模型拓扑的每个层的已知层列表、优化模型，并生成中间表示文件。推理引擎将来自输入模型的 IR 文件的图层加载到指定的设备插件中，该插件将搜索该设备的已知层实现的列表。如果拓扑包含的层不在设备的已知层列表中，则推理引擎认为该层不受支持，并报告错误。如果设备不支持特定层，还可以使用 HETERO 插件来定位其他设备，创建新的自定义层，HETERO 插件可用于在多个设备上运行推理模型，从而允许一个设备上不受支持的层"回退"，以在支持这些层的另一个设备（如 CPU）上运行。

Custom Layer 在 OpenVINO 模型优化器 Model Optimizer 中主要通过两步处理进行拓展，如图 3-69 所示。

模型优化器首先从输入模型中提取信息，其中包括模型层的拓扑结构及每个层的参数、输入和输出格式等。然后，根据层、互联和数据流的各种已知特征来优化模型，其中，一部分数据来自层的操作，该操作提供每个层的输出形状的详细信息，模型优化器将输出推理引擎运行模型所需的模型 IR 文件。

图 3-69　Customer Layer 在 Model Optimizer 中的处理过程

模型优化器从已知的用于每个受支持的模型框架操作和提取器的库开始执行，这些框架必须进行扩展，以便使用每个未知的自定义层。模型优化器所需的自定义层扩展如下。

- 自定义层提取（Custom Layer Extractor）：负责标识自定义层的操作并为自定义层的每个实例提取参数。层参数按实例存储，并在最终出现在输出 IR 之前由层操作使用。通常，输入层参数不变。
- 自定义层操作（Custom Layer Operation）：负责指定自定义层支持的属性，并根据其参数为自定义层的每个实例计算并得到输出形状。

自定义层在 OpenVINO 推理引擎中主要通过两步处理进行拓展，如图 3-70 所示。

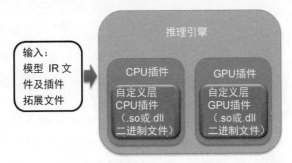

图 3-70　自定义层在 OpenVINO 推理引擎中的处理过程

每个设备插件都包括一个优化的实现库，用于执行已知的层操作，必须对其进行扩展才能执行自定义层。自定义层扩展是根据目标设备实现的。

- Custom Layer CPU Extension：在 CPU 上执行自定义层所需的已编译共享库的 CPU 插件（.so 或.dll 二进制文件）。
- Custom Layer GPU Extension：自定义层 Kernel 的 OpenCL 源代码（.cl）和 GPU 插

件所需的自定义层 Kernel 的层描述文件（.xml）一起编译，在 GPU 上执行。

（4）应用场景。

Intel 始终认为视频是未来物联网中绝对关键的一环，在边缘侧，产生信息量最丰富、最庞大的就是视频流，人工智能应用的爆发点也是计算机视觉领域，于是视频方面成为 Intel 边缘测人工智能方案的切入重点。因此，Intel 推出了 OpenVINO 工具包来进行边缘到云端的布局，专注于快速的应用布局，结合各种先进的平台、框架和硅片，提供了一个完整的基于视觉数据深度学习的高性能解决方案，轻松地将计算机视觉和人工智能深度学习推理结合部署到边缘，并快速推出了前沿应用。

在目前的计算机视觉领域，进行研究和应用的方法主要有两类。

- 深度学习的方法（基于 CNN 进行物体检测、目标识别等）。
- 传统的计算机视觉的方法（光栅计算、图像的增强等）。

这两类方法在 OpenVINO 里面都有极其友好的支持，对于传统的计算机视觉的方法，Intel 在 OpenVINO 中将 Media SDK（媒体软件开发工具包）集成进去，使得开发者可以很方便地调用英特尔硬件资源来实现对视频的编码、解码及转码。而在深度学习方面，OpenVINO 包含的深度学习的部署工具套件可以帮助开发者把训练完的模型快速部署到目标平台上进行推理操作。

基于这些设计，Intel 在物联网方面，结合人工智能与自身的硬件优势，利用视觉应用的相关技术，集端到端、智能和高性能于一体，在多个实际领域进行了实际而有效的应用部署。

- 道路交通管理监控。通过使用了 Intel FPGA 和 Movidius VPU 的摄像头捕捉道路数据，并转发给下游的路口管理系统，进行智能化的交通运输规划和优化。再将优化的结果和信息通过云端、边缘端处理和转发给车载系统或将相应的应用传达给司机，方便其进行线路规划。
- 社会公共安全服务。结合相应的算法、框架，采用 OpenVINO 工具包和 Myriad VPU，经过训练的深度神经网络被用在推理识别失踪儿童领域。通过这种技术，城市执法人员和机构在经过相关的数据集训练后，当应用模型匹配到公共场合失踪儿童的脸部时，就能进行即时的通知和报警。

- 工厂自动化。Intel 的视觉应用解决方案能够帮助工厂实现智能化，集成 OT 和 IT，重构工厂的工业业务模式和发展战略，逐渐趋向智能化，其产品的生产将更加自动化、高效化和智能化，极大地缩短产品的上市时间。
- 终端设备视觉。通过 OpenVINO 结合 Intel 硬件，利用人工智能对工业工厂的终端设备的视觉进行增强，使其更精准地部署工厂自动化应用，智能地将摄像头、计算机和算法结合，分析视频信息和图像信息，在边缘端提供指导行为的重要指令和信息。
- 交互式零售。在边缘端使用英特尔 OpenVINO 开发相应解决方案的零售商，对特定客户或客户行为模式进行快速的辨别处理，提供更为个性化、智能化的精准营销。
- 产品运营管理。基于英特尔架构，开发对应的边缘端解决方案，使服务商能够对产品运营、库存管理进行智能化落实，优化供应链，增强定向推销能力，并对产品数据进行更为科学的分析，以便未来制定更好的发展战略决策。

3.7.2　边缘计算与人工智能

想象一下，每次您在街上看到狗或猫并想知道其种类时，都必须跑到当地的图书馆并翻阅百科全书或拍照，然后使用应用或网页进行查询。人类所做的大部分事情都是由大脑处理和执行的，大脑是最直接的计算资源，当其自身的处理能力和内存不足以解决问题时，可以利用位于"更远的地方"的知识，如访问图书馆或在计算机搜索一个未知词等。

相反，大多数移动应用程序、物联网及其他需要与 AI 和机器学习算法配合使用的应用程序都必须依靠位于云端或数千英里之外的数据中心的处理能力。即使你将最喜欢的食物展示给智能冰箱上千次，冰箱也必须在其云服务器中查找到它或推理识别它。这样做虽然速度非常快，比任何人为地浏览产品目录的行为更快，但是它们仍然不具备人类在"边缘"的处理能力。机器学习算法的问题在于它们既需要计算，又需要数据。这限制了可以部署人工智能的环境，这就是雾计算、边缘计算等技术开发和部署的原因——在边缘启用 AI 功能。

1. 边缘 AI

人工智能（AI）和传统行业领域相互促进和融合的趋势越来越显著，这种结合使得各相关行业从根本上变得更加高效，使环境变得更加清洁。人工智能一直在和各种新领域进行结合，迄今为止，媒体、广告、金融和零售等互联且已经高度数字化的行业对人工智能进行了最大程度的利用。毫无疑问，人工智能已经在这些领域创造了很高的价值。

如今，有许多便捷的服务和功能使我们的生活更轻松、更高效。但是，在高速发展的今天，依然有重大和重要的问题摆在我们面前，如何更高效地利用人工智能提高我们的效率和体验。在工业中，主要的解决方案就是在边缘设备中加入人工智能。边缘智能意味着即使是我们周围最小的设备和机器，也可以感知环境，从中学习并对其做出反应。例如，在工业生产中，工厂中的机器可以做出更高级别的决策，自主采取行动，并将重要的缺陷或改进反馈给用户或云。

边缘 AI 意味着 AI 算法在本地的边缘硬件设备上进行处理，使用的是在设备上产生的数据（传感器数据或信号），无须连接即可独立处理数据并做出决策。在本地拥有的计算机或嵌入式系统上运行机器学习算法，而不是在远程服务器上运行。尽管这些算法可能没有那么强大，但我们可以在将数据发送到远程位置进行进一步分析之前对数据进行整理。

边缘 AI 将允许实时操作，包括毫秒级的重要数据的创建、决策和操作。实时操作对于自动驾驶汽车、机器人和许多其他领域至关重要。而对于可穿戴设备而言，降低功耗从而延长电池寿命至关重要。边缘 AI 将减少数据通信的成本，因为它将传输较少的数据，通过在本地处理数据避免将数据流传输和存储到云中的问题。

可以将边缘 AI 看作以下 3 个模块的结合。

- 边缘计算。

  要直接在现场设备上运行边缘 AI 应用程序和算法，需要具备计算和处理能力，以支持机器学习和深度学习。现场设备收集的数据量呈指数级增长：机器学习和深度学习使边缘 AI 应用程序能够更好地实时管理这些数据。这样创建边缘节点，可以在其中存储、处理、过滤数据，然后将其发送到云端，以进行进一步的分析、处理，并与 IT 应用程序进行集成。

- 边缘分析。

  工业自动化和边缘 AI 应用程序需要实时决策。因此，必须在边缘上执行数据分析以对关键问题提供即时响应。Eurotech 使用 Everyware 软件框架（ESF）简化了现场部署的 IoT 网关和计算机上的边缘分析和数据管理。IoT Edge 框架提供了一个用户友好且简化的应用程序开发环境，数字化设备并管理其相关资源，以进行高级分析和数据管理。

- 边缘 Inference 和边缘 Training。

边缘上的设备的期望值一直在增长，数据的数量和质量呈指数级增长，并且对于某些应用程序，要求其必须自动进行处理。边缘 AI 应用程序的一个示例是自动驾驶，它依赖于必须在短时间内处理的高清摄像机，以及 RADARS、LIDARS 和其他高速传感器发出的 TB 级数据。对于汽车和工业环境中的这类应用，使深度学习算法能够直接在边缘执行推理和训练是必备的功能。

而将 AI 和边缘结合也为我们带来了很多的好处，具体如下。

- 降低成本。

使用边缘 AI，由于传输的数据更少，因此可以降低数据通信成本和带宽成本。由于 AI 设备的硬件成本较高，所以在云中执行 AI 处理的成本要昂贵得多。

- 安全。

在安全摄像头、自动驾驶汽车、无人机中使用 AI 时，数据信息安全是人们的一大关注点。使用边缘 AI，无须将大量数据上传到云中就可以在本地处理数据，从而可以避免受到攻击。边缘 AI 的处理时间也非常快，只需几毫秒，从而降低了数据在传输过程中被彻底篡改的风险。此外，边缘 AI 设备还可以包括增强的安全功能，从而使其更加安全。

- 高效性。

与集中式 IoT 模型相比，边缘 AI 设备能够真正快速地处理数据。它们允许实时操作，如数据创建、决策等操作，可以在同一硬件中立即进行处理，从而使其适合在毫秒级的条件下使用，如自动驾驶汽车。

- 方便管理。

边缘 AI 设备是独立的，不需要数据科学家或 AI 开发人员来维护，数据和推理等行为可以通过高度图形化的界面或仪表板自动传送到现场进行监控。

2. 应用

（1）实时目标监控。

在没有边缘 AI 时，安全摄像机仅输出原始视频信号并将该信号连续流传输到云服务器中。这需要将大量视频素材传输到云中，消耗了大量资源，还会给云服务器带来沉重的负担。借助边缘 AI，支持机器学习的智能相机现在可以在本地处理捕获的图像，以识别和跟踪多个物体和人员，并直接在边缘上检测可疑活动。除触发事件外，相机镜头无须再去云服务器，从而减少了带宽的使用。这意味着服务器现在可以轻松地与大量摄像机通信，同时减少了远程处理和内存需求。

（2）自动驾驶汽车。

因为边缘 AI 可以在同一硬件中处理数据，允许进行实时操作，从而使类似自动驾驶汽车的操作成为可能。自动驾驶汽车需要立即处理数据，如识别车辆、交通标志、行人、道路等，以便能够安全操作。借助边缘 AI，自动驾驶汽车能够识别出主控制器所需的所有信息，并立即对其进行处理。

（3）智能音箱。

类似 Google Home、Alexa 和 Apple Homepod 等设备，都使用边缘 AI。唤醒词和短语（如"Hi Siri"）作为机器学习模型被训练，并被本地存储在扬声器上。每当听到唤醒词时，设备将开始侦听您的请求，并将音频数据流传输到远程服务器上，在该服务器中，您可以处理您的完整请求。

（4）智能工厂。

在制造方面，要使工厂自动化以提高效率，无疑需要使用边缘 AI，如从视觉方面检查缺陷、实施对组装机器人的控制等。借助边缘 AI，工厂可以以较低的成本部署 AI 功能，还可以快速处理数据。

## 第 4 章

OpenNESS

边缘计算被公认为一项关键技术，可为广泛的领域提供创新服务，包括运营商、基础架构所有者、技术领导者、应用程序，以及内容提供商、创新者、创业公司等。5G 系统的出现也增加了对边缘计算的关注程度，因为边缘计算技术可以支持许多具有挑战性的 5G 用例，尤其是那些要求高性能的端到端的用户场景。由于处理平台和应用程序非常靠近最终用户，边缘计算带来了低延迟环境和网络带宽方面的显著收益，这也跟 5G 网络的关键优势相吻合。边缘计算的市场潜力巨大，但是，这项技术的实际部署是否成功取决于它的标准化和成熟度。

例如，如何才能提供令人兴奋的 5G 和边缘服务，为服务提供商和企业提供必要的投资回报？怎样才能将数据中心级网络、计算和存储置于边缘？假设您是一名开发人员，创建了一个有前途的应用程序，它有可能为服务提供商或企业带来巨大的业务价值和收入，那么面对不同的网络接入方式（有线、无线、4G/5G）和深奥复杂的网络配置选项，怎样才能让该应用程序可以在云中、任何边缘位置、公共域或私有域、任何云框架或任何服务提供商管理的网络中的任何位置运行？

OpenNESS（开放式网络边缘服务软件，计划更名为 Smart Edge Open）是依据 ETSI MEC 定义的边缘计算体系结构（ETSI_MEC 003）和 5G 网络体系结构（3GPP_23501）的标准进行设计，进而实现的边缘计算开源解决方案。OpenNESS 是基于 Kubernetes 的行业边缘编排框架来实现云原生的、多平台、多访问和多云的架构，更进一步，它超越了这些框架，为应用程序提供了在平台上发布其功能服务的能力，并为其他应用程序提供了订阅这些服务的能力，它还提供了与 LTE、5G、Wi-Fi、有线网络和 API 互操作的体系结构，允许网络编排器和边缘计算控制器配置路由策略，以将数据平面流根据物理位置路由到对应的边缘节点。

OpenNESS 依托以数据为中心的最佳性能基础架构提供了一种简单的方式来抽象化网络的复杂性，帮助成千上万的边缘云开发人员创建了大量 5G 应用程序和边缘服务。OpenNESS 通过网络创新和软件优化，在数据面处理、业务编排、遥测、服务保证、闭环自动化、计算机视觉和推理工作负载等领域使能了多种工作负载。为构建高性能的本地网络或网络边缘平台解决方案提供了所需的灵活性和可伸缩性。OpenNESS 一直与边缘计算广泛而成熟的生态系统进行合作，以确保能以标准化的方式搭建基于 OpenNESS 的硬件和软件边缘平台解决方案，从而为我们的服务提供商和企业带来最大化的投资回报。

2019 年 6 月，OpenNESS 在开源社区发布了第一个版本，其定位为功能强大且灵活的软件工具包，可简化边缘解决方案和应用程序的部署。这个版本引入了软件工具包的基本元素，它基于云原生的设计构建，采用微服务体系架构，可以轻松集成新的 API，实现了对异构平台（FPGA、GPU、VPU、AI 加速器）的支持，采用控制器架构来加载和编排应用程序，以在内部网络或网络边缘进行部署。它旨在支持最佳的网络性能，集成了对 DPDK 的支持，集成了多种硬件加速技术，提供了增强平台意识的服务。OpenNESS 还为 Amazon Greengrass 和百度云提供了云适配器，使云应用程序可以在边缘运行，为推进"云不可知"的崇高目标起到了至关重要的作用。

2019 年 9 月，OpenNESS 发布了第二个版本，开放式虚拟网络和开放式虚拟交换机（OVN／OVS）数据面得以支持。这为边缘平台带来了行业标准的数据面，同时为边缘数据面提供了标准的 SDN 流配置。这个版本支持基于 Intel Movidius 的 HDDL（高密度深度学习）加速器，以改善边缘平台上的推理和图像识别问题，并支持 Open Visual Cloud（OVC）的智慧城市应用程序。这个版本改进了应用程序间的通信，增加了对边缘节点控制器网关的支持，改善了网络路由。

2019 年 12 月，OpenNESS 的第三个版本发布，这个版本增强了客户在 Edge 上快速轻松地部署应用程序和服务的能力，提高了易用性，且提供了更丰富的功能，包括对独立 5GNR 部署的支持及对云原生部署的增强平台意识（EPA）。这个版本还增加了 OpenNESS 体验套件，为 OpenNESS 的定制部署提供了参考依据。

2020 年 3 月发布的第四个 OpenNESS 版本更多地关注对性能增强功能和扩展灵活性的支持。OpenNESS 开始支持 OVN／OVS-DPDK，这是针对内部网络和网络边缘配置高性能数据面的行业领先技术。支持在虚拟机或容器中运行应用程序，大大扩展了可以在 OpenNESS 上运行的应用程序的数量，增强了组件的模块化设计，方便客户选择不同的容器网络接口，也可以在实时和标准 Linux 内核之间进行选择。

2020 年 6 月份，OpenNESS 引入了更多的增强和优化的功能，以充分利用 x86 架构在本地和网络边缘用例中的全部潜力。支持 HDDL PCIe 加速卡，从而在网络边缘引入推理功能。支持 VCAC-A 卡硬件加速，增强端到端视频解码和推理流水线的技术，可用于对象识别、汽车/行人/自行车检测和跟踪等工作负载。支持扩展的数据包过滤器（eBPF），以最小化内核开销，从而减小延迟并提高数据包吞吐率，实现最佳 CPU 利用率。使能了遥测服务收集和监视平台信息，包括监视资源利用率和平台状态的功能，以及将 EPA（增强型平台意识）遥测数据公开给 Kubernetes 的功能。这个版本的 OpenNESS 增加了 Helm 图表的支持，可以更轻松、更快地打包和部署应用程序，同时，Helm 图表使升级到 OpenNESS 工具包的新版本变得更加容易。

针对不同的应用场景，OpenNESS 提供了不同的参考方案，以方便客户化的产品快速落地。OpenNESS 中集成了 FlexRAN 和 5G 参考核心网络，搭建了完整的端到端的 5G 解决方案。OpenNESS 提供了在平台上部署 UPF 和 NGC 控制平面的参考设计，以及为实现高吞吐量用户平面工作负载部署所需的必要的微服务和 Kubernetes 增强功能。OpenNESS 也支持针对工业和制造应用程序的英特尔®Edge Insights 解决方案，支持跨各种节点和平台的数据收集、存储和分析能力。

接下来将会对 OpenNESS 的框架、特性及部署使用等方面进行详细的阐述。

4.1 OpenNESS 体系结构

在详细了解 OpenNESS 的体系结构之前，让我们看一下如何对 OpenNESS 微服务进行布局。OpenNESS 微服务的逻辑布局如图 4-1 所示。

OpenNESS 是一种面向微服务的模块化架构并以 Kubernetes 作为底座，客户可以将其作为整个解决方案或部分解决方案来使用。OpenNESS 主节点由微服务和 Kubernetes 扩展，由增强/优化组件组成，它们提供了配置一个或多个 OpenNESS Edge 节点及在这些节点上运行应用程序服务的功能，如应用程序容器的部署、4G/5G 核心网络的配置等。

OpenNESS Edge 节点包含通常用于发现应用程序服务的 API，由 OpenNESS 边缘应用代理（EAA）微服务提供，支持边缘应用鉴权、服务发现、订阅和通知等功能，可以对应于 ETSI MEC 中的 MP1 接口。

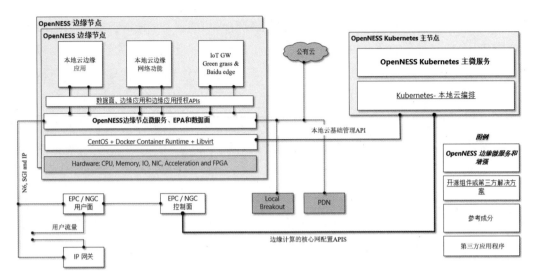

图 4-1　OpenNESS 微服务的逻辑布局

OpenNESS 也提供核心网控制相关的微服务模块，用于对接 4G / 5G 核心网络功能。同时，OpenNESS 提供了参考网络功能（如 UPF）来验证此端到端边缘部署，用于评估和衡量边缘关键绩效指标（KPI）。

OpenNESS 架构如图 4-2 所示。

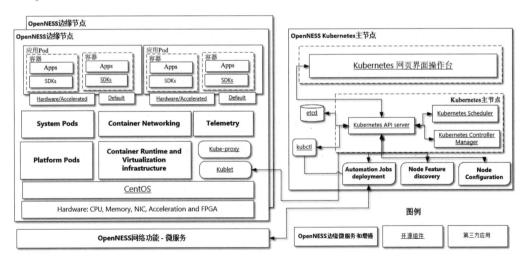

图 4-2　OpenNESS 架构

OpenNESS Kubernetes 主节点由 Kubernetes 主节点组件及 OpenNESS 微服务组成，这些微服务使用 Kubernetes 定义的 API 与 Kubernetes 主节点进行交互。以下是 OpenNESS Kubernetes Master 微服务的高级功能。

- 承载应用程序和网络功能的硬件平台的配置。
- 网络功能（4G、5G、Wi-Fi）的配置。
- 检测边缘集群的各种硬件和软件功能，并用于调度应用程序和网络功能。
- 为应用程序和云原生网络功能（CNF）设置网络和 DNS 策略。
- 支持收集硬件基础架构，软件和应用程序监视。

OpenNESS Edge 节点包括 Kubernetes 节点组件及使用 Kubernetes API 与 Kubernetes 节点交互的 OpenNESS 微服务。以下是 OpenNESS Kubernetes 节点微服务的高级功能。

- 容器运行时（Docker），支持虚拟化基础架构（Libvirt、OVS 等）。
- 平台 Pod 包括为特定部署配置节点的服务，以及为应用程序 Pod 分配硬件资源、检测接口并向主节点报告的设备插件。
- 系统 Pod 由能够向主服务器报告每个节点的硬件和软件功能的服务、用于 Pod 的资源隔离服务及为集群提供 DNS 服务组成。
- Telemenry，包括为边缘节点启用硬件、操作系统、基础结构和应用程序级远程监控的服务。
- 支持低延迟应用程序和网络功能的实时内核，如 4G 和 5G 基站，以及非实时内核。

OpenNESS 网络功能是实现边缘云部署的关键的 4G 和 5G 功能。OpenNESS 在 Intel OpenNESS 发行版中提供了关键的参考网络功能和配置代理。

OpenNESS 解决方案验证了用于边缘应用程序和网络功能的关键软件开发套件的功能和性能。这跨越了使用 Media SDK、AI / ML SDK、Math SDK 等边缘应用程序及使用 DPDK、Intel Performance Primitives、Math SDK、OpenMP、OpenCL 等的网络功能。

OpenNESS 对 Kubernetes 进行了扩展和功能增强，包括增强平台感知、System Pods、Container Networking、Telemetry 子类别等。所有 OpenNESS 微服务均以 Helm 图表的形式提供。

OpenNESS 支持商业现实边缘服务（应用程序）及网络功能。这些应用程序和网络功能是验证 Edge 功能和性能 KPI 的工具。边缘应用程序的子集支持的子集包括 Smart City App、CDN Transcode and Content Delivery App、Edge Insights、gNodeB 和 eNodeB。

4.2　OpenNESS 特性

4.2.1　OpenNESS 5G

3GPP 发布的 Release 15 规范正式引入了边缘计算。通过将应用程序放在离用户更近的位置来向最终用户提供服务，运营商正试图利用这一技术来提供低延迟、以用户为中心的边缘服务。首先我们需要看一下 5G 边缘计算的几个不同场景。

在如图 4-3 所示的场景 A 中，边缘节点托管边缘应用程序，并与基站和 UPF 位于同一位置，如位于同一个电信机房或作为虚拟化网络功能位于同一个硬件平台上。

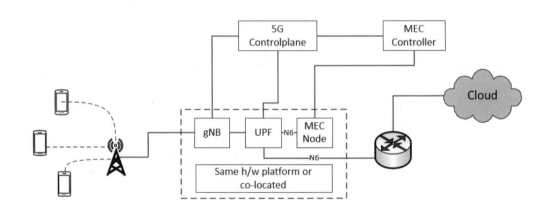

图 4-3　场景 A：基站、UPF 和边缘节点共站

在如图 4-4 所示的场景 B 中，UPF 和边缘节点位于同一位置。

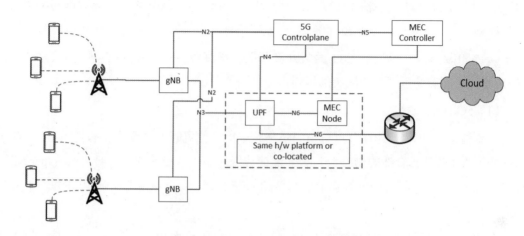

图 4-4　场景 B：UPF 和边缘节点共站

在如图 4-5 所示的场景 C 中，UPF 和边缘节点同处于区域级数据中心。

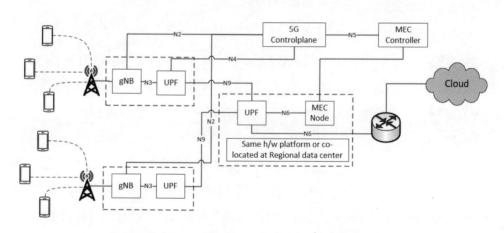

图 4-5　场景 C：UPF 和边缘节点同处于区域级数据中心

值得注意的是，在上述所有情况下，UPF 使用专用的 N6 接口，该接口与承载多个应用程序的每个边缘节点相关联。在某些情况下，UPF 可能具有与边缘节点关联的多个 N6接口（每个应用程序关联一个）。UPF 提供了 5G 网络中的数据面功能，分配正确的 UPF、标识特定应用程序及进行分流控制是将 UE 用户数据路由到边缘应用的关键技术。

3GPP 标准提供了 UPF 选择的参考实现，还为应用功能（AF）定义了一组接口和交互协议，以影响 UPF 的流量路由及 UPF 选择，从而控制 UE 流量分流到边缘数据网络中的应用程序。

OpenNESS 提供了基于 REST 的 API 和相关的微服务，对接 5G 核心网，能很好地支持 5G 边缘计算部署场景，并能解决部署痛点。

（1）5G UPF 选择。

当本地 UPF 和边缘计算节点与 5G RAN 位于同一位置时（如场景 A 和场景 B），5G 核心网需要为 UE 选择合适的 UPF，这样才能让边缘应用提供更好的服务给 UE。OpenNESS 提供 REST 的 API，将与边缘计算节点共址的 UPF 信息（如 TAC、DNN、IP 地址等）提供给 5G 核心网。

在边缘节点部署在区域数据中心（场景 C）的情况下，UPF 的选择由 5G 核心网会话管理功能（SMF）负责，但是，UE 应用业务数据需要由服务 UPF 通过 N9 接口转发到本地 UPF。为了实现此目的，需要配置两个 UPF 流量的规则，以识别适当的 N9 接口和 N6 接口，以使数据流量到达边缘节点上部署的应用程序。

（2）分流控制。

5G 标准公开了多个基于 REST 的 API，定义了网络开放功能 NEF[3GPP TS 23.502]提供给应用功能以制定流量分流规则，使得 UPF 可以识别特定的应用流量。该配置包括数据包流描述（PFD）操作的创建、删除和修改。OpenNESS AF 功能可以支持以上 API。

（3）DNS 服务。

DNS 服务对于 UE 流量到达边缘部署的应用程序至关重要，管理在边缘上运行的应用程序的 DNS 条目具有多个可用选项，并且受所需的部署方案的影响，有以下两个直接选择。

- 使用运营商维护的 DNS 服务器，可以给多个不同位置的边缘节点提供 DNS 服务，缺点是难以动态更新 DNS 数据库，以应对边缘应用部署的动态特性。
- 使用 OpenNESS 边缘节点提供的 DNS 服务，可以为动态部署的应用提供比 DNS 更灵活的动态更新服务，并支持 DNS 转发。

OpenNESS 5G 微服务架构如图 4-6 所示，其中包括以下功能。

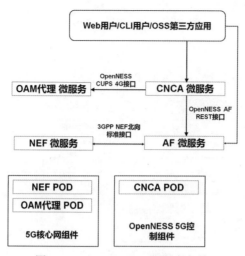

图 4-6　OpenNESS 5G 微服务架构

- 应用功能。

应用功能是用 Golang 开发的 OpenNESS 边缘控制器中的微服务，支持流量影响（Traffic Influnence）订阅和数据包流描述管理功能，以帮助将 UPF 中的特定流量分流到 OpenNESS 边缘节点上部署的应用程序。AF 微服务为管理员及其他用户提供了一个基于北向（NB）REST API 接口的界面和 CLI，当然，这些 NB API 也可以被其他服务模块调用或编排。

- 网络开放功能。

根据 3GPP TS 23.502 中 5.2.6 节的规定，OpenNESS 提供了网络开放功能（Network Exposure Function，NEF）的参考实现，支持流量影响和 PFD 管理，并且提供核心网 Stub 功能，在该模拟环境下，可以使用户在没有核心网的情况下进行边缘平台和应用的集成和验证。

- OAM 接口。

OpenNESS OAM 可以支持添加/更新某些超出标准范围的配置信息，如 UPF 参数的配置、DNS 配置、DNN 配置等。OpenNESS OAM 的使用是可选的，也可以用 5G 核心网现有的 OAM 接口代替。

- 核心网络配置代理（CNCA）。

CNCA 是 OpenNESS 控制器为管理员和其他用户提供的与 5G 核心网络进行交互的接

口。CNCA 提供基于 Web 的 UI 和 CLI（kube-ctl 插件）界面，并可与 AF 和 OAM 微服务进行交互。

OpenNESS 5G 端到端解决方案包括 PFD 配置管理、流量分流影响等流程，如图 4-7 所示，其中，主要步骤为三部分。

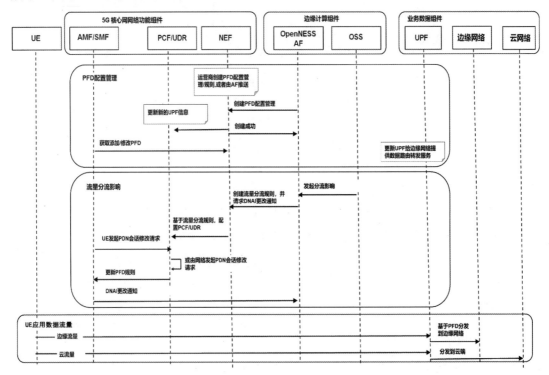

图 4-7　OpenNESS 5G 配置和业务流程图

- PFD 配置管理：AF 对 5G 核心网进行身份验证并注册，然后既可以由 5G 网络运营商创建 PFD 配置文件，也可以由 AF 创建 PFD 配置文件。之后 SMF 从 NEF 获取有关 PFD 的添加/修改的通知，从 NEF 中提取 PFD。
- 流量分流影响：AF 可以（通过 NEF）向 PCF 发送流量影响请求，流量影响请求将由 PCF 或 UDR 根据请求的信息使用，并可以获取 PCF 中创建的 PFD 配置文件。该操作可以由 OSS 或来自 OSS 的外部应用程序触发。AF 通过 Traffic Influence 请求 API 注册 DNAI 更改通知，当位置改变时，UE 可以向 SMF 发起 PDU 会话修改过程。由于 AF 产生了流量影响请求，所以 PCF 可能会向 SMF 发起网络 PDU 会话修改请求。注意，当 5G 网络中部署新的 UPF 或在 UPF 中启动新的 DN 服务时，SMF 也会通过 NEF 向 AF 发出 DNAI 更改通知。

- UE 应用数据流量：UE 发送的应用数据到达本地 UPF，本地 UPF 将数据分流到 OpenNESS 边缘节点。所有其他的应用数据将被发送到其他 UPF 或网关。

OpenNESS 5G 微服务的通信安全支持 OAUTH2，其授权类型为 "client_credentials"，这符合 3GPP TS 33.501 的要求，OpenNESS 5G 授权流程如图 4-8 所示。

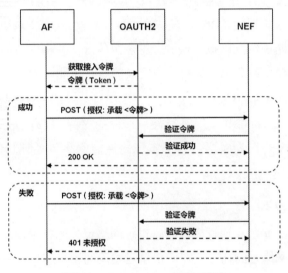

图 4-8　OpenNESS 5G 授权流程

4.2.2　OpenNESS Dataplane

1. NTS 数据层

ETSI MEC 规格强调边缘云应可以部署在 4G 基站与 EPC 之间，OpenNESS 提供的 NTS 是数据层组件，负责将网络流量数据转发给边缘应用（数据层）。NTS 使用 Intel DPDK 技术启动一个 IO 线程，它们的 IO 调用是由 DPDK 使用 poll 模式实现的。poll 是 IO 多路复用的一种模式，原本是系统调用，但当使用内核旁路模式（DPDK）时，poll 则是在内核态实现的调用。使用 NTS 时需要考虑以下几点。

- NTS 主要用于 S1-U 部署方式，通常只用在私有 LTE 的边缘云或部署在运营商的基站机房中，但是业界仍在讨论计费和安全问题。

- NTS 支持纯 IP 网络，但是没有实现 ARP 或网关功能，这意味着 NTS 无法实现二层网络功能与跨网关功能。
- 如果数据源是传统 IP 摄像头，那么需要相应的适配，如 IP 数据报文在 GTP 中的分段问题。

2. 使用 OVN+OVS 作为数据层

SDN 方案将网络数据层分为控制层和转发层，OVS 是 SDN 转发层的一种主流方案，OVN 是以 OVS 作为转发层的 SDN 方案里的一种控制器。OVN 对用户提供易于理解的虚拟网络抽象，如虚拟路由器、虚拟交换机、安全组件等，并将虚拟的网络抽象转化为具体的 Openflow 规则下发到 OVS 上，实现用户定义的网络功能。

OpenNESS 引入 OVN-OVS 作为数据层，实现对主流的 SDN 数据层 OVS 的支持。OpenNESS 使用 Kube-OVN CNI 实现对 OVS+OVN 的支持，同时 OpenNESS 上的多种通信都可以使用 OVN+OVS 作为底层。为了实现高性能网络包处理功能，OpenNESS 支持 OVS-DPDK。

3. 使用 Userspace CNI

众所周知，DPDK 是一种通过内核旁路进行网络优化的技术，大致的原理是将原先由内核网络协议栈处理网络包的任务放在用户自己实现的用户态协议栈中，这样可以减少原先存在的内核/用户态间频繁切换的系统开销，从而提升性能。

Userspace 是 K8s 提供的 CNI 插件，主要用于简化 DPDK 应用的部署，具体来说，这个插件为 Pod 提供开启 DPDK 的以太虚接口，对用户来说发往这个接口的数据包会由用户态的协议栈进行处理，从而获得性能提升。不过要在应用 Pod 中开启 DPDK 接口，还需要满足以下配置要求。

- 在部署 OpenNESS 前指定供 DPDK 使用的巨页内存数量（区分 Controller/Edgenode 节点）。
- 巨页内存要以固定的目录名称指定在 Pod 的 yaml 文件里。
- 以指定名称挂载 DPDK 接口使用的 Socket 文件。

4. 其他 CNI

除上述数据层和 CNI 外,OpenNESS 还支持某些高性能开源 CNI,旨在解决以下问题。

- 高度耦合的容器到容器通信。
- 同一节点上及跨节点的 Pod 对 Pod 通信。

以下是 OpenNESS 支持的 CNI。

- SR-IOV CNI:与 SR-IOV 设备插件一起用于容器 VF 分配的 CNI。
- 用户空间 CNI:CNI 旨在实现用户空间网络(与内核空间网络相对)。
- 绑定 CNI:绑定 CNI 提供了一种用于将多个网络接口聚合为单个逻辑"绑定"接口的方法。
- Multus CNI:CNI,可将多个网络接口附加到 Kubernetes 中的 Pod。
- Weave CNI:Weave Net 创建了一个虚拟网络,该网络将 Docker 容器连接到多个主机上并启用它们的自动发现功能。
- Calico CNI / eBPF:CNI 使用 eBPF 和 IPv4 IPv6 双协议栈支持具有更高性能的应用程序。

总体而言,除了提供 OpenNESS 集群中的应用数据互通,OpenNESS 数据层还提供了对接 4G/5G 网络数据及相应的处理转发功能。

4.2.3 OpenNESS EPA

增强平台感知(Enhanced Platform Awareness,EPA)通过感知和利用可用的硬件加速功能,为 Kurbernetes 提供节点发现功能,检测集群节点的硬件功能,实现硬件平台的功能,配置智能化目标。EPA 功能包括对大页面的支持、NUMA 拓扑感知、CPU 钉选(CPU pinning)、与 OVS-DPDK 的集成、对通过 SR-IOV 的 I/O 直通的支持、HDDL 支持、FPGA 资源分配支持等。

OpenNESS 提供一站式解决方案,已集成关键的 EPA 功能。这些功能可以将应用程序(CDN、AI 推断、视频转码、游戏等)和容器化网络功能(5G RAN DU、CU 和核心网)以最优化的方式部署到边缘。下面就是 OpenNESS 支持的 EPA 特性和微服务的详细介绍。

- 大页面的支持:内存按页面分配给应用程序进程,默认情况下是 4KB 大小的页面。

对于处理较大数据的应用程序来说，TLB 丢失会导致性能下降并增加额外的处理开销。为了解决这个问题，Intel CPU 支持大页面，通常为 2M 和 1G 的大页。这有助于避免 TLB 丢失，从而提升性能。Kubernetes v1.8 中增加了对大页面的支持，使能了发现、调度和分配大页面。OpenNESS 部署默认情况下启用大页面，并在部署脚本中提供变量，用于调整大页面的参数。

- 节点功能发现（NFD）：NFD 是使能 Kubernetes 功能发现的软件，它可以检测 Kubernetes 集群中每个节点上可用的硬件功能，并使用节点标签发布这些功能，如图 4-9 所示。

x86 CPUID 特性（部分列表）

特性名称	描述
ADX	多精度ADX指令扩展
AVX	AVX指令扩展
AVX2	AVX指令扩展2
BMI1	BMI指令集1
BMI2	BMI指令集2

ARM86 CPUID 特性（部分列表）

特性名称	描述
AES	AES加密标准
EVSTRM	事件流特性
FPHP	16bits浮点处理指令
AISMDHP	16bits Asim数据处理指令
ATOMICS	用于BMI的原子指令

Selinux特性

特性名称	描述
Selinux	使能Selinux

存储特性

特性名称	描述
Nonrotationdisk	非Rotation磁盘，如SSD

IOMMU特性

特性名称	描述
使能	内核使能IOMMU

网络特性

特性名称	属性	描述
SR-IOV	能力	支持SR-IOV
	使能	虚拟功能单元使能

内核特性

特性名称	属性	描述
版本	全称	内核版本全称
	主	版本主编号
	次	版本次编号
	修订	版本修订号

图 4-9　OpenNESS NFD 特性示例

用于边缘部署的商用平台产品具有很多功能，当其作为面向云部署集群中的一部分时，检测属于该集群的所有节点上的硬件和软件功能就变得很重要，因为这样可以使工作负载更好地利用节点提供的功能，提供更好的性能并满足服务等级协议（SLA）。

OpenNESS 提供的 NFD 由两部分软件组件组成：主 NFD 负责给 Kubernetes 节点打标签；副 NFD 会检测节点的硬件和软件功能，并将其传送给主 NFD，副 NFD 的一个实例应在集群的每个节点上运行。

使用时，NFD 自动运行，不需要任何用户操作即可从节点收集到功能，可以通过命令显示发现的并标记在 Kubernetes 中的功能。

```
kubectl get no -o json | jq '.items[].metadata.labels'
```

- CMK - CPU Manager for Kubernetes：在多核平台上，对延迟敏感且有高吞吐量的应用程序和网络功能需要考虑确定性计算的挑战。

为了实现确定性计算，分配专用资源很重要，专用资源可以避免其他应用程序的干扰。在云平台上部署时，应用程序将作为 Pod 部署，CPU 管理器允许将 Pod 调配到专用内核中，如图 4-10 所示。

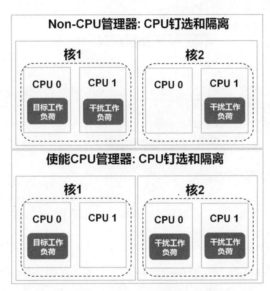

图 4-10　OpenNESS CMK 示例

OpenNESS 部署脚本通过提供变量来调整 CPU 管理器配置：

```
# CMK - Number of cores in exclusive pool
cmk_num_exclusive_cores: "4"
# CMK - Number of cores in shared pool
cmk_num_shared_cores: "1"
# CMK - Comma separated list of nodes' hostnames
cmk_host_list: "node01,node02"
```

- 英特尔资源管理后台程序（RMD）：使用英特尔 RDT 技术来实现应用程序容器的缓存分配和内存带宽分配。这是在云平台上实现资源隔离和确定性计算的关键技术。

OpenNESS 20.06 版本开始支持缓存分配及监控。通过这些功能,用户可以在 OpenNESS 平台上为容器分配满足数量要求的缓存。

OpenNESS 部署脚本中提供了变量开关使能该功能。

- 拓扑管理器(Topology Manager):该组件允许用户按 NUMA 节点调整其 CPU 和外设的分配。

高清视频流处理和分析的应用程序对计算、内存和网络性能非常敏感。如果没有拓扑管理器,分析应用程序可能会被部署在 NUMA 1 上,然而网络设备位于 NUMA 2 上。这会导致性能下降和不可靠,如图 4-11 所示。

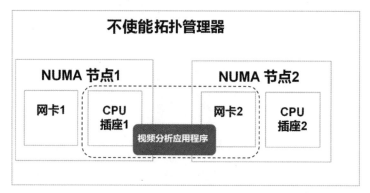

图 4-11 不使能拓扑管理器的应用程序部署示例

OpenNESS 默认将拓扑管理策略设置为 best-effort。用户可以通过脚本变量将其修改为 none、best-effort、restricted 或 single-numa-node。通过该管理策略,应用可以和网卡设备部署在同一个 NUMA 节点上,如图 4-12 所示。

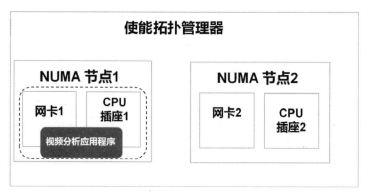

图 4-12　使能拓扑管理器的应用程序部署示例

要使用拓扑管理器，必须创建具有保证的 QoS 类的 Pod：

```
kind: PodapiVersion: v1
metadata:
name: examplePodspec:
containers:
 - name: example
image: alpine
command: ["/bin/sh", "-ec", "while :; do echo '.'; sleep 5 ; done"]        resources:
limits:
cpu: "8"
 memory: "500Mi"
requests:
cpu: "8"
 memory: "500Mi"
```

通过检查 Kubelet 的日志（Journalctl -Xeu Kubelet），获取容器部署和指定的亲和性信息。

- 高密度深度学习（HDDL）加速卡软件：该软件使得基于 OpenVINO 的 AI 应用程序
  能够在英特尔 VPU 上运行。与通常的 GPU 相比，英特尔 VPU 可以使用更少的能耗
  实现对物体的面部识别和机器学习功能。

如图 4-13 所示，HDDL 加速卡由 VPU 设备插件和 HDDL 服务程序组成。HDDL 服务
程序负责管理 VPU 和调度推断任务给各个 VPU，设备插件负责将 VPU 资源情况发布给
Kubernetes。

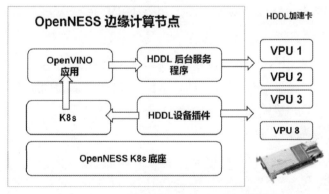

图 4-13　OpenNESS 和 HDDL 加速卡集成架构

- 英特尔视觉计算加速-分析（VCAC-A）加速卡软件：该软件使基于 OpenVINO 的 AI 应用程序和媒体应用程序能够在 Intel Visual Compute 卡上运行。它由 VPU 设备插件、GPU 设备插件、负责调度 VPU 任务的服务程序组成。
- FPGA / eASIC / NIC：包括应用程序 AI 推断、网卡高性能处理、低延迟数据包预处理、eNB / gNB 等网络功能中的前向纠错编码（FEC）卸载处理。
- KubeVirt：支持以 VM 模式运行应用程序，以及将 SR-IOV 以太网接口分配给 VM。

4.2.4　Telemetry

边缘构建者需要一个综合的远程监控框架，该框架将应用远程监控、硬件远程监控和事件相结合，以创建跨边缘集群的热图，并使 Orchestrator 能够制定调度决策。OpenNESS 支持行业领先的云原生远程监控和监视框架。

- Prometheus / Grafana：提供监视系统和时间序列数据库的云原生行业标准框架。
- Telegraf Cloud：本机行业标准代理，用于收集、处理、汇总和编写指标。
- Open Telemetry：开放共识、开放跟踪的 CNCF 项目，提供从服务捕获远程监控所需的库、代理和其他组件，以便更好地观察、管理和调试它们。

支持的硬件相关指标如下。

- CPU：支持的指标有 cpu、cpufreq、负载、大页面、intel_pmu、intel_rdt、ipmi。
- 数据面：支持的指标有 ovs_stats 和 ovs_pmd_stats。
- 加速器：FPGA–PAC-N3000、VCAC-A、HDDL-R、eASIC、GPU 和 NIC 支持的指标。

OpenNESS 还提供使用 Telemetry 进行应用部署和迁移的实例，该实例使用了 Intel TAS（Telemetry Awareness Scheduler）开源项目。TAS 是 Kubernetes 的附加组件，它获取平台指标并根据运营商定义的策略做出智能调度决策。TAS 可用于在运行前基于最新平台 Telemetry 将工作负载定向到特定节点。

Telemetry 在 VCAC-A VPU 的运用中的 TAS 策略文件如下所示。

```
apiVersion: telemetry.intel.com/v1alpha1
kind: TASPolicy
metadata:
  name: vpu-policy
```

```
   namespace: default
spec:
 strategies:
   deschedule:
    rules:
    - metricname: vpu_device_thermal## normaly 45-85℃
      operator: GreaterThan
      target: 60
   dontschedule:
    rules:
    - metricname: vpu_device_memory ## normaly
      operator: GreaterThan
      target: 50
    - metricname: vpu_device_utilization ## average utilization
      operator: GreaterThan
      target: 50
   scheduleonmetric:
    rules:
    - metricname: vpu_device_utilization
      operator: LessThan
```

TAS 通过以下 3 种方式修改了放置决策：过滤、优先级排序和取消调度。

- 过滤加强了 Telemetry 驱动的规则，并从候选列表中删除了破坏这些规则的节点。VPU 过滤规则的一个示例是：如果 vpu_device_utilization 的容量大于 50％，或者 vpu_device_memory 的容量大于 50％，则不要在节点上进行调度。

- 优先级排序基于 Telemetry 规则对候选节点进行适当的排序。优先级排序示例为：在 vpu_device_utilization 指标最低的节点上调度工作负载。

- 取消调度会主动从其主机中删除工作负载，从而将其放置在更合适的主机上。一个调度规则的示例是：如果 vpu_device_thermal 的温度大于 60℃，则调度工作量，告诉该节点不适合正在运行的工作负载，应将其删除并重新安排。

在如图 4-14 所示的工作负载部署中，工作负载 Pod 已计划到工作节点#3。

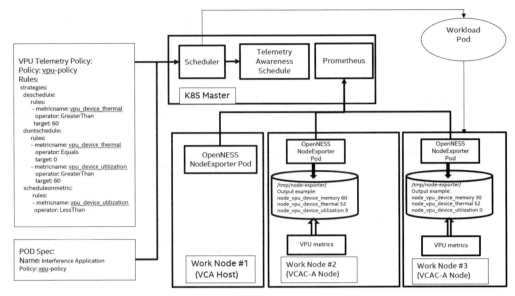

图 4-14 工作负载部署

如下为 Work Load Pod 的 yaml 文件：

```yaml
apiVersion: batch/v1
kind: Job
metadata:
  name: intelvpu-demo-tas
  labels:
    app: intelvpu-demo-tas
spec:
  template:
    metadata:
      labels:
        jobgroup: intelvpu-demo-tas
        telemetry-policy: vpu-policy
    spec:
      schedulerName: tas-scheduler
      restartPolicy: Never
      containers:
      -
        name: intelvpu-demo-job-2
        image: ubuntu-demo-openvino
        imagePullPolicy: IfNotPresent
        command: [ "/do_classification.sh" ]
        resources:
```

```
        limits:
          vpu.intel.com/hddl: 1
    affinity:
      nodeAffinity:
       requiredDuringSchedulingIgnoredDuringExecution:
        nodeSelectorTerms:
          - matchExpressions:
             - key: vpu-policy
               operator: NotIn
               values:
                 - violating
```

4.3　OpenNESS 支持的软件开发套件

OpenNESS 支持领先的 SDK，用于边缘服务（应用程序）和网络功能开发。作为 OpenNESS 开发的一部分，使用这些 SDK 开发的应用程序已经过优化，这是为了确保当客户使用这些 SDK 开发应用程序时，这些 SDK 可以实现最佳性能。

- OpenVINO SDK：OpenVINO 工具包由多种英特尔工具组成，这些工具可以协同工作以提供完整的计算机视觉管道解决方案，该解决方案在英特尔架构上进行了优化。这里将重点介绍该工具箱的英特尔媒体 SDK。英特尔媒体 SDK 是用于特定视频处理操作的高级 API：用于解码、处理和编码。它支持 H.265、H.264、MPEG-2 和更多编/解码器，可用于调整大小、缩放、解交织、颜色转换、降噪、锐化等。英特尔媒体 SDK 在后台运行，以利用英特尔架构上的硬件加速并适配每个单独硬件平台的优化软件后备功能。因此，开发人员无须在平台之间更改代码，可以将更多的精力放在应用程序本身上，而不是硬件优化上。

- 英特尔媒体 SDK：SDK 用于开发具有最新库、工具和示例的视频应用程序。它们都可以通过一个 API 进行访问，该 API 支持硬件加速以进行快速的视频转码、图像处理和媒体工作流程。应用程序开发人员访问 GPU 媒体处理功能的两个主要途径是 Intel Media SDK 和 Intel SDK for OpenCL Applications。

- DPDK：DPDK 是数据面开发套件，它由多个库组成，可加快运行在各种 CPU 体系结构上的数据包处理工作。

- Intel IPP：英特尔集成性能基元是一个即用型、领域特定的功能扩展库，针对各种英特尔架构进行了高度优化。

- Intel MKL：英特尔数学内核库以最小的代价优化代码，以供下一代英特尔处理器使用。它能与您选择的编译器、语言、操作系统、链接和线程模型兼容。

4.4　OpenNESS 部署和使用

4.4.1　OEK

OEK（OpenNESS Experience Kits）为云和物联网开发者提供了一个易于使用的体验工具包。它包含一系列的 Ansible 脚本，方便自动部署服务和应用，支持两种模式：网络边缘（Network Edge）模式和内部（On-Premise）模式。

OpenNess 的快速部署分为 3 个步骤，下面以网络边缘模式为例进行介绍。

（1）完成准备工作，必须要满足一些先决条件：如在需要部署产品的主机上安装 CentOS 操作系统；Edge 主机（K8s 主机）和 Edge 节点（K8s worker）必须要设置合适的、除 Localhost 外的、唯一的主机名，并且在/etc/hosts 中填写这个主机名；在各个主机之间建立 SSH 秘钥；设置正确的代理信息（非必要）；如果需要使用 GitHub 上的私有代码库，应设置正确的 GitHub 口令；Edge 主机和节点之间的时间需要同步，可以通过 NTP 客户端设置，也可以手动设置；需要配置 Ansible 库等。

（2）熟悉 OpenNess 支持的特性以便根据需要选择相应的特性。

（3）执行 Ansible playbook 的脚本（./deploy_ne.sh），完成 OpenNess 的部署。Network Edge 部署和删除都是通过 Ansible 的脚本进行的，这些脚本都运行在 Ansible 主机上，这个机器可以是单独的主机，也可以和 Edge 的控制机共用一个主机。在运行部署脚本之前要先配置 inventory.ini 文件，修改边缘主机和边缘节点的 IP 信息，以及其边缘节点的分组信息等。

Ansible 脚本的命令语法是 action_mode.sh[-f flaver] [group]：

```
deploy_ne.sh [-f flavor] [ controller | nodes ]
cleanup_ne.sh [-f flavor] [ controller | nodes ]
```

其中，"action" 指的是命令的行为，包含部署（Deploy）和清除（Cleanup）；"mode" 指的是模式，分为网络边缘（Network Edge：ne）模式和内部（On Premise：onprem）模式；"flaver" 指的是部署的风格，分为最小化（Minimal）风格、vRAN 负载（FlexRAN）风格、视频分析（Media Analytics）风格和利用 VCAC 加速卡的视频分析（Media Analytics VCA）风格，

默认使用最小化风格。

以上两个脚本分别用来部署和清除 OpenNess 的网络边缘模式。deploy_ne.sh 用来部署，cleanup_ne.sh 用来清除部署。参数 Controller 和 Node 指出要部署或清除控制机还是节点。进行第一次部署的时候，控制机必须先于节点运行。在初次安装的时候，主机可能会重启，重启之后，再次执行 deploy_ne.sh 即可。当部署发生错误需要修正的时候，可以运行 cleanup_ne.sh 来清除已经部署的模块，然后重新执行部署脚本 deploy_ne.sh。cleanup_ne.sh 不会清除所有部署过的模块，如 DPDK 或 Go 语言模块。network_edge.yml 和 network_edge_cleanup.yml 文件包含网络边缘模式的各个功能模块，可以通过使能/去使能 group_vars/all/10-default.yml 文件中的变量来定制上述两个文件中支持的功能模块。network_edge_cleanup.yml 的作用是恢复 network_edge.yml 所做的更改。通过按相反的顺序逐步执行并撤销这些步骤可以恢复原状态。

OpenNESS 的网络边缘模式还支持增强平台 EPA（Enhanced Platform Awareness）功能；支持使用虚拟机；支持单机部署；支持应用程序的快速部署等。可以参考相应的官方文档，下面将通过例子具体说明应用程序的部署。

4.4.2 应用

应用程序是通过 kubernetes kubectl 命令行，从边缘控制器部署到集群中的边缘节点上的。下面我们通过一个例子演示应用程序的部署，并验证 OpenNESS 网络边缘模式的节点应用程序代理 EAA（Edge Application Agent）的功能。

首先，我们要完成 OpenNESS 的安装。

然后，拉取或编译应用程序的镜像文件。应用程序的镜像文件可以从外部 Docker 存储库（Docker Hub）导入，或在本地构建 Docker 映像，该映像必须位于即将部署应用程序的边缘节点上。

OpenNESS 的 edgeapps 存储库提供了应用程序的例子。我们将存储库拉到边缘节点以构建映像，以 sample-app 为例。

要编译示例程序的二进制文件和 Docker 镜像，需在边缘节点的以下路径执行 make 和 make build-docker 命令：

```
$downloaddir/edgeapps/applications/sample-app
```

可以通过以下命令查看是否编译成功:

```
docker images | grep producer
docker images | grep consumer
```

第三,要应用网络策略。Kubernetes 网络策略是一种可以控制 Pod 彼此间的通信及 Pod 和其他网络节点间的通信的机制。默认情况下,在网络边缘环境中,所有入口流量都会被阻止,已经部署的应用程序内的部分服务是不能被访问的,所有的出口流量还是开启的,Pod 可以对外访问网络。所以我们要创建一个 sample_policy.yml 文件建立网络策略,从而允许外部访问我们的示例应用程序:

```
apiVersion: networking.k8s.io/v1
kind: NetworkPolicy
metadata:
  name: eaa-prod-cons-policy
  namespace: default
spec:
  podSelector: {}
  policyTypes:
  - Ingress
  ingress:
  - from:
    - ipBlock:
        cidr: 10.16.0.0/16
    ports:
    - protocol: TCP
      port: 80
    - protocol: TCP
      port: 443
```

应用这个网络策略:

```
    kubectl apply -f sample_policy.yml
```

最后,部署 consumer 和 producer 示例应用程序。producer 应用程序必须先于 consumer 程序部署,并且间隔不要太长。

要部署 producer 应用程序,我们先要创建一个 sample_producer.yml 的 Pod 说明文件:

```
apiVersion: apps/v1
kind: Deployment
metadata:
  name: producer
spec:
```

```
    replicas: 1
    selector:
      matchLabels:
        app: producer
    template:
      metadata:
        labels:
          app: producer
      spec:
        tolerations:
        - key: node-role.kube-ovn/master
          effect: NoSchedule
        containers:
        - name: producer
          image: producer:1.0
          imagePullPolicy: Never
          ports:
          - containerPort: 80
          - containerPort: 443
```

创建 producer 应用程序的 Pod，并检查 Pod 是否已经运行：

```
kubectl create -f sample_producer.yml
kubectl get pods | grep producer
```

查看 producer 应用程序的日志，并检查结果是否符合预期。

```
kubectl logs <producer_pod_name> -f
```

预期结果：

```
The Example Producer eaa.openness   [[ExampleNotification 1.0.0 Description
forEvent #1 by Example Producer}]}]}
Sending notification
```

检查 EAA 的日志结果：

```
kubectl logs <eaa_pod_name> -f -n openness
```

预期结果：

```
RequestCredentials  request from CN: ExampleNamespace:ExampleProducerAppID,
from IP: <IP_ADDRESS> properly handled
```

部署 consumer 应用程序，可以参考应用程序 producer。

创建 consumer 应用程序的 Pod，并检查 Pod 是否已经运行：

```
kubectl  create -f sample_consumer.yml
```

```
kubectl get pods | grep consumer
```

查看 consumer 应用程序的日志，并检查结果是否符合预期。

```
kubectl logs <consumer_pod_name> -f
```

预期结果：

```
Received notification
```

检查 EAA 的日志：

```
kubectl logs <eaa_pod_name> -f
```

预期结果：

```
RequestCredentials request from CN: ExampleNamespace:ExampleConsumerAppID, from
IP: <IP_ADDRESS> properly handled
```

4.4.3　容器化网络功能

OpenNESS 的 edgeapp 库里不仅包含示例的应用程序，还包含对 4G、5G、有线和 IP 边缘部署至关重要的网络功能。它们包括 RAN、Core 等，具体取决于部署情况。并非所有的网络功能都会以源代码或运行时的格式被提供。其目的是向客户提供基本的部署规范（Dockerfile、Pod 规范、Libvirt Xml 等），说明如何开放性验证给定的 4G、5G、有线或 IP 边缘部署。网络功能可以是容器网络功能 CNF 或基于虚拟机的 VNF。

例如，OpenNESS 支持 5G 用户平面功能 UPF（The User Plane Function）的部署。在 edgeapps 库的/network-functions/core-network/5G/UPF 目录下，提供了 4 个文件：5g-upf.yaml、Dockerfile、build_image.sh、run_upf.sh。

首先在边缘节点上通过执行./build_images.sh 编译 Docker 镜像文件，并检查编译结果，具体如下：

```
ne-node# ./build_image.sh
ne-node# docker image ls | grep upf
upf-cnf     1.0             e0ce467c13d0            15 hours ago        490MB
```

UPF 的配置可以通过 Helm 图表进行，/core-network/charts/upf 下有可供参考的 Helm 图表文件。

然后检查启动 UPF 需要满足的系统条件，如确保所有 EPA 微服务和增强功能都已经部署完毕，确保 Multus、SR-IOV CNI 和 SR-IOV 设备插件 Pods 在控制器和节点上是活动的。

另外，在节点上，接口服务 Pod 应该是活动的，以确保主机上创建了对应节点上的接口的 VFI（Virtual Functions Interfaces）。在节点上要使能 vfio-pci/igb-uio 驱动等，具体信息可以参考官方文档。

最后启动 UPF。我们使用 Helm 图表在控制器上进行部署，命令格式如下：

```
helm install <pod 名称> <upf helm chart 的路径> <配置参数列表>
helm install upf-cnf ./upf/ --set image.repository=upf-cnf --set node.name=ne-node
--set node.path=/root/upf --set upf.vf_if_name=VirtualFunctionEthernetaf/a/0 --set
upf.pci_bus_addr=0000:af:0a.1 --set upf.uio_driver=igb_uio --set upf.huge_memory=6G
--set upf.main_core=2 --set upf.worker_cores="3\,4" --set upf.pfcp_thread.cores=5
--set upf.pfcp_thread.count=2 --set upf.n3_addr=192.179.120.180/24  --set upf.n4_
addr=192.179.120.180 --set upf.n6_addr=192.179.120.180/24 --set upf.n6_gw_addr=192.
168.1.180 --set hugePageSize=hugepages-1Gi --set hugePageAmount=4Gi
```

验证 UPF Pod 是否已经启动：

```
ne-controller# kubectl get pod
NAME            READY    STATUS     RESTARTS    AGE
upf-cnf         1/1      Running    0           6d19h
```

UPF Pod 启动后可以进入 Pod 内部启动 UPF：

```
ne-controller# kubectl exec -it upf-cnf -- /bin/bash
upf-cnf# groupadd vpp
upf-cnf# ./run_upf.sh
```

4.4.4　OpenNESS Cloud Adapters

OpenNESS 受到 ETSI 多路接入边缘计算标准定义的边缘计算架构及 5G 网络架构的启发，可轻松编排跨各种网络平台的边缘服务，还可以使能多云环境中的接入技术。图 4-15 所示为 OpenNESS 的高级体系架构。

某些商业云服务提供商（CSP），如 Amazon，具有在其云外部的边缘平台上运行云应用程序的能力。对于 AWS，此功能由 Greengrass 产品提供。在 Greengrass 中，名为 Greengrass Core 的云连接器组件已移植到边缘平台，并与 AWS 云互操作，以允许云在边缘平台上部署和配置云应用程序。

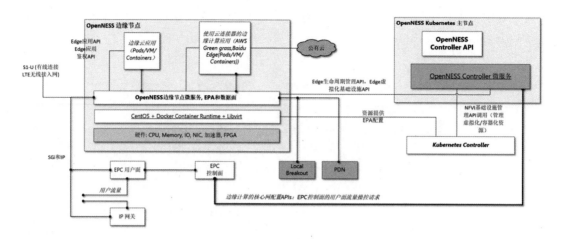

图 4-15　OpenNESS 的高级体系架构

OpenNESS 也可以与作为边缘物联网网关的百度云连接器——OpenEdge 集成（现在百度更名该项目为 baetyl，与百度边缘管理仪表板一起，整个百度边缘解决方案称为 Baidu IntelliEdge）。

1. OpenNESS 与 AWS Greengrass 的集成

图 4-16 展示了一个由 AWS Greengrass 和 OpenNESS 平台组成的系统。在这种体系结构中，Greengrass Core 在 OpenNESS 边缘节点上作为边缘应用程序运行，它在 AWS Cloud 的网络接口上被作为一个 Docker 容器来部署。Greengrass Core 使用边缘节点的服务来支持云应用程序，这些服务在边缘节点上作为边缘应用程序运行。

从 AWS 云的角度来看，Greengrass Core 和这些应用程序是符合 Greengrass 规范并在外部系统上运行的组件。通常，Greengrass Core 可以在其内部运行 Lambda。Greengrass Core 和 lambda 配置了来自外部设备的端口，OpenNESS 数据面将流量导向这些端口。

从 OpenNESS 的角度来看，Greengrass Core 是由边缘平台管理的边缘服务。

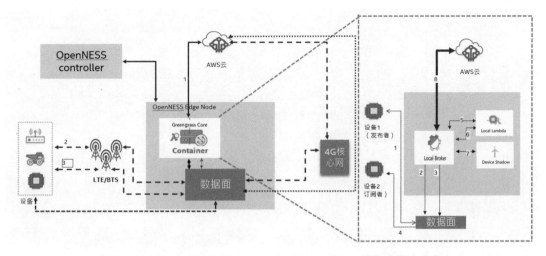

图 4-16　Amazon 的 AWS Greengrass 和 OpenNESS 的集成解决方案

下面我们大体介绍一下如何在 Docker 容器中的 OpenNESS 上设置和运行 AWS Greengrass。

（1）从 AWS 上下载 Dockerfile。

AWS 提供了 Dockerfile 和 Docker 映像，以使能在 Docker 容器中运行 AWS IoT Greengrass，AWS IoT Greengrass Developer Guide 中提供了下载和使用过程。

在 AWS IoT Greengrass Developer Guide 的 gg-docker-download 中找到并下载 Docker 软件包。

（2）配置 AWS IoT Greengrass。

配置 AWS IoT Greengrass 到 AWS IoT Greengrass Developer Guide 的"Configure AWS IoT Greengrass on AWS IoT"部分，遵循该指南，直到以 tar.gz 的形式下载和存储好 Core 的安全资源，并将其内容解压缩到与 Dockerfile 相同的目录中。

（3）修改 Dockerfile 和 docker-compose 文件。

在执行下一步之前，先修改 Dockerfile 和 docker-compose.yml 文件。

在 Dockerfile 中添加以下部分。

```
# Copy certs files
COPY "./certs/*" /greengrass/certs/
COPY "./config/*" /greengrass/config/
```

```
RUN chmod 444 /greengrass/config/config.json
在 docker-compose.yml 用# 注释掉如下内容:
#   volumes:
#     - ./certs:/greengrass/certs
#     - ./config:/greengrass/config
#     - ./deployment:/greengrass/ggc/deployment
#     - ./log:/greengrass/ggc/var/log
```

（4）使用证书构建 Docker 容器映像。

到包含 Dockerfile 的文件夹下运行如下命令:

```
docker-compose up --build -d
```

接着修改容器镜像:

```
docker commit aws-iot-greengrass aws-iot-greengrass
```

然后保存修改了的容器镜像到相应的文件:

```
docker save aws-iot-greengrass > aws-iot-greengrass.tar.gz
```

现在依据 Controller User Guide 部署 aws-iot-greengrass.tar.gz 到 OpenNESS。

由 OpenNESS Controller 运行 Greengrass 容器后，遵循 AWS IoT Greengrass Developer Guide 中的相关步骤进行设置和部署。

2. OpenNESS 和百度 OpenEdge 的集成

OpenNESS 和百度 OpenEdge 的集成架构如图 4-17 所示。

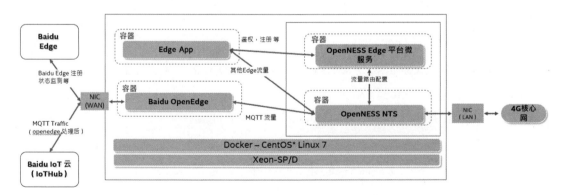

图 4-17　OpenEdge 和百度 OpenNESS 的集成架构

OpenNESS Edge 平台支持 Cloud Native 基础设施，百度 OpenEdge 和其他边缘应用程序可以作为单独的容器运行。OpenNESS NTS 将根据流量路由配置向应用程序发送数据流量或从应用程序接收数据流量。

OpenEdge 可以充当以下两种类型的应用程序。

- 生产者：为 Edge 平台上的其他应用程序提供服务，这需要 OpenEdge 和 OpenNESS 之间的控制路径以进行 EAA 交互。
- 消费者：消耗终端用户的流量，并且可以选择性地从同一个边缘平台上的生产者应用程序获取服务（如果需要从其他边缘应用程序获取服务，则需要使用控制路径进行身份验证，并在 OpenNESS 中注册）。

在此部署中，OpenEdge 被视为纯消费者应用程序，而且不需要从其他边缘应用程序中获取服务。因此，在集成体系架构图中没有控制路径。

端到端示例框图如图 4-18 所示，此为物联网的工业应用。它由以下元素和相关的 IoT 数据处理组成。

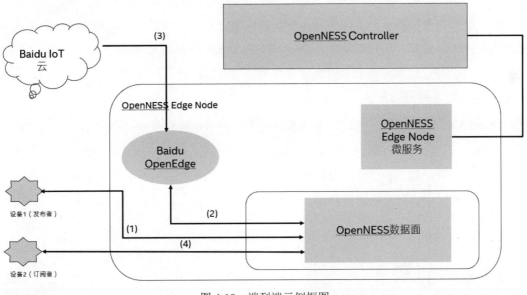

图 4-18　端到端示例框图

- 两个 MQTT 设备分别作为发布者和订阅者，可以使用 MQTT 客户端软件来模拟两个 MQTT 设备。
- OpenNESS 控制器：OpenNESS 控制器执行管理和策略配置。对于此示例，控制器将配置流量规则，以通过 OpenNESS 将 MQTT IoT 流量路由到百度 OpenEdge。
- 百度 OpenEdge：作为 OpenNESS 的一部分，百度 OpenEdge 应用被部署为纯消费者应用，而没有使用边缘节点上的其他生产者应用的任何服务。因此，百度 OpenEdge 应用无须调用 EAA API。该 OpenEdge 应用程序将通过 OpenNESS 数据面处理往返 MQTT 设备的数据流量。
- 物联网 MQTT 数据面处理：①设备 1 通过使用 MQTT 协议发布其状态数据。② OpenNESS 平台根据流量规则将流量转发到百度 OpenEdge，百度 OpenEdge 将执行本地计算和数据过滤。③根据主题配置，百度 OpenEdge 将数据发送到百度云。④百度 OpenEdge 还将消息转发给设备 2 的订阅者。

4.5 智慧城市应用程序在 OpenNESS 上的应用

智慧城市参考用例展示了如何将各种媒体构建块（包括 SVT）与由 OpenVINO Toolkit 支持的分析进行集成。该例利用了 OpenNESS、Open Visual Cloud 和 OpenVINO 的功能。开发人员可以参考此智慧城市示例来缓解应用程序开发的挑战。这个示例可以实时分析来自 IP 摄像头的实时视频。

OpenNESS 提供了基础网络边缘的基础架构，该基础架构由 3 个边缘节点组成（托管三个 Smart City Regional Offices）。利用 Open Visual Cloud 软件堆栈在网络边缘节点上执行媒体处理和分析，以减少延迟。分析的数据被汇总到云中，以进行额外的后处理（如计算统计数据）和显示，智慧城市架构如图 4-19 所示。

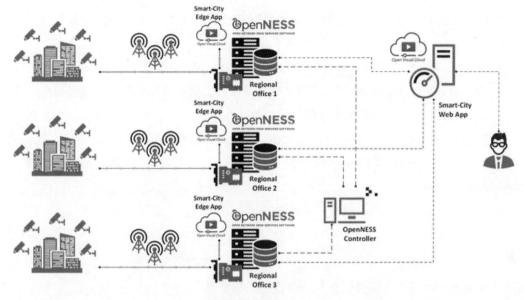

图 4-19　智慧城市架构

Open Visual Cloud 为各种目标 Visual Cloud 用例提供了一组预定义的参考 Pipeline。这些参考 Pipeline 是基于跨四个核心构建块（编码、解码、推理和渲染）的优化的开源成分，这些核心构建块用于提供可视化云服务。

图 4-20 所示为智慧城市模块图。

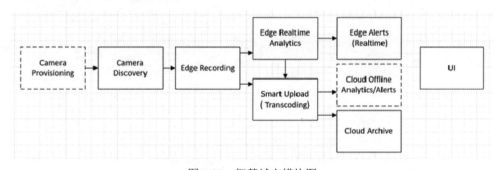

图 4-20　智慧城市模块图

智慧城市样本包括以下几个主要构建块。

- Camera Provisioning：标记并校准摄像头以获取安装位置、校准参数和其他使用方式的相关信息。

- Camera Discovery：在指定的 IP 块上发现并注册 IP 摄像头。注册的摄像头会自动参与分析活动。其他详细信息请参见传感器自述文件。
- Edge Recording：记录和管理的摄像片段，以供预览或查看（以便以后使用）。
- Edge Realtime Analytics：对实时/录制的摄像头数据流进行分析。对延迟敏感的分析在 Edge 上执行，而其他分析则在云上执行。
- Triggers and Alerts：管理分析数据的触发器。响应触发的警报。
- Smart Upload and Archive：仅将关键数据转码并上传到云上，以进行存档或进一步的脱机分析。
- Stats：计算统计数据，以便对分析数据进行计划和监视。
- UI：向用户、管理员和城市规划人员展示以上数据。

图 4-21 所示为智慧城市数据中心设计图，每个构件都被实现为一个或一组容器服务，可以从数据库中查询这些容器服务并存储数据到数据库中。

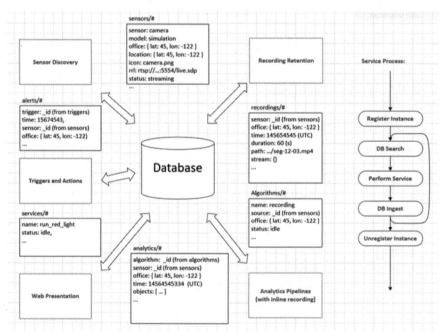

图 4-21　智慧城市数据中心设计图

例如，在启动分析服务时，会在数据库中查询可用的摄像头及其服务 URI。然后，将分析服务连接到摄像头上并分析摄像头的输入。生成的分析数据将存储到数据库中，以进行后续处理，如触发警报和操作。

智慧城市应用程序可以通过 OpenNESS 网络边缘架构进行部署，该架构需要适配应用程序微服务，以匹配电信网络的分布式性质。应用程序微服务跨以下子网部署。

- Cloud：操作界面（UI）和数据库主机在云中运行，其中，UI 显示活动办公室的摘要视图，数据库主机协调数据库的请求。
- Office：大多数处理逻辑（多个容器）和本地数据库位于区域办公室。服务包括摄像头发现、对象检测及其他维护任务（如清理和运行状况检查），可以部署多个办公室。
- Camera：一组摄像头，这些摄像头可能通过无线网络连接，托管在其他摄像头网络上。

将三个边缘节点（代表三个区域办事处）连接到 OpenNESS 控制器上。这三个节点还能连接到公共云/私有云上。以下是使用 OpenNESS 部署应用程序所涉及的典型步骤。

- OpenNESS 控制器会注册三个 Edge 节点。
- 每个 Edge 节点都会发送接口配置请求。
- OpenNESS 控制器为每个节点配置接口策略。
- OpenNESS 控制器将智慧城市 VM 部署到每个边缘节点上。
- OpenNESS 控制器为每个节点上的应用程序配置 DNS 和流量策略。
- 智慧城市 VM 在边缘节点上启动，并启动智慧城市办公服务。

启动智慧城市办公室时，办公室将执行以下启动步骤。

- 首先将办公室注册到云数据库中。随后显示任何特定于办公室的数据（如系统工作量或任何录像的缩略图）的任何 Web 请求都将被重定向回办公室。
- 使用 ONVIF 协议在摄像机网络上发现可用的摄像头。摄像头服务 URI 将存储到数据库中。
- 分析服务在数据库中查询可用的摄像头，并将其附加到摄像头上以进行流输入。处理后的分析数据将被发送至数据库。
- 其他服务在数据库记录上运行，如运行状况检查和存储/清理记录。

使用虚拟机集成 Open Visual Cloud 和 OpenNESS 智慧城市应用程序与 OpenNESS 基

础架构的集成给应用程序和基础架构都带来了特性。在 OpenNESS 上将智慧城市应用程序打包和部署为虚拟机时，在存储和传输方面具有一定的特点，将具有卷、可自定义环境变量和运行时状态检查的容器部署到 Edge 节点仍然具有一定的挑战性。Edge Controller 中缺少脚本编写功能，因此很难将多个容器部署到 Edge 节点上。在智慧城市应用程序中，每个办公室大约有 8 个容器（3 个办公室有 24 个容器）。集成时使用 VM 在内部启动多个容器的解决方法。大多数 Edge 应用程序都需要本地存储，存储数据可以在不同容器之间进行通信。在智能城市应用程序中，摄像头数据存储在本地，而分析服务对其进行处理。当我们在 VM 中运行容器时，存储卷将在 VM 磁盘上创建，其大小是有限的。与典型部署相比，必须更频繁地清除本地存储。

智慧城市应用程序初始化假定每个 IP 摄像头在网络上都是独立的，因此与唯一的 IP 地址相关联。如果必须通过 LTE 网络传送摄像机流，则必须进行某种摄像头聚合，结果会重写传感器的仿真代码，以仿真同一台计算机上托管的多个摄像机（通过不同的端口流式传输）。

OpenNESS 限制了从云启动到边缘节点的服务请求。但是，智慧城市应用程序有时需要与办公室进行通信（如检索 Edge 工作负载）。作为一种解决方法，该应用程序在办公室启动时会创建并维护通往云的安全隧道，以方便处理来自云的请求。

将服务的启动分为 3 个网络：云、边缘节点和摄像头。当使用 VM 作为启动工具时，我们还必须开发自动化脚本以在 VM 中启动容器，并建立与云的安全连接，以进行注册和服务重定向。

Open Visual Cloud 和 OpenNESS 可以进行本地云集成，由于 OpenNESS 采用了 Kubernetes 标准功能，如命名空间、服务、守护程序和网络策略，因此将云原生的智慧城市应用程序与 OpenNESS 集成是一个无缝过程。第一步，基于 Kubernetes 上的参考部署将智慧城市应用程序部署在 OpenNESS 设置上。应用程序入门指南 1 中介绍了有关使用 OpenNESS 启用云原生智慧城市应用程序的更多详细信息。

综上所述，基于 OpenNESS 部署在 Edge 节点上的智慧城市示例创建了一个具有影响力的边缘计算用例，该用例利用了 OpenNESS、Open Visual Cloud 和 OpenVINO 的功能。通过对 OpenNESS、Open Visual Cloud 和 OpenVINO 的集成展示了可扩展的 Edge 部署和 Edge 节点上的低延迟分析处理功能。

4.6　小结

边缘计算的整体市场的成功取决于基础架构所有者如何解决所有部署方面的问题，以及软件社区如何创建具有广泛的解决方案的应用程序和创新服务。OpenNESS 开源项目为云和物联网开发人员提供了一个易于使用的工具包，致力于打造整个生态系统标准解决方案，以确保互操作性，同时可以在网络边缘或本地边缘位置快捷开发和部署应用程序。

通过抽象出复杂的网络技术，OpenNESS 将 3GPP 和 ETSI 多接入边缘计算（MEC）等行业组织定义的标准的 API 暴露给应用程序开发人员，应用程序可以将数据流量通过低延迟的 5G 引入边缘。OpenNESS 具有自适应能力，能够以可伸缩、灵活、动态的方式在不同边缘位置协调和管理应用程序。OpenNESS 在不同的边缘平台之间保持体系结构的一致性，在任何边缘位置作为云构建的应用程序。OpenNESS 支持基于开源组件的开放生态系统，支持计算、网络和存储资源的动态管理。

目前，OpenNESS 开源社区已经为开发人员和生态系统建立了比较完善的运作方式。OpenNESS 是 Akraino 集成云原生 NFV / App 堆栈系列蓝图项目（ICN）的一部分，同时，开源社区的合作伙伴基于 OpenNESS 开发了不同的 Akraino 蓝图项目，如由腾讯、中国移动、英特尔主导开发的支撑云游戏、高清视频和实时转播的 5G MEC 系统蓝图项目；以及由百度、英特尔主导开发的智能车载基础设施协作系统（I-VICS）。

OpenNESS 正在和越来越多的行业联盟密切合作，推动边缘计算在各个行业的落地。汽车市场是推动边缘计算的关键垂直细分市场之一。5G 汽车协会（5GAA）创建于 2016 年 9 月，将汽车技术和电信融合在一起，共同开发端到端连接解决方案，以实现未来的智慧城市和智慧交通服务。2019 年 5 月，5GAA 启动了一个专门用于边缘计算的工作项目，目标是展示边缘计算在汽车领域的潜力和附加值，在多 MNO、多供应商和多 OEM 的环境中提供服务。汽车边缘计算联盟（AECC）旨在通过增加网络和计算能力，将汽车大数据通过更高效的边缘计算在车辆和云之间进行交互。边缘计算被认为是实现智能服务场景的关键技术，如智能驾驶、高清地图、V2Cloud 巡航辅助，以及包括 Mobility as a Service（MaaS）在内的扩展服务、金融服务和保险服务。

工业自动化市场是推动边缘计算的另一个关键垂直细分市场。5G 互联产业联盟（5G-ACIA）旨在通过用 5G 替代复杂且昂贵的有线通信基础设施，从而实现制造过程的无线连接。为了将"智能工厂"的目标变为现实，信息与通信技术（ICT）和运营技术（OT）需要紧密合作，使得 OT 服务的特殊性和性能要求得到 ICT 生态系统的充分理解。工业互联网联盟（IIC）将各种组织和技术聚集在一起，通过识别、集成、测试和推广最佳方案来加速工业互联网的成长。最近发布的 IIC 架构分为三层：边缘层、平台层和企业层，由此可知边缘计算与 IIC 的相关性。

GSMA 在 Cloud VR/AR 白皮书中倡导移动营运商借助自身的基础架构优势，与内容供应商合作，通过提供 VR/AR/XR 的服务来创造新的赢利机会。MPEG 的基于网络的媒体处理规范（NBMP）ISO / IEC 23090-8 旨在为智能边缘媒体指定元数据格式和 API，以此来推动将计算密集型媒体处理工作转移到边缘。

OpenNESS 正在广泛应用到汽车、工业、零售、媒体等领域，典型的用例包含数据分析、媒体编解码、可视云功能及网络的结合。例如，借助于高带宽、低延迟的 5G 网络，OpenNESS 与 OpenVINO、Media SDK 或 Open Visual could 等分析和推理框架的集成将成为非常有效的交付各种类型的媒体工作负载的重要手段。

为避免边缘市场的碎片化，边缘行业的利益相关者需要合作，通过协调实施并实现互操作性来降低成本。2020 年 3 月，中国联通携手英特尔、腾讯等合作伙伴发布了基于 OpenNESS、面向 2B 市场的联通边缘计算产品 EdgePOD。EdgePOD 能够给终端用户提供开放的、弹性的解决方案，为孵化和使能新的应用场景提供了更便捷的开发环境，同时能够极大地减少边缘数据中心的部署时间。OpenNESS 作为边缘计算平台的重要部分，正在类似 EdgePOD 的边缘计算产品中发挥关键作用。OpenNESS 将会持续跟边缘计算的生态环境紧密合作，在构建智能边缘生态、赋能 5G 数字转型中发挥越来越重要的作用。

## 第 5 章

Akraino

虽然在开源社区有很多项目提供了构成边缘计算所需的各种组件能力，但是还没有一个针对全集成（Fully Integrated）边缘基础设施的整体解决方案。

2018 年 2 月 20 日，在旧金山，Linux 基金会和 AT&T 宣布推出一个新的开源项目 Akraino Edge Stack，旨在创建一个开源软件堆栈，支持针对边缘计算系统和应用进行优化的高可用性云服务。Akraino Edge Stack 的设计目标是改进和提升企业边缘、OTT 边缘、运营商边缘网络的边缘云基础设施的现有状态，为用户提供新的灵活度，以便可以快速扩展边缘云服务，最大化地支持在边缘部署、运行的各种应用和服务，确保必须无间断运行的系统的高可靠性。

Akraino 是 Linux 基金会边缘计算基金会（LF Edge foundation）的项目，现在该项目的成员包括 AT&T、ARM、DellEMC、爱立信、华为、Intel、风河等。

Akraino 社区的主要目标如下。

- 加速边缘创新：通过把硬件加速技术、软件定义网络和其他正在兴起的新技术结合在一起组成一个现代边缘栈，从而促进和加快创新。
- 构建端到端的生态系统：对硬件栈、各种配置和边缘 VNF 进行定义和认证。
- 用户体验：要包括运营和终端用户的用例。
- 边缘云之间无缝的互操作性：需要定义标准来实现跨多个边缘云的互操作性。
- 提供端到端的边缘栈：实现端到端的集成解决方案，并可以通过用例来演示。
- 使用和改进现有的开源项目：为了避免生态系统的进一步碎片化，要最大化利用业界已有的开源资源，并且把对这些开源项目的改进贡献给上游项目。
- 支持产品级的代码：在设计阶段就要考虑全栈的安全性，并且支持全生命周期管理。

Akraino 认为电信网络边缘（Network Edge）是支持边缘计算最优的放置（部署）点。在 AR/VR、无人机、自动驾驶等场景中，对处理能力的需求越来越高，并且对时间延迟越来越敏感，通常要求毫秒级别的延迟。从保证用户体验和总拥有成本的角度来考虑，在哪里处理数据起着非常关键的作用。中心化的云计算降低了总拥有成本，但是由于过长的传输距离而无法满足低延迟的需求。从运营、维护成本和基础设施建设的角度来考虑，放置在客户驻地也是不可能的。因此，综合考虑成本、低延迟和高处理能力的需求，最佳的方案是利用已有的基础设施，如通信塔、电信局和其他的电信资产，将边缘计算放在这些地方是最好的选择。

5.1 Akraino 的目标和关键原则

5.1.1 Akraino 的覆盖范围

Akraino 项目的覆盖范围如下。

- 开发边缘计算解决方案来满足电信、企业和工业物联网领域层出不穷的新用例和新需求。
- 开发 Edge API 和框架来实现与第三方 Edge 提供商及混合云模型的互操作性。
- 与上游社区合作，包括对 CI/CD 以及上游流程的支持。
- 开发边缘计算的中间件、SDK、应用程序，并创建一个应用程序和 VNF 的生态系统。
- 创建蓝图（集成堆栈）来实现和满足各种边缘计算用例的需求。
  - ➢ 边缘组件：包括 ONAP、OpenStack、Airship 等。
  - ➢ 边缘扩展：从一个节点扩展到企业级用例（如 IoT）。
  - ➢ 远程边缘：支持对远程边缘站点的管理和维护的堆栈。
  - ➢ 轻量级边缘堆栈：应用在低延迟远程边缘和 IoT 网管中。

除了上述几方面，Akraino 的覆盖范围还有以下几方面。

- 统一控制界面：对跨 10000 个边缘站点资源提供统一的视图和管理界面。
- "瘦"本地控制平面：开发多种方法来减少本地控制平面所占用的资源。
- 边缘用户/开发者 API：提供与平台无关的 API。
- 边缘 IaaS/PaaS：为多种多样的边缘应用提供基础设施和平台服务。
- 中心和区域虚拟基础设施管理器（Virtual Infrastructure Manager）：与"瘦"本地控制平面配合，实现对边缘计算资源的远程编排。
- 支持边缘节点的分析、预测、预警及闭环控制。

- 中心和区域的 ONAP：改进 ONAP 来支持边缘计算。
- 云原生 VNF：基于容器和微服务的 VNF。

5.1.2　Akraino 的关键原则

边缘计算为了实现无缝集成和用户体验，需要投入大量的精力。并且，边缘计算解决方案要求大规模部署，典型的情况需要覆盖 1000 个以上的站点。因此对 Akraino 项目的关键需求是用低成本、自动化的方式来支持大规模部署。

Akraino 社区与多个开源社区合作，包括 ONAP、EdgeX Foundry、OpenStack 边缘计算工作组、KubeEdge 等，来一起交付一个全集成的堆栈，支持零接触配置（Zero-Touch Provisioning）和整个集成栈的零接触生命周期管理（Zero-Touch Lifecycle Management）。

（1）设计原则。

针对这些边缘计算关键性的需求，Akraino 遵循可用性、容量、安全性和连续性等方面的整体设计。具体来说，它所遵循的设计原则如下。

- 有限的配置集：为了降低复杂性，设计遵循有限的配置集原则。
- 云原生的应用程序：设计也会包含和支持云原生的应用程序。
- 简化的安全设计：既要提供一个安全的平台和服务，也要避免带来过重的负担。
- 高度自治的交钥匙（Turn Key）方案：这样可以在各种边缘计算场景快速部署、运行和推广，降低用户的使用成本和维护成本。
- 对平台、VNF 和应用程序进行评估和审核：评估应用程序是否适合运行在边缘，评估标准为对延迟的敏感性和代码质量等。

（2）运行原则。

- 零接触配置、运维和生命周期管理，降低运维支出。
- 自动化的成熟度测量：包括运维、设计和服务。
- 基于同质性的软件抽象：通过软件来隐藏硬件的差异性。
- 通用的平台和服务编排：ONAP。

5.2 Akraino 交付点

Akraino 定义了交付点（Point of Delivery）的概念，交付点是针对不同用例和规模，将 Akraino 部署到边缘站点的方法。例如，一个边缘站点可以有一台或多台服务器，这些服务器安装在一个或几个机架上。由于 Akraino 使用声明式配置（Declarative Configuration），因此交付点可以对边缘设备进行统一的组织、部署。交付点可以使用 cookie-cutter 方法以更低的成本在更大的规模（如 10000 多个位置）上部署。

有五种交付点类型，规模从大到小依次如下。

- Cruiser：大规模部署，有六个机架的服务器，控制面是 OpenStack 和 Ceph，运行在容器中，通过 Kubernetes 来提供高弹性的基础设施服务，整个网络基于 5G 核心网和 5G 接入网。
- Tricycle：中等规模部署，有三个机架的服务器，控制节点和计算节点相对少一些。网络既可以运行在 IP 服务上，也可以运行在 5G 接入网上。
- Unicycle：单机架，控制平面有可能部署在一台服务器上，可以用于远程边缘站点。
- Satellite：多台服务器，由于机器数量不多，此时没有必要利用 Kubernetes 提供高弹性的基础设施服务，OTT 的边缘应用可以运行在这种部署规模上。
- Rover：单台服务器，通常是用户驻地设备（Customer Premises），用于 SD-WAN。

我们可以看到，每种交付点都有不同的硬件、软件的组成模块和不同的配置来满足特定的电信和企业用例。

5.3 Akraino 项目的类型和生命周期

上面我们介绍了 Akraino 所要解决的边缘计算中的挑战、设计原则、涵盖范围。下面讨论在实际当中作为一个开源社区，Akraino 社区是怎么组织运行，让针对各种场景和用例的各个边缘栈实现落地的。

5.3.1 Akraino 项目的类型

Akraino 有三种类型的项目：功能项目（Feature Project）、集成项目（Integration Project）和验证项目。功能项目的定位是开发在上游项目中缺失的功能；集成项目通过实现和交付一个端到端的集成栈来实现特定的边缘用例；验证项目用来测试、验证端到端的集成项目和功能项目，包括运行在边缘栈上的应用程序，以保证交付质量。Akraino 社区的目标是向用户交付一个全集成的生产可部署解决方案。可以将这三种项目组合在一起来确保这个产品级的交付目标。

1. 功能项目

功能项目主要负责开发被一个或多个集成项目所需要的特性、功能、接口、模块，用来实现边缘用例和满足边缘栈的需求。功能项目专注于 Akraino 社区所需要的开发工作，而不是上游的开源组件。例如，Akraino Portal 这个功能项目为边缘站点部署、安装附加的软件、启动附加的服务提供了统一的用户界面；边缘软件开发套件和 API；蓝图的测试框架、测试模块和测试集等。

由于功能项目用于满足特定 Akraino 用例的需求，在创建功能项目的时候，需要定义清楚它所支持的某个或某些蓝图。功能项目、集成项目和上游项目之间的关系如图 5-1 所示。

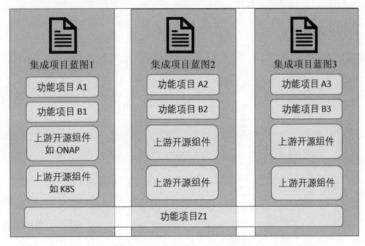

图 5-1　功能项目、集成项目和上游项目之间的关系

2. 集成项目

Akraino 社区为了支持端到端的全集成边缘方案，引入了蓝图（Blueprint）的概念来支持和实现特定的边缘用例。

具体来说，蓝图是对整体堆栈的声明式配置，也就是支持边缘负载和边缘 API 的边缘平台。为了满足和支持一个特定的边缘计算用例，首先要设计一个参考架构，参考架构中的所有组件是通过声明式配置（Declarative Configuration）来定义的，如硬件、软件、用来管理整个堆栈的工具及交付点。蓝图应该是生产可部署的，可以支持一个或多个应用程序或虚拟网络功能（VNF）。总结来说，Akraino 社区的核心意图就是一方面要最大化地利用上游社区的代码来支持产品级的集成，同时要开发代码来实现参考架构所定义的整个边缘栈。

Akraino 社区对每个蓝图的实现和开发提供全流程 CI/CD 集成和测试的支持，供所有的社区开发者和贡献者使用。同时对于每个发布的版本，技术指导委员会也会定义相应的验收准则。

蓝图族是一组蓝图的集合，这一组蓝图有着共同的特性和众多的交付点。例如，网络云（Network Cloud）就是一组蓝图，支持任意类型的电信虚拟网络功能（VNF）。其中，蓝图"Network Cloud - Unicycle A"支持 Unicycle 交付点，蓝图"Network Cloud - Rover A"支持单服务器的交付点。

蓝图必须要对边缘用例进行描述，具体内容包含期望达到的商业结果、工作负载的特点、设计限制、运营成本的范围等。

可以自己开发，也可以利用上游已有的生命周期管理工具和自动化部署工具来支持蓝图的安装。所有的蓝图都需要经过 Akraino 社区的测试，其目的是证明边缘应用程序和 VNF 可以真实有效地运行在蓝图上。

如果社区成员想创建一个新的集成项目，首先需要使用一个已经被技术委员会批准的模板来描述用例特性、蓝图或蓝图族，具体的内容包括硬件、软件、部署配置、工作负载的特性。一个新集成项目的发起人应该向技术委员会重点进行以下展示和说明。

- 鼓励每个初始的蓝图至少有两个来自不同公司的代码贡献者。
- 完成所有由技术委员会批准的模板。
- 用户需要展示，或者准备好一个实验室，或者有资金并承诺来搭建由蓝图定义的软件配置和硬件配置，并且与 Akraino 社区的 CI 相连，具备 CD 的能力。
- 蓝图应该与 Akraino 边缘栈的章程相一致。

- 对于蓝图的实现,应该只使用开源模块,或者是上游已有的开源项目,或者是 Akraino 社区的功能项目。
- 在准备提交新的蓝图的时候,提交者应该先看看类似的蓝图是不是已经存在了,避免重复提交,但是同样的用例可以由多个蓝图来支持和实现。

在技术委员会评审、批准了社区成员提交的请求之后,一个集成项目就可以启动了,之后可以开发、实现这个蓝图。在某些情况下,社区会决定针对一个用例支持一个或多个蓝图/蓝图族,这取决于需要和兴趣。同时,一个蓝图或蓝图族可以支持一个或多个边缘用例。

在蓝图开发进程中,技术委员会要根据每个蓝图的成熟程度决定把哪些蓝图或蓝图族放到一个新版本中正式发布。一个蓝图的成熟程度主要是通过两方面来衡量的:一方面要使用一个验证项目来实现全栈部署的持续交付能力;另一方面它应该支持和实现蓝图所支持的目标用例。一个 Akraino 的发布版本可以包含多个蓝图,而另一方面,一个蓝图的开发和实现要经过多个发布版本,每个发布版本实现蓝图所定义的部分功能。

最终蓝图是通过定义每种部署模型或交付点的声明式配置来实现的。交付点定义了一个将蓝图部署在边缘站点的方法,它把用来部署的边缘设备组织起来,使用一刀切(Cookie-cutter)的方式来实现大规模部署(如 1 万个以上的站点),以达到减少成本的目的。蓝图/蓝图族使用 yaml 或类似的配置文件,yaml 文件中通过定义不同的清单(Manifest)内容可以支持蓝图族中定义的各种配置。

(1)Akraino 蓝图族/蓝图的生命周期。

在蓝图族中的每个蓝图都具有该蓝图族不可改变的高级技术属性。增加或删除任何一个这样的高级技术属性都会改变由这个蓝图所支持的交付点,以至于它不再是该蓝图族中的一员。例如,某个蓝图族有个族属性,即在 Akraino 发布中部署一个基于 Kubernetes 的集群,任何由该蓝图支持的交付点都必须具有这个属性。

具体而言,定义一个蓝图族应该具有哪些技术属性是由每个蓝图族自己决定,并由技术委员会审核和批准的。

每个蓝图族应该足够灵活,允许合理的变更,以鼓励广泛的部署而不需要引入一个新的蓝图族。例如,在实现 Network Cloud 这个蓝图族时,决定用 Ubuntu 或 CentOS 作为操作系统，不应该因为不同的交付点配置而引入一个新的蓝图族。

最终一级的分类必须是非常确定的，可以让任何用户在他们自己的环境中可靠地部署一个交付点。最终一级的分类叫作蓝图具体说明（Species）。它对一个交付点的定义也可以是一组值的集合或范围，如交付点中的操作系统可以是 Ubuntu 16.x。

Akraino 的每次发布都要在蓝图具体说明这一级进行验证，交付点必须可靠、可复制部署。蓝图具体说明的数目会随着 Akraino 每次的发布增加或减少，这是由每次发布所定义的功能和范围决定的。

一个用例可以由一个或多个蓝图/蓝图族支持，也就是说，用例和蓝图/蓝图族之间并不是一对一的映射关系。同时，一个蓝图/蓝图族可以支持多个用例。

（2）Akraino 用例、蓝图族和蓝图。

Akraino 用例是由业务驱动的，必须包含对业务需求、运营方面的考虑（如成本、用户接口、规模、功耗限制等因素）并对期望运行在蓝图上的应用程序进行清晰的描述。

社区成员在创建、修改蓝图族或蓝图的时候，要选择使用恰当的模板，提交给技术委员会审核。下面对各种模板进行解释和说明。

当请求创建、修改一个蓝图族的时候，需要使用用例模板和蓝图模板。当创建、修改一个蓝图族中的蓝图时，需要使用蓝图模板。在某些情况下，新建或修改一个蓝图可能需要对已经存在的用例模板和蓝图/蓝图族模板进行更新，这个蓝图提交者需要对这三个模板进行相应的修改。图 5-2 以 Network Cloud 蓝图族为例，列出了用例模块、蓝图模块、蓝图族模板之间的关系。

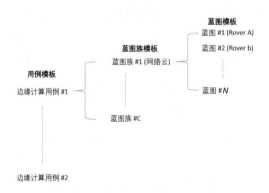

图 5-2　用例模板、蓝图模板、蓝图族模板之间的关系

在有多个蓝图支持相同用例的情况下，应该尽可能地采用相同的测试用例。

3. 验证项目

有多个实验室来验证 Akraino 的项目，以确保蓝图和功能项目达到较高的生产质量。其中，社区的 CI 实验室是归属于 Akraino 社区和 Linux 基金会的，还有一些实验室归属于参与 Akraino 社区的公司、组织和其他参与者。

社区对蓝图的全面验证涵盖全栈自下而上的各个层级：操作系统、云下（Under Cloud）、云上（Upper Cloud）、VNF 及应用程序等。测试结果应该自动发布到 Wiki 页面上，并对 Akraino 社区公开可见。

在验证、测试中发现的缺陷和问题应该记录在 JIRA 系统中，并分派给负责人。当发现的缺陷和问题存在于上游项目的时候，负责人应该是 Akraino 协调人，由其负责与上游社区一起来解决这些缺陷和问题。对于那些非上游项目的缺陷和问题，应该分配给相应的项目技术领导，由其带领参与项目的开发者一起来解决。

应该由一个自动测试框架实现测试过程的自动化，对于上游项目，应该尽可能地利用已有的自动化测试工具和测试集。蓝图的提交者有责任确保边缘验证实验室和社区 CI 实验室支持蓝图的全面验证，并且可以覆盖所有用例特性。

（1）社区 CI 实验室中的功能项目单元测试。

社区 CI 实验室是归属于 Akraino 社区和 Linux 基金会的，它可以支持以下类型的操作。

- 功能项目单元测试。
- 将多个功能项目集成到蓝图中。
- 将所依赖的上游项目集成到蓝图中。

一个全流程的 CD 应该与 Akraino CI Pipeline 一起包含在验证项目中。

（2）Akraino 边缘验证实验室中的蓝图和应用程序测试。

Akraino 边缘验证实验室归属于 Akraino 社区的公司、组织和其他参与者，由实验室的提供者负责管理和运营，使用者非常受限，且不可以直接访问实验室中的硬件设施，但是验证的测试结果要发布在社区中。

蓝图、应用程序和 VNF 的验证测试可以并发运行在多个验证实验室中，这需要在多个实验室中进行良好的协调。

- 验证实验室应该可以连接由 LF 负责运营的 Akraino CI 实验室，从那里把需要验证的蓝图拉进来。必要时，防火墙可以按需由 Akraino 社区打开。
- 所有的验证实验室在多数时间应该是对社区用户可用的，如果一个验证实验室连续三个月不可用，那么它就会在社区列表中被删除。
- 在验证实验室中，应该清楚地描述硬件和网络的配置，并在 Wiki 页面上公布出来。
- 所有和验证实验室相关的添加、修改和删除都应该经过技术委员会的审批。
- 所有的蓝图、应用程序和 VNF 的验证测试结果的历史数据至少要在 Wiki 页面上保留一年。

验证蓝图的测试计划和测试用例要发布在 Wiki 页面上，并由该蓝图的利益相关人员进行检查、审核。

- 实验室的配置应该支持功能、性能、安全及其他方面的蓝图测试用例，对蓝图做到全栈覆盖。
- 任何超出社区所能提供的软件和许可证的需求，应该由验证提供者来提供资金支持，并提供运营方面的支持。

对于验证测试过程中用到的开源工具和第三方公司提供的工具，Akraino 协调人员会负责与上游的开源社区协调，让 Akraino 蓝图的测试团队可以访问上游社区的实验室。对第三方实验室的访问，是由蓝图提交者建立和提供的必要的访问。

Akraino 蓝图的发布版本应该确保应用程序和 VNF 可以在全栈的解决方案上真实有效地部署、运行。对边缘应用程序和 VNF 的验证也是在验证实验室中完成的，测试项目包括功能测试、性能测试、可扩展性测试、安全性测试、可用性测试、伸缩性测试等。

考虑到某些应用程序的商业敏感性，测试结果不一定要发布到 Akraino 社区中。

5.3.2　Akraino 项目的生命周期

具体来说，Akraino 社区的活动都是围绕项目和其发布版本展开的。每个项目的范围和目标都与 Akraino 的章程一致，每个发布版本所涵盖的项目可以实现一个或一组边缘用例。一个项目需要持续、长期的投入，这期间会发布多个版本，每个版本应实现预先规划好的功能。项目和版本发布的生命周期应该给社区成员足够的可见性，以保证团队之间可以更好地协调与合作。

Akraino 并没有具体规定项目要如何运作，而是提供了足够的自由度，每个项目组可以根据各自的需要、文化和工作习惯，安排、组织各自的项目。

Akraino 每六个月发布一次，而蓝图族中的每个蓝图的开发进度不一定要与 Akraino 的发布绑定在一起严格同步。因此每次 Akraino 项目发布所包含的集成项目和功能项目的数量都是不同的，图 5-3 以 Network Cloud 和虚构的 Canis Edge 这两个蓝图族，以及它们所包含的蓝图为例，说明了这一点。

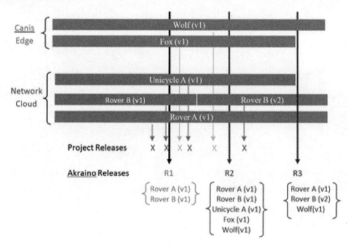

图 5-3　Akraino 项目发布

每个项目应该提供制定好的发布计划，并与蓝图一起发布在 Wiki 页面上。除了项目进度，Akraino 的发布进度也要及时发布、更新和维护。

项目生命周期并没有强制限定一个项目的持续时间，也没有强制限定每个项目发布的持续时间。

（1）Akraino 项目生命周期的状态和评审。

Akraino 对项目生命周期定义了 Proposal、Incubation、Mature、Core、Archived 5 个状态，3 种类型的项目（集成项目、功能项目和验证项目）都要经历这 5 个状态。一个项目的生命周期会延伸、跨越多个此项目的版本发布和 Akraino 的版本发布。项目从一个状态进展到下一个状态是独立于每半年一次的 Akraino 的版本发布的，也就是说，由每个项目制定自己的开发节奏和版本发布计划。

由一个状态进展到下一个状态需要经过 Akraino 技术委员会的评审，所以完整的项目生命周期一共要经历 4 次评审。

（2）Akraino 项目裁剪。

考虑到通常的发布过程中会有例外情况发生，因此 Akraino 允许对项目的发布周期进行裁剪，项目裁剪可以包括两种方式。

- 由技术委员会投票成员发起：技术委员会投票成员有权对发布过程进行修改，以实现最初没有预料到或不知道的准则。
- 由项目组领导发起：项目组领导可以给技术委员会投票成员写信，请求对一个特定的版本发布进行裁剪。技术委员会要对请求做出及时的响应，这里的要点是尽可能有预见性，判断请求的合理性，同时要在 Wiki 页面上把请求记录下来。

（3）Akraino 项目审核准则。

项目从一个状态进展到下一个状态要经过技术委员会的审核和投票。在审核过程中，对候选项目的评估是基于预先定义好的准则和 KPI 的。具体的量化目标根据不同的项目和状态会有所不同。

- 项目的持续时间。
- 项目的发布是否跟随 Akraino 的发布节奏。
- 是否已经有相应的实现来满足和支持需求。
- 与项目相关的软件工件（Artifacts）的全面性和成熟度，衡量指标包括代码、测试用例、文档等，对合作方和上游项目的贡献也包含在内。
- 在定义好的环境上（包括 Akraino 项目，以及上游、合作伙伴的项目）进行的成熟度测试和集成测试的情况。
- 项目工件应该对 Akraino 社区的所有贡献者都是可见的、可获得的。必须提供项目工件的链接。
- 社区的多样性和规模：即对项目有贡献的人员构成的多样性和人数。

5.4 在 Airship 中支持 OVS-DPDK

"Support of OVS-DPDK in Airship"是 Akraino 中的一个功能项目。

Airship 是 AT&T 发起的一个开源项目，Airship 包含若干个组件，它能对 Kubernetes 进行自动化部署和部署后的维护。除了部署和维护 Kubernetes 本身，Airship 还有部署管理 Kubernetes 上的应用的能力。目前 Airship 仅对 openstack-helm 这个应用有较好的支持，因为目前 OpenStack 仍然是运营商推进 NFV 的首选平台。

经过长期的发展，OpenStack 现在很稳定，也支持很多功能特性。这样一个强大复杂的系统，它的部署也比较复杂。所以我们能看到有非常多的 OpenStack 自动化部署工具。Devstack 能快速部署 OpenStack 以提供开发测试环境，openstack-ansible、openstack-chef 等都是能部署 OpenStack 集群的自动化部署工具。Bluebox 公司更是开发了一套 OpenStack 的部署工具 ursula，并以此为基础开展私有云业务。由此可见，复杂的大型分布式系统的自动化部署、功能维护是非常重要的功能。

（1）Airship 的优势。

Airship 能以非常高的自动化程度部署和维护 Kubernetes，并能在部署好的 Kubernetes 平台上进一步部署和维护 openstack-helm。Airship 相比于大部分其他自动化部署工具（如我们前面提到的 OpenStack 部署工具，还有 Kubeadm、Kubespray 等 Kubernetes 部署工具）有比较突出的优势。

- Airship 支持点对点的自动化部署。

除了机房的物理机器、网线交换机等需要物理操作的步骤，Airship 可以覆盖所有的步骤。只需要在 yaml 文件中配置我们所期望的环境信息，Airship 就可以根据这些信息部署一个 Kubernetes 集群，并在 Kubernetes 上根据配置部署 openstack-helm。

Airship 2.0 相对于 1.0 有比较大的改动，但由于 Airship 2.0 版本目前正处于开发阶段。所以我们主要根据 1.0 版本的实现进行介绍。Airship 的 drydock 组件借助于 Canonical MaaS 可以给物理机安装操作系统，通过 IPMI 设置 PXE 启动，把镜像通过 MaaS（在 2.0 版本中，Ironic 将被用来代替 MaaS）传给物理机并安装。

我们在 yaml 文件中需要配置物理机需要的操作系统。安装好操作系统之后，Airship 利用 Promenade 组件（2.0 版本中将会用 Kubeadm 代替 Promenade）生成部署 Kubernetes

所需要的配置文件及 Kubelet 二进制文件，并把这些文件分发给每个机器，在这些机器上执行脚本，安装 Kubernetes。我们在 yaml 中需要配置 Kubernetes 的参数，如每个 Node 允许运行多少个 Pod，每个 Node 需要打什么标签等。

Kubernetes 部署完成之后，Airship 就可以在 Kubernetes 上部署 openstack-helm 了。Airship 的 Amada 组件能够定义多个 Helm 图表并根据定义的顺序安装这些 Helm 图表。在 yaml 文件中，我们需要定义哪些 OpenStack 组件需要安装，以及每个组件的确切版本，还需要为每个 OpenStack 组件配置参数，如我们可以只安装计算和网络服务，而不安装 Cinder 存储服务。对于 Neutron 组件，我们可以配置使用 OVS 或 Linux Bridge 来支持虚拟网络。

经过上述一系列自动化过程之后，我们就能得到一个上面运行了 OpenStack 的 Kubernetes 集群。而这个集群所有的配置都在 yaml 文件中，yaml 文件可能会包含成千上万个配置项。这么多配置项就像一片大海，我们想要查看某个配置项或修改某个配置项将会非常难。因为查找配置项是非常麻烦的过程。而 Airship 的设计者也考虑到了这个问题，所以他们专门开发了配置文件的解析检查工具 Pegleg，同时给出了配置文件的组织结构。当我们想要修改某个配置项的时候，我们会根据这些配置文件的组织结构先进入相应的目录，然后在该目录下仅有的少量配置文件中查找配置项。

- Airship 具有高程度的自动化。

这种高程度的自动化是在边缘计算中部署边缘节点的一个必备条件。在 yaml 文件中，我们可以对所有的步骤进行配置，从操作系统的安装到应用的参数配置都在 yaml 文件中进行。配置好 yaml 文件之后，只需要执行一条命令，剩下的就是等待部署结束。

除了部署的自动化，我们还可以利用 Airship 对部署后的环境进行维护。例如，我们需要添加若干个节点，或者我们想要启动或禁止某些功能特性，又或者我们需要对某些组件进行升级，这些维护工作流程完全一样，且非常简单：修改 yaml 文件，然后执行 update 命令。如果要添加节点，那么我们需要加入新节点的信息到 yaml 文件中，在执行 update 命令的过程中，会给新的节点安装操作系统并把这些节点加入 Kubernetes 集群中。如果要启动 OpenStack 的 Cinder 服务，我们需要在 yaml 文件中配置 Cinder 组件，启用并配置 Cinder 的参数，这样在 Amada 阶段，Cinder chart 就会被安装到 Kubernetes 上。

Airship 支持点对点的部署，还有非常高的自动化程度，这使得它非常适用于在边缘计算中部署边缘节点。目前 Airship 2.0 也在开发中，越来越多的功能特性会被支持。在 AT&T

的推动下，相信 Airship 将会在边缘计算中扮演非常重要的角色。

（2）Airship 部署。

我们已经对 Airship 及它的主要优势有了了解，下面来看看在实际情况下如何部署一个 Airship 环境。

前面提到 Airship 能负责软件部分的工作，但涉及物理操作的部分，它就无能为力了。所以部署 Airship 的第一步就需要我们准备好物理机器配置好它们的 IPMI，以便能远程控制这些物理机器，同时需要根据网络拓扑连接好物理机器之间的网络连接线。前面我们也提到过，Airship 通过 IPMI/PXE 给物理机器安装系统，但其前提是 Airship 服务、MaaS 服务已经在运行。那最初的 Airship 服务是通过什么样的方式部署的呢？实际上，我们的第一台机器还是需要手动安装操作系统的。

下面我们部署一个有 3 个物理机器的 Airship 环境（已经提前准备好物理机器、网络等）。

- 编写 yaml 文件配置我们期望的环境信息。

Airship 为非常多的配置提供了默认参数，但有些参数是我们不得不填的，因为这些参数和物理环境相关。我们需要在 yaml 文件中配置 3 台物理机的 IPMI 信息，以及每台物理机有多少张网卡，哪张网卡作为 PXE，哪张网卡作为数据网。同时，我们需要根据实际网络情况配置 3 台物理机将分配的 IP 地址信息。

编写所有的 yaml 文件之后，我们需要执行"pegleg collect"命令把这些按目录组织的 yaml 文件合并成一个单一的 yaml 文件，因为合并成单个文件可以方便后面的步骤，这个 yaml 文件将在多个地方被使用。

- 部署 Genesis 节点。

前面我们提到过，Airship 的第一个节点是需要手动安装操作系统的，在 Airship 中我们称第一个节点为 Genesis 节点。

部署 Genesis 节点主要分为两步，第一是给 Genesis 节点安装操作系统。第二是在 Genesis 节点上执行 genesish.sh 脚本来部署 Airship 的各个组件。图 5-4 展现了 genesis.sh 执行前后的变化。脚本执行后，Genesis 节点上会安装好 Kubernetes，并且 Airship 的各个组件会以容器的形式运行在 Genesis 节点上。

下面，我们来关注一下这个神奇的 genesis.sh 脚本，为什么这个脚本能做这么多事情呢？安装 Kubernetes 和 Airship 的各个组件都需要非常多的配置文件，也需要一些可执行文件，如 Kubelet，那 genesis.sh 是如何获取这些信息的呢？实际上，genesis.sh 不需要去其他地方获取信息，所有信息都被写到了 genesis.sh 脚本中，包括 Kubelet 可执行文件，也被转成了 base64 格式写入了脚本中。genesis.sh 是由"promenade build-all"生成的。

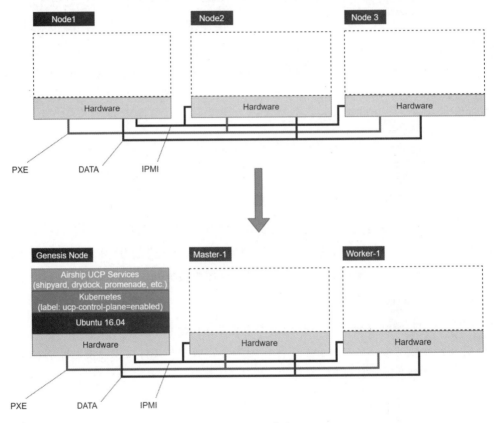

图 5-4　Genesis 节点

- 部署集群的其他节点。

部署好 Genesis 节点之后，Airship 的服务就在运行了，可以对外提供 API 服务。这时，我们通过执行下面几个命令即可部署整个集群。前两条命令是把 yaml 中的配置信息上传到 Airship 中，最后一条命令是部署整个集群。图 5-5 展示了部署集群过程中节点的状态变化。

```
tools/airship shipyard create configdocs design --directory=/target/collect
tools/airship shipyard commit configdocs
tools/airship shipyard create action deploy_site
```

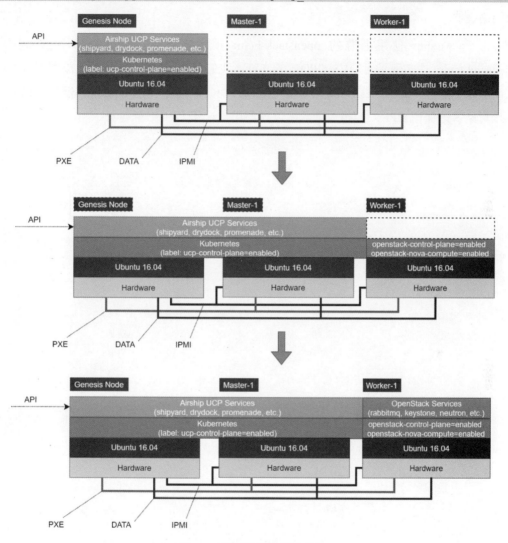

图 5-5　集群部署的状态变化

（3）Airship 中支持 OVS-DPDK。

边缘计算的一些场景对网络的处理能力有极高的要求。例如，电信 5G 场景，边缘云对 5G 网络数据的处理需要保证网络带宽和延迟，对网络的要求非常高。边缘视频处理的场景对网络吞吐量的要求十分高。为了支持这些场景，Intel 和爱立信、AT&T、SUSE 一起实现了 Airship 对 OVS-DPDK 的支持，利用 DPDK 提高了在 Airship 上运行的 OpenStack 的网络性能。

由于 Airship 使用上游的 openstack-helm 项目来部署 OpenStack，所以我们在 openstack-helm 中实现了对 OVS-DPDK 的支持。我们把 OVS-DPDK 的功能放到了容器中，从而实现了通过 Kubernetes/Helm 来部署 OVS-DPDK。在实现 OVS-DPDK 容器化的过程中，应尽可能多地保留 DPDK 的相关参数，以方便用户迁移 DPDK 至容器。

## 第 6 章

StarlingX

StarlingX 的前身是风河公司的产品 Titanium，该产品的目的是围绕电信级通信服务器平台建立功能强大的解决方案。风河 Titanium Cloud 最初基于 OpenStack 等开源组件进行构建，对其进行扩展和加固，以满足基础设施需求，包括高可用性、故障管理和性能管理等，可以用于 NFV 电信云、边缘云、工业物联网等场景。

2018 年 5 月，基于 Titanium Cloud R5 版本，Intel 和风河公司宣布将部分组件开源，并命名为 StarlingX，提交给 OpenStack 基金会进行管理。

StarlingX 提供了一整套云基础架构软件栈，可以适用于工业物联网、电信云、视频服务和对超低延迟有要求的应用场景。针对边缘应用对低延迟的要求和对分布式边缘云管理工具的需求，StarlingX 提供了可扩展的、基于容器的基础架构边缘实现，已经于中国联通等多家公司的生产应用环境得以应用。

2018 年 10 月，OpenStack 社区发布了首个基于 OpenStack Pike 的 StarlingX 版本。StarlingX 使用了许多 OpenStack 服务来提供核心的计算、存储和网络功能，但它并不是一个 OpenStack 的子项目。最初的 StarlingX 主要通过 6 大组件来完成对 OpenStack 的安装部署、监控管理等。

2019 年 8 月，StarlingX 发布了 2.0 版本，增强了对 Kubernetes 的容器化支持，OpenStack 的主要服务由容器管理运行。

StarlingX 平台是一个完整、高可靠、可扩展的边缘云软件堆栈。除了集成多个开源组件，包括 OpenStack、Kubernetes、Ceph、OVS-DPDK 等，社区还致力于开发新服务来填补开源生态系统中的空白，以增强软件部署的便利性、可维护性。其独特的项目组件可提供故障管理和服务管理等功能，以确保用户应用程序的高可用性。StarlingX 社区已针对安全性、超低延迟、高服务运行时间和简化的操作流程提供了解决方案。

StarlingX 架构如图 6-1 所示。

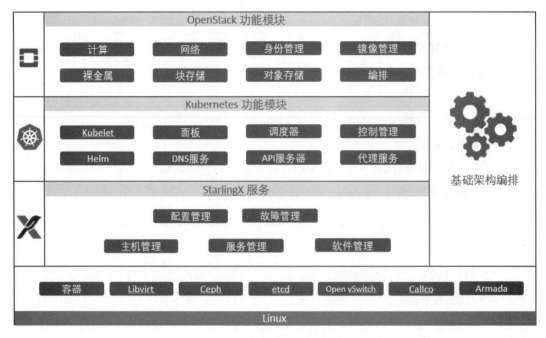

图 6-1　StarlingX 架构

- 配置管理：用于对 StarlingX 中的组件及 OpenStack 服务进行安装配置。Sysinv 服务提供整个软件的状态管理、配置的修改等；ControllerConfig/ComputeConfig 等提供根据角色进行的配置。每次启动这些服务都会重新执行，以保证系统在重启后能恢复正常配置。配置管理支持新节点的自动发现和配置，这在部署和管理多节点远程站点时很关键。该组件提供了 Horizon 图形界面和 CLI 两种支持，用于管理 CPU、GPU、内存、硬件加速器等。
- 故障管理：该模块会收集事件告警信息，简称 FM，其他模块通过调用 FM 的 API 接口直接发送告警或事件信息给 FM-Manager。该模块提供了设置、清除和查询自定义警报和日志的功能，以获取针对基础架构节点及虚拟资源的重大事件。Horizon 用户界面上提供"活动警报列表"和"活动警报计数"查询服务。
- 主机管理：该模块提供生命周期管理功能，通过 RESTful API 接口管理主机。此服务可以检测主机故障，并通过对集群连接的监测和预警、关键进程故障、资源利用率阈值和硬件故障启动进行自动恢复。该工具也对接了板载控制器 BMC，可以进行带外重置、开关机和硬件传感器监控，并与其他 StarlingX 组件共享主机状态。

- 服务管理：该模块提供系统可靠性的服务。服务管理模块通过冗余模型（如跨多个节点的 $N+M$ 或 N 模式）提供了高可用性，从而进行服务的生命周期管理。该服务支持使用多个消息路径来避免通信故障及主动或被动监视，通过数据驱动架构具象化服务故障的影响。服务管理对内核中的进程调度进行扩展，增加了信号量，从而可以第一时间获取监控进程的死亡信号，触发重新创建进程。服务管理模块也使用了 init.d 的脚本来对 OpenStack 及其他组件的服务进行拉起动作。
- 软件管理：该服务保证了基础架构堆栈上所有软件的正常升级，涵盖了从内核到 OpenStack 的相关服务。该模块可以执行滚动升级，通过热迁移将工作负载移除节点以支持主机重启服务，Horizon、RESTful API 和命令行界面都提供此服务。

StarlingX 具有以下六大主要特点。

- 高可靠性：可以实现有效的故障管理，具有快速安全的虚拟机故障转移和实时迁移能力，以期减少不可服务时间。
- 可扩展性：可以灵活部署高达一千个分布式节点。
- 轻量级：可以为智能设备乃至物联网提供平台支持。
- 超低延迟：基于用户场景的需求进行性能调优，满足不同场景对延迟的要求。
- 安全性：考虑到边缘端的物理安全性相对较弱，因此需要更多依赖软件的安全措施，从而避免针对边缘的非法篡改。
- 生命周期管理：通过边缘编排和系统管理来简化部署，以减少运营成本。

StarlingX 作为一个经过验证的集成开源方案，简化了边缘端的部署，可以应对多种应用场景，有效地加速产品的上市时间。边缘应用场景可以简单地归为两类：低延迟高带宽与实时分析。工业物联网、智能工厂、智能电网、智慧城市、智能建筑、监控、沉浸式游戏体验等，对低延迟高带宽提出了很高的要求；而远程安装、交通、无人驾驶、移动端计算、智慧医疗等都需要实时分析能力。

6.1 TSN 技术在 StarlingX 中的应用

汽车、工业、专业音频/视频、区块链和高频交易等嵌入式行业都对网络数据处理有实时性的需求。通常的局域网（LAN）模型是基于 Internet 协议和 IEEE 802 体系结构的，遵循的是尽力而为的操作原则，并不适用于要求高/已知/确定可用性的边缘计算场景。

时间敏感网络（TSN）是由 IEEE 802.1 工作组开发的不断演进的标准，涵盖了一组与供应商无关的标准和 IEEE 标准，目的是确保确定性，并以最小的延迟在网络上交付对时间敏感的流量数据，同时允许非时间敏感的流量通过同一网络传输。它也是解决先前所列出的边缘计算领域问题的一项关键技术。

6.1.1　主要 TSN 标准协议

TSN 技术主要包含两类功能：时间同步，调度和整流。

（1）时间同步。

在 TSN 网络中，所有设备都需要具有公共时间基准，TSN 的时间同步协议用于同步系统中设备的时钟，以支持端到端传输等待时间的实时通信。它需要以太网控制器具有 PTP 时钟、以太网帧接收和发送时间戳等功能。TSN 时间同步主要包括以下协议。

- IEEE 1588-2008，也称为精确时间协议版本 2（PTPv2），将两个网络节点之间的时间同步精度从毫秒（可通过网络时间协议实现）提高到微秒或亚微秒。PTP 消息的传输可以通过 UDP / IPv4、UDP / IPv6 或 IEEE802.3 以太网进行。
- IEEE 802.1AS-2011，也称为通用精确时间协议（gPTP），基于 IEEE 1588-2008，它是 802.1 标准，可以应用于各种异构网络，如以太网、无线网络、媒体同轴电缆联盟和 HomePlug。gPTP 的主要组成部分是最佳主时钟选择算法、路径延迟测量、时间分配。

（2）调度和整流。

TSN 调度和整流功能通过分配帧/分组以平滑流量，从而支持在同一网络上具有不同优先级的不同流量共存，并允许每个优先级设置对带宽和端到端延迟的不同要求。主要的 TSN 调整和整流协议如下。

- IEEE 802.1Qav 和 IEEE 802.1Qat：IEEE 802.1Qat 描述了用于注册和注销音频/视频流的流保留协议（SRP），IEEE 802.1Qat 在称为多注册协议（MRP）的现有网络管理协议的基础上添加了多流保留协议（MSRP）。IEEE 802.1Qav 也称为基于信用的整形器（CBS），它定义了通过 VLAN 标记编码的优先级映射到带宽保留流的规则，以及基于信用的控制带宽队列算法。IEEE 802.1Qav 和 IEEE 802.1Qat 主要应用于应用数据流携带大量内容、对时间敏感、对丢失敏感的低传输延迟的音频/视频流、VoIP电话和双向视频通话等应用场景。

- IEEE 802.1Qbv：也称为时间感知整形器（TAS），它将以太网络上的通信分成固定长度，重复时间周期。在这些周期内可以配置不同的时间片，这些时间片可以分配给八个以太网优先级中的一个或几个。以此可以在有限的时间内为以太网传输介质授予排他性使用权，以用于那些需要传输保证且不会被中断的流量类别。IEEE802.1Qbv 主要应用于汽车和工业网络中的周期性控制等场景中。

6.1.2　Linux 中的 TSN 支持

Linux 中实现了部分 TSN 协议，如基于信任的整流器（Credit-Based Shaper/Qav）、增强流量调度（Enhancements for Scheduled Traffic/ Qbv）、广义精度时间协议（gPTP）、音频/视频传输协议（AVTP）等。Linux 通过实现流量控制系统的队列规则（TC Queueing Disciplines/Qdiscs）来提供对 TSN 特性的支持。

- CBS 队列：实现了 IEEE 802.1Qav 中定义的基于信任的整流器（Credit-Based Shaper）。
- TAPRIO 队列：实现了 IEEE 802.1Qbv 中定义的增强流量调度（Enhancements for Scheduled Traffic）。
- ETF 队列：使能某些网卡（如 Intel® I210）上提供的最早传输时间优先队列规则（Earliest TxTime First，ETF）。

6.1.3　StarlingX 对 TSN 的支持

作为应用于边缘计算的完整云基础架构软件堆栈，StarlingX 也提供了对 TSN 技术的支持，以实现工业物联网、电信和其他超低延迟用例中对时间敏感、对实时性要求高的应用场景。

1. StarlingX 对精确时间协议的支持

如前面所述，IEEE1588 精确时间协议（Precision Time Protocol，PTP）是为有高精度时间需求的应用设计的，在工业自动化、物联网、电信等工业领域得到了广泛应用。PTP协议是 TSN 流量能够在整个网络中实现的基础，具有以下特性。

- 一个分布式设备系统中的实时时间同步协议。
- 被设计运行在本地局域网（LAN）中，一般为以太网。
- 精度可达到百万分之一秒。
- 自动选择最好的时间源。
- 配置管理简单，自动初始化和同步。
- 资源占用小，适合嵌入式系统与微控制器。

PTP 一般采用主备层级的拓扑结构，时钟源通过以太网协议将时间同步信息发送到其他设备、网卡与交换机中。图 6-2 所示为 StalingX 系统 PTP 部署架构。

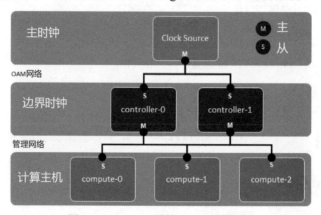

图 6-2　StalingX 系统 PTP 部署架构

- 主时钟（Grandmaster）：用 PTP 网络外部基于 GNSS 或 GPS 的高精度时间源作为系统的主时钟。
- 边界时钟（Boundary Clocks）：运行在 StalingX 的控制节点上，它通过 OAM 网络与主时钟同步，同时作为边缘计算/存储节点的时间源，在外部主时钟未配置或丢失时作为系统的主时钟。
- 从属时钟（Slave Clocks）：运行在 StalingX 的边缘计算/存储节点上，它通过管理网络与边界时钟进行时间同步。

StarlingX 通过集成 LinuxPTP 项目（Linux 上的 IEEE 1588 PTP 协议的一个实现）来支持基于 PTP 的时间同步，LinuxPTP 包括以下两部分。

- ptp4l：支持外部网络时间源和设备的硬件 PTP 时钟（PHC）的同步。

- phc2sys：支持设备的硬件时钟和 Linux 系统时钟的同步。

StarlingX 支持通过命令行（CLI）和图形化的方式对系统 PTP 参数（如网络传输、延迟机制、时间戳等）进行配置，相应的配置信息会对 LinuxPTP 进程（如 ptp4l、phc2sys 等）进行配置：

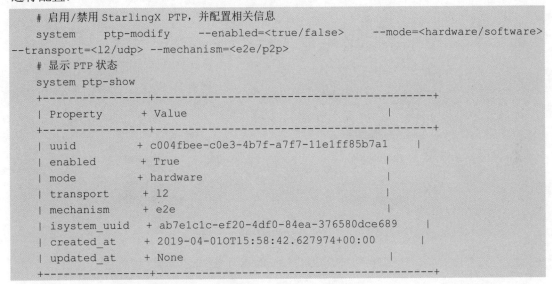

```
# 启用/禁用 StarlingX PTP，并配置相关信息
system    ptp-modify    --enabled=<true/false>    --mode=<hardware/software>
--transport=<l2/udp> --mechanism=<e2e/p2p>
# 显示 PTP 状态
system ptp-show
+----------------+----------------------------------------+
| Property       + Value                                  |
+----------------+----------------------------------------+
| uuid           + c004fbee-c0e3-4b7f-a7f7-11e1ff85b7a1   |
| enabled        + True                                   |
| mode           + hardware                               |
| transport      + l2                                     |
| mechanism      + e2e                                    |
| isystem_uuid   + ab7e1c1c-ef20-4df0-84ea-376580dce689   |
| created_at     + 2019-04-01OT15:58:42.627974+00:00      |
| updated_at     + None                                   |
+----------------+----------------------------------------+
```

2. StarlingX 对 TSN 调度和整流的支持

在 StarlingX 系统中，通过配置 OpenStack/Nova 的 PCI 透传（PCI Passthrough）功能，可以将支持 TSN 技术的网卡（如 Intel I210 以太网控制器）"直通"到 StalingX 创建的虚拟机实例中来支持在其中部署 TSN 应用（如实现调度和整流机制）。图 6-3 所示为 TSN 应用在 StarlingX 环境中的部署。

- 边缘云平台（Edge Cloud Platform）：基于 StarlingX 构建的 IaaS 平台（如 StarlingX All-In-One）。
- 边缘设备（Edge Device）：需要处理的 TSN 数据源（如实时音频/视频流）。
- 支持 TSN 技术的网卡（如 Intel® I210 以太网控制器）：通过 CAT-5E 以太网线链接边缘设备和边缘云平台，igb.ko 提供网卡的内核驱动。
- 边缘网关（Edge Gateway）：StarlingX 创建的虚拟机实例。它负责从边缘设备收集 TSN 数据，进行边缘端运算，最终将结果返回数据中心。

- p2p4l 和 phc2sys：LinuxPTP 项目中的实用程序，以支持基于 PTP 的时间同步。
- tc：用于在 Linux 内核中配置流量控制的实用程序/命令。
- TSN Sender/Receiver：部署的 TSN 应用。

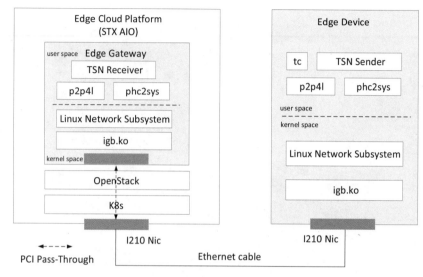

图 6-3　TSN 应用在 StarlingX 环境中的部署

为了实现上述 TSN 应用在 StarlingX 环境中的部署，需要通过以下步骤配置 PCI 透传信息。

- 设置 TSN 应用所需镜像的 flavor 属性，添加 pci_passthrough:alias。

```
openstack flavor set m1.medium --property pci_passthrough:alias=h210-1:1
```

- 配置 StalingX 的 OpenStack Nova，启用 PCI 透传。

```
# 创建配置文件（如 nova-tsn-pt.yaml）来允许 TSN 网卡的 PCI 透传（如 Intel® I210 网卡，设备 ID：8086：1533）
conf:
nova:
 pci:
   alias:
      type: multistring
      values:
      - '{"vendor_id": "8086", "product_id": "1533","device_type":
      "type-PCI","name": "h210-1"}'
   passthrough_whitelist:
      type: multistring
```

```
      values:
      - '{"class_id": "8086", "product_id":"1533"}'
overrides:
  nova_compute:
    hosts:
    - conf:
      nova:
        …
        pci:
          passthrough_whitelist:
            type: multistring
            values:
            - '{"class_id": "8086", "product_id": "1533"}'
      …

# 配置 Nova，设置 PCI 透传信息
system helm-override-update  stx-openstack nova openstack --values
nova-tsn-pt.yaml
```

- 创建虚拟机实例。

```
openstack server create --image ${tsn-image} --network ${network_id}
--flavor m1.medium tsn
```

虚拟机实例创建成功后，就可以通过 Linux 的 tc 命令（如 tc、qdisk 等）直接设置 TSN
网卡的相关队列规则（如 CBS 队列、TAPRIO 队列和 ETF 队列等），从而来实现 TSN 的应
用控制了。

6.2 OVS-DPDK 安全组

安全组（Security Group）是服务器和其他资源之间的虚拟防火墙，一个安全组包含一
个或多个安全组规则（Security Group Rule），这些规则指定了服务器和其他资源的网络访
问规则。

在 OpenStack 中可以通过以下命令来创建安全组。

```
openstack security group create
    [--description <description>]
    [--project <project> [--project-domain <project-domain>]]
    <name>
```

在 OpenStack 中可以通过以下命令来创建安全组规则。

```
openstack security group rule create
     [--remote-ip <ip-address> | --remote-group <group>]
     [--dst-port  <port-range>  |  [--icmp-type  <icmp-type>  [--icmp-code
<icmp-code>]]]
     [--protocol <protocol>]
     [--ingress | --egress]
     [--ethertype <ethertype>]
     [--project <project> [--project-domain <project-domain>]]
     [--description <description>]
     <group>
```

在安全组规则的参数中，Ingress 和 Egress 指定了网络访问的方向，Ingress 为外部网络访问服务器，Egress 为服务器访问外部网络；Protocol 则指定该规则所匹配的协议，如 TCP、UDP 等；dst-port 指定了哪些端口可以被访问；remote-group 则允许位于另一个安全组中的服务器访问该安全组中的服务器。

针对安全组这一特性，OpenStack 有以下三种实现方式。

- 基于 iptables 的安全组：OVS 代理和计算服务在每个虚拟机实例和 OVS 网桥 br-int 之间使用 Linux 网桥来实现安全组，Linux 网桥设备中包含与该虚拟机实例相关的 iptables 规则。但是，实例与物理网络的基础结构之间的其他组件会带来可伸缩性和性能等方面的问题。

- 基于 OpenFlow 的安全组：该实现来自 networking-ovs-dpdk 项目中针对 OVS DPDK 的防火墙驱动程序，是基于 OpenFlow 的 "Learn Action" 来实现的。

- 基于 OpenFlow 和 Conntrack 的安全组：OVS 代理提供了一个可选的防火墙驱动程序，该驱动程序将安全组实现为 OVS 中的流表，而不是通过 Linux 网桥和 iptables 来实现。相较于基于 iptables 的安全组，本实现提高了可伸缩性和性能。

StarlingX 采用第三种方式实现了 OVS-DPDK 的安全组功能。具体规则是通过修改 Neutron 的配置文件将 firewall_driver 设置为 openvswitch。

```
[securitygroup]
firewall_driver = openvswitch
```

6.3 网段范围

网段范围（Network Segment Range）这一特性最早是由 StarlingX 开发的，是 StarlingX

的 Provider 网络，后由 StarlingX 社区成功推入 OpenStack Stein 版本。网段范围（Network Segment Range）允许管理员通过 Neutron 的 API 进行管理。此外，它还允许管理员设置全局的网段范围和多租户的网段范围。

在引入 Network Segment Range 之前，网段范围被静态配置在 Neutron 的配置文件 ml2_conf.ini 中。当普通租户创建网络时，Neutron 会从已配置的网段范围中分配下一个空闲网段 ID（VLAN ID、VNI 等）。但当 Neutron 启动以后，则无法动态地修改网段范围。管理员需要修改 ml2_conf.ini 配置文件中的网段范围，并重启 neutron-server 来使配置生效，然而重启 neutron-server 这种方式在生产环境中是难以被接受的。为了解决这个问题，StarlingX 引入了 Network Segment Range，其特性如下。

- 方便管理员查询 ML2 配置文件中定义的网段范围，以便管理员可以使用此信息进行网段范围的分配。
- 可以动态地创建和分配网段范围，包括全局共享的网段范围和租户独享的网段范围，以满足对隐私或专用业务连接的需求。例如，为公司内部的不同部门划分不同的网段。
- 能够动态地更新网段范围，从而提供了适应底层网络连接映射更改的能力。
- 当在 ML2 的配置文件 ml2_conf.ini 中没有定义网段范围时，不需要重新启动 neutron-server，而是可以动态地创建网段范围。
- 能够查看网段范围的可用性和使用情况统计信息。

Network Segment Range 服务只是针对管理员的，换言之，只有管理员可以管理网段范围，而这些网段范围中的网段将被分配给租户所创建的网络。OpenStack 的管理员可以创建全局共享的网段范围（任何租户都能使用）或特定于租户（按每个租户分配）的网段范围（该网段范围对任何其他租户都是不可见的）。而 OpenStack 中的普通租户不能创建自己的网段范围，其只需以常规方式创建网络，就会从管理员事先分配好的网段中分配网段。当租户创建网络自动分配网段时，将首先从分配给该租户的可用网段范围中进行分配，如果分配给租户的特定网段范围中没有可用网段，那么会从全局共享网段范围中进行分配。

通过将 network_segment_range 添加到配置文件 neutron.conf 中的 service_plugins 列表中，以及重启 neutron-server，可以启用 Network Segment Range 服务插件：

```
[DEFAULT]
```

```
# ...
service_plugins = ...,network_segment_range,...
```

可以通过以下指令来验证是否启动了 Network Segment Range 插件：

```
openstack extension list -network
```

可以通过以下指令来创建 Network Segment Range：

```
openstack network segment range create
    [--private | --shared]
    [--project <project>]
    [--project-domain <project-domain>]
    --network-type <network-type>
    [--physical-network <physical-network-name>]
    --minimum <minimum-segmentation-id>
    --maximum <maximum-segmentation-id>
    <name>
```

在上述参数中，private 用于指定该 Network Segment Range 为特定于某个租户的网段，shared 用于指定该 Network Segment Range 为全局共享网段；project 用于指定该 Network Segment Range 所属的租户（项目）；network-type 用于指定网络类型，如 GENEVE、GRE、VLAN 和 VXLAN；physical-network 为该 Network Segment Range 对应的物理网络；minimum 和 maximum 分别用于指定网段范围的下限和上限。

通过以下命令可以查看现有的网段范围：

```
openstack network segment range list
    [--sort-column SORT_COLUMN]
    [--long]
    [--used | --unused]
    [--available | --unavailable]
```

通过以下指令可以对现有的网段范围进行动态更新：

```
openstack network segment range set
    [--name <name>]
    [--minimum <minimum-segmentation-id>]
    [--maximum <maximum-segmentation-id>]
    <network-segment-range>
```

在上述参数中，name 为更新后的名称；network-segment-range 可以为旧的名称或 ID。

通过以下指令能够查看网段范围的具体信息（包括可用性和使用情况统计）：

```
openstack network segment range show <network-segment-range>
```

6.4 StarlingX 存储

StarlingX 在控制面默认使用 OpenStack 管理虚拟机，即采用 Cinder 和 Glance 作为控制面的存储管理；数据面使用 Ceph 作为持久化后端存储，为上层的各种服务提供存储服务。

StarlingX 容器化了 OpenStack 的主要服务，采用 Helm 作为包管理器，使用 Armada 作为部署框架，有别于原生的裸机安装部署或操作系统中部署的 OpenStack。

这里以单节点的环境（AIO-SX）来对 StarlingX 中的 Glance 和 Cinder 组件的配置和运行过程加以说明。

StarlingX 中的 OpenStack 是容器化的，在“原生”安装情况下，每种服务都被映射到了一个容器中。我们可以登录 Controller 端来查看部署之后的 Pod 的状态，OpenStack 的各个 Pod 是在 OpenStack 的命名空间下的，如图 6-4 和图 6-5 所示。

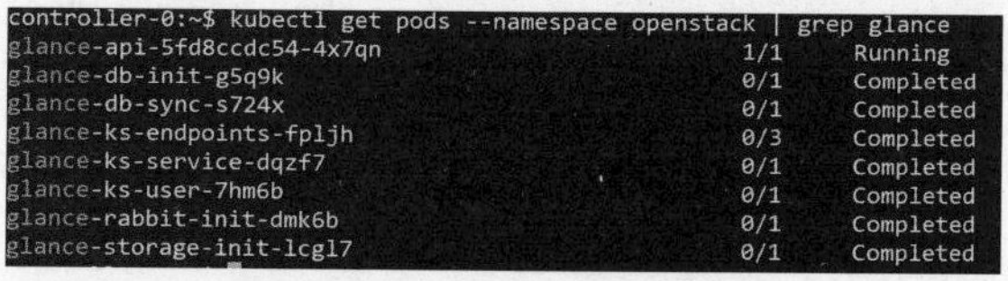

```
controller-0:~$ kubectl get pods --namespace openstack | grep glance
glance-api-5fd8ccdc54-4x7qn                1/1     Running
glance-db-init-g5q9k                       0/1     Completed
glance-db-sync-s724x                       0/1     Completed
glance-ks-endpoints-fpljh                  0/3     Completed
glance-ks-service-dqzf7                    0/1     Completed
glance-ks-user-7hm6b                       0/1     Completed
glance-rabbit-init-dmk6b                   0/1     Completed
glance-storage-init-lcgl7                  0/1     Completed
```

图 6-4　Glance 的 Pod 信息

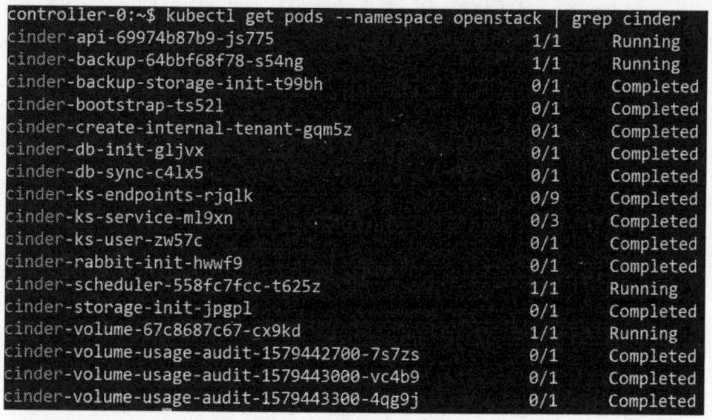

```
controller-0:~$ kubectl get pods --namespace openstack | grep cinder
cinder-api-69974b87b9-js775                          1/1     Running
cinder-backup-64bbf68f78-s54ng                       1/1     Running
cinder-backup-storage-init-t99bh                     0/1     Completed
cinder-bootstrap-ts52l                               0/1     Completed
cinder-create-internal-tenant-gqm5z                  0/1     Completed
cinder-db-init-gljvx                                 0/1     Completed
cinder-db-sync-c4lx5                                 0/1     Completed
cinder-ks-endpoints-rjqlk                            0/9     Completed
cinder-ks-service-ml9xn                              0/3     Completed
cinder-ks-user-zw57c                                 0/1     Completed
cinder-rabbit-init-hwwf9                             0/1     Completed
cinder-scheduler-558fc7fcc-t625z                     1/1     Running
cinder-storage-init-jpgpl                            0/1     Completed
cinder-volume-67c8687c67-cx9kd                       1/1     Running
cinder-volume-usage-audit-1579442700-7s7zs           0/1     Completed
cinder-volume-usage-audit-1579443000-vc4b9           0/1     Completed
cinder-volume-usage-audit-1579443300-4qg9j           0/1     Completed
```

图 6-5　Cinder 的 Pod 信息

Glance 的 API 服务处于运行状态中，对应的容器名称是 glance-api-5fd8ccdc54-4x7qn。其余有关 Glance 的容器（包括提供消息队列、数据库等的初始化服务的容器）没有运行。

Cinder 的安装配置过程与 Glance 类似。登录到 Controller 上查看 Cinder 的各个 Pod 状态。如图 6-5 所示，可以看到 Cinder 的各个服务，如 scheduler、api 和 volume 都处于运行状态，而 usage-audit 只在需要的时候才会执行，类似数据库和消息队列初始化等，也只在

Cinder 服务启动的时候才会执行。

Glance 与 Cinder 在 StarlingX 中的安装是通过 Helm 进行的，通过执行以下命令安装 Cinder 和 Glance 组件：

```
system application-upload HELM_SET
system application-apply OPENSTACK_APP
```

Helm 图表中的 yaml 文件用来进行容器化的安装和配置。Helm 生成 Oslo、config、ini 文件，以及 Kubernetes 环境变量的相关变量和文件的各个函数。

图 6-6 所示为 Glance 的 Helm 图表文件列表。

图 6-6　Glance 的 Helm 图表文件列表

requirements.yaml 文件是安装 Glance 所需要的依赖项，需要在安装 Glance 包之前安装配置完成。打印此文件，可以看到 Glance 只依赖 helm-toolkit。成功启动 Glance 还需要其他的配置。

values.yaml 中包含了所有的配置项信息，Glance 安装的所有配置项会被记录在这个文件中。

templates 目录下存放了生成各种具体配置的脚本，具体的配置信息会由这个文件夹下的某个脚本读取 values.yaml 中的值生成。Glance 的配置信息的生成流程如图 6-7 所示。

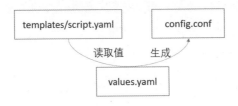

图 6-7　Glance 的配置信息的生成流程

Helm 会根据配置信息对 Glance 进行部署。

## 第 7 章

案例：中国联通 Cube-Edge 平台及其 ME-IaaS 方案

5G 时代即将来临，作为中国三大电信运营商之一的中国联通正面临着数字化转型的重大目标和任务，一方面早已把主要传统业务架设在传统通信网络上，另一方面要面对日益增长的海量边缘数据处理需求，这使得其倍感压力。

如今，位于面向用户应用第一线的边缘网络的效能的提升成为中国联通实现网络转型的目标的关键因素。除了传统的电信业务，中国联通也需要顺应互联网的潮流，需要在人工智能、大数据、云计算、工业互联网、物联网和车联网等先进技术与产业所引领的创新型业务中进行拓展，这些业务往往有着低传输延迟要求、高网络性能要求等特点。与此同时，中国联通在开展边缘业务时，面临着边缘节点数量庞大、局端机房基础条件落后等问题，而且传统的基础设施即服务（IaaS）已经不能满足现有的海量数据传输和处理需求。这些让中国联通在业务发展中遭遇了一系列困难和挑战，边缘应用创新场景如图 7-1 所示。

图 7-1　边缘应用创新场景

第一，创新型的互联网业务带来了数据的爆发式增长，以面向新娱乐、新社交场景的 360 度全景 4K VR/AR 为例，其在 5G 环境中，每 15 秒的流量高达 375MB。由中国联通中心节点机房提供的云计算处理能力一般呈线性增长，扩展性较差，无法匹配未来的海量边缘数据的需求。

第二，大量的互联网业务带来了边缘数据的增加，从而使传输带宽急剧增加，巨大的负载造成了较长的网络延迟，难以满足控制类数据、实时或近乎实时的流式数据的传输需求。

第三，云计算的安全受网络、应用软件、操作系统等多重因素的影响，用户的边缘数据的安全性和隐私保护也要经受考验。

第四，海量数据从网络边缘到中心节点机房的往返传输会带来巨大能耗，不仅带来巨额成本增加，也不符合国家对环保节能的提倡。

第五，中国联通拥有成千上万个基础设施条件相对落后的局端机房和边缘节点机房，传统的 IaaS 架构已然不能满足海量数据的传输和处理需求。

面对越来越多的创新应用，中国联通在结合自有机房构建 MEC 边缘云平台的过程中，需要一个更高效、更可用的基础架构解决方案来助力其解决传统机房基础条件落后、中心云与边缘云协同能力不足、服务不能保持一致及尚未支持上层创新应用等问题。为此，中国联通立足其高可用的边缘业务平台 Cube-Edge，积极与 Intel 和九州云等社区合作伙伴一起研讨和验证，将诸如 StarlingX 等开放前沿新技术、新方案引入 Cube-Edge，用于提升敏捷性和可用性，努力探索中国联通边缘云真正适合落地和应用的智能基础架构，并以此架构为基础构建其全新的移动边缘基础设施即服务（ME-IaaS）解决方案，布局 5G 时代。

现在，Cube-Edge 平台和其 ME-IaaS 方案已在智能安防、智慧港口、智慧交通、边缘流媒体业务等一系列场景中得到了部署与验证。来自第一线的反馈数据表明，新的方案能够给中国联通在网络边缘侧带来高安全性、低延迟、高可用性、高弹性和易维护等诸多好处。

7.1　Cube-Edge 平台

边缘云能够有效帮助中国联通将高性能计算、低延迟传输等核心能力下沉到网络边缘，并广泛地向自动驾驶、无人机、智能制造等垂直行业输出。中国联通目前已制定了部署 MEC 边缘云的四个阶段，并计划 2025 年实现 100%云化部署。

在中国联通的计划表中，要在北京、天津等 15 个省市开启边缘云规模化试点，开通多张边缘云测试床，并在其上开展多个行业应用的试点与验证。中国联通要启动建设边缘云数据中心统一资源池，构建边缘业务平台 Cube-Edge，并基本形成基于边缘云的商业模式。

中国联通边缘业务平台 Cube-Edge 最初参考重新组织局端为数据中心（CORD）项目设计，经过了几个版本的演进。最新的架构基本上还是由硬件资源层、虚拟抽象层、平台能力层和编排管理层四层构成的，如图 7-2 所示。

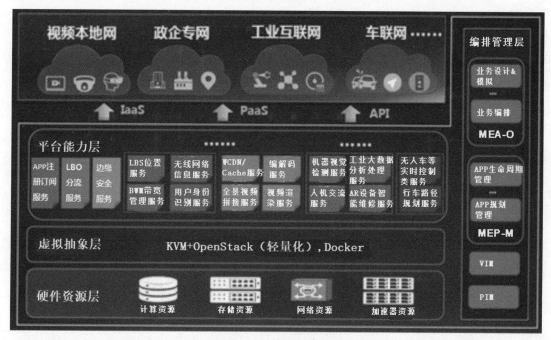

图 7-2　Cube-Edge 架构

- 硬件资源层采用基于通用 x86 硬件平台的高性能计算、网络、存储与加速器资源，为平台提供了坚实的基础设施架构；同时，基于 x86 硬件平台的方式，摆脱了硬件设备与厂商的绑定，使平台更具灵活性和经济性。

- 由 KVM 加轻量化 OpenStack 及 Docker 等构建的虚拟抽象层为平台提供了高效的虚拟化能力。其中，容器方式是目前中国联通重点推进的方向之一，可为边缘计算提供更好的扩展性和资源利用率。

- 作为平台的管理核心，编排管理层中的 MEA-O 业务编排模块、MEA-M 应用管理模块等，使平台的业务和应用编排兼具效率与灵活性。

- 在平台能力层,中国联通边缘业务平台 Cube-Edge 不仅提供了一系列基础服务能力,并遵循 ETSI 标准制定了 MEC-Enabled API 规范,以对外提供通用的能力开放框架,服务并管理第三方应用。在此基础上,目前平台已构建并封装了一系列核心能力,如无人车控制、人工智能加速等。

整个边缘业务平台可以通过 IaaS、平台即服务(PaaS)和 API 的形式对上层的工业互联网等各类创新应用场景展开支撑。

借助边缘业务平台 Cube-Edge,中国联通不仅实现了灵活的网络功能部署,平台自身的基础服务能力也可以与第三方应用一起协作,从而实现边缘云价值的最大化,助力中国联通实现由管道向服务的转型。

7.2 ME-IaaS 方案

伴随着 CORD 项目的发展,中国联通在边缘业务平台 Cube-Edge 的搭建上也面临着诸多因素的挑战:首先,中国联通拥有数量巨大的中心机房、边缘局端等基础设施,往往并不按照全云化网络的需求建设,传统的基础设施不能满足边缘业务平台庞大的数据处理和传输需求;其次,现有中心机房与边缘机房在"中心-边缘"方面的协同能力不足,服务一致性有待提高;最后,边缘业务平台在面向上层创新应用的支持上,还亟待加入更多的软件、硬件及工具集成能力。因此,中国联通需要在平台中构建更灵活、高效的基础设施能力来应对以上挑战。

通过与 Intel 和九州云等开展的深入技术交流与合作,中国联通为其边缘业务平台 Cube-Edge 引入了 StarlingX 开源软件堆栈等先进技术,并以之为基础构建了全新的 ME-IaaS 方案,从而为平台及上层应用提供了真正灵活、有弹性的基础设施资源支持。

StarlingX 是由 Intel 和 Wind River 开源的,高可用、高可靠、可扩展的边缘云软件堆栈,糅合了 OpenStack、Kubernetes 和 Ceph 等开源项目组件,并与其提供的资源管理、故障管理等技术亮点一起,结合到整体性的软件堆栈中,从而为边缘云提供计算、存储、网络、虚拟化等基础设施资源,并提供了一系列的资源、主机、故障、服务和软件管理能力。来自实践的反馈表明,StarlingX 在高可用性(HA)、服务质量(QoS)、性能及低延迟等关键领域有着明显的优势。

如图 7-3 所示，在新的解决方案中，中心云采用双控高可用性模式部署。中心云和边缘云使用三层网络进行通信，边缘云可根据业务方案采用单一节点模式的简化部署方案或采用多节点的标准部署方案。

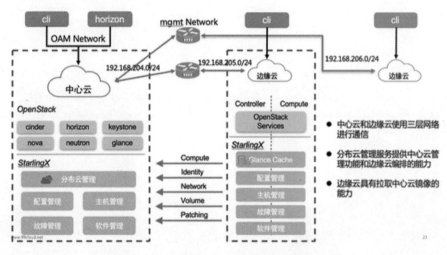

图 7-3　中国联通 ME-IaaS 边缘云解决方案

中心云主要用于为边缘云提供接入服务、编排能力及导出配置文件的能力。边缘云具有拉取中心云镜像的能力，部署时需要使用 StarlingX 构建的镜像完成操作系统的安装，再使用配置文件进行初始化。完成以上步骤后，边缘云即可被中心云成功接管。

在此架构中，中心云提供了移动边缘平台管理器，对边缘设备（包括边缘数据中心、边缘资源基础架构资源、边缘平台资源、边缘业务资源）的生命周期进行管理，实施上线、部署、监控、变更和下线等操作。并针对边缘业务管理人员、第三方应用提供商和边缘用户提供接口。

新的 ME-IaaS 解决方案具有以下几方面的优势。

第一，实现中心-边缘协同，有效支撑分布式云架构。通过由 StarlingX 提供的边缘节点接入管理能力，Cube-Edge 平台可方便地将边缘节点接入中心云，实现对边缘节点的全生命周期管理。如图 7-4 所示，用户可实时查看边缘节点资源的使用情况、库存情况、故障告警信息等。

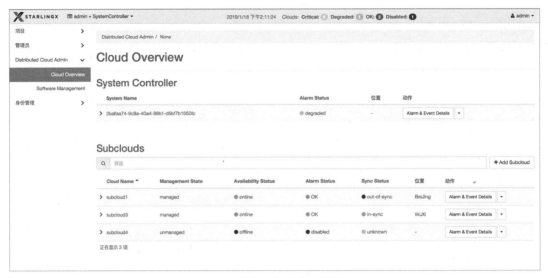

图 7-4　边缘节点故障信息管理

第二，实现中心镜像的实时推送，提高服务一致性。如图 7-5 所示，在 Cube-Edge 平台中，所有镜像资源都在中心云中进行管理，在边缘云接入中心云后，即可共享中心云上所有的镜像资源。当边缘云需要部署相关业务时，可动态拉取中心云中的镜像资源。同时，当中心云上的应用镜像更新后，也会实时同步到边缘云侧，确保了边缘服务更新的及时性和一致性。

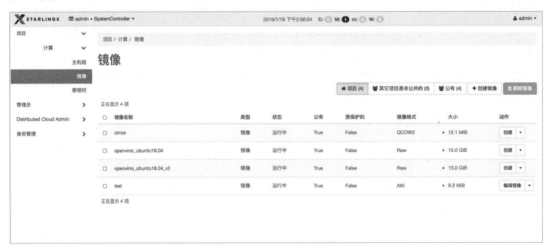

图 7-5　中心云的镜像管理

第三，软件和硬件结合，加速边缘侧的智能识别。通过 StarlingX、Cube-Edge 平台还可有效集成 Intel OpenVINO 工具包、Intel Movidius 神经计算棒等软件和硬件产品与技术，平台可以对实时采集的视频数据进行智能分析。目前 Cube-Edge 平台已经可以快速地对实时视频中的人像进行面孔检测、年龄识别、面部表情等分析。

7.3 应用场景

如图 7-6 所示，在智慧港口场景中，中国联通边缘云及边缘业务平台 Cube-Edge 将有助于重构港口的信息流、物流和资金流，助力港口实现协作化、精细化、智能化、自动化智慧建设。利用 5G 边缘云，一系列创新应用（如无人驾驶水平运输、堆场作业和岸桥装卸自动化、机器人自动拆装集装箱扭锁）正逐步被试点应用。目前，这一能力已在天津、青岛和福州等港口实施试点。

图 7-6　智慧港口

如图 7-7 所示，在智慧交通场景中，中国联通正基于边缘云构建人、车、路协同式的智能交通生态系统。借助边缘业务平台 Cube-Edge，通过高清摄像头采集的车辆信息可在平台进行分析、计算等预处理。平台也支持对移动的车辆实现切换和动态数据的同步，以实现紧急制动、交汇路口 VIP 车辆优先通行、红绿灯信息控制等智慧化功能。

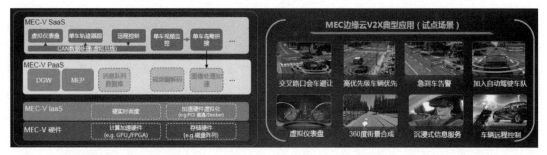

图 7-7　智慧交通

7.4　小结

来自中国联通试点第一线的反馈表明，基于 StarlingX 的 ME-IaaS 解决方案能够有效地支撑中国联通边缘业务平台 Cube-Edge 在高可用性、高服务质量、高性能等方面的需求，并可以有效地面向上层创新应用构建一个高安全性、低延迟、高可用、高弹性、易维护的开源基础架构解决方案。现在，基于这一解决方案的边缘业务平台正被逐步推广到智慧港口、智慧交通等一系列业务场景中。

随着基于边缘云的业务模式和商业生态不断趋向成熟，未来，基于边缘业务平台的各类研究将不断向着更深入、更高效的方向发展。5G 商用化之路离不开整个产业链的协同努力，中国联通还将继续与 Intel 和九州云等伙伴深入合作，让 StarlingX、Intel OpenVINO 工具包、Intel Movidius 神经计算棒等先进技术与中国联通网络的业务规划更为紧密，从而探索更多的边缘云智慧应用场景，共建良性的上下游产业生态链。

## 第 8 章

案例：ICN

ICN（Integrated Cloud Native NFV/App Stack Family）是一个面向边缘计算用例的参考架构和集成项目。ICN 在 2019 年 6 月被 Linux Foundation 批准，正式成为 Akraino 中的一个蓝图族，进入孵化阶段。到目前为止，ICN 蓝图族包括两个蓝图：MICN（Multi-Server Integrated Cloud Native NFV/App Stack）和 Private LTE/5G。其中，MICN 是一个云原生的基础软件栈；Private LTE/5G 是基于 MICN 的集成了 Private LTE/5G 服务的软件栈。

ICN 是一个面向电信、企业、物联网边缘计算等多种场景的模块化的软件栈，可以根据不同的应用场景进行裁剪和定制，主要的目标用例有 SD-EWAN（Software Defined - Edge Wide Area Network）、DaaS、对 IoT 框架 EdgeX Foundry 的支持、视频内容分发网络和视频流等用例。现在有多家公司成了 ICN 蓝图族的合作伙伴和贡献者，其中有 Intel、Verizon、VMWare、Dell、Orange、Airbus、T-Mobile、US、Juniper Networks、Cloudlyte-Tata Communications、MobileEdgeX、Aarna Networks、Lumina Networks 等。

ICN 是基于云原生架构的边缘计算软件栈，那云原生具体是什么意思呢？我们从云基础架构的演进来解释一下。早期的云计算是基于虚拟机的，在物理机上启动多个虚拟机实例，对虚拟机的调度和编排是由云操作系统完成的，OpenStack 就是个流行的开源云操作系统，用户的应用程序和 VNF 运行在每个虚拟机里边（见图 8-1 左上）。随着容器的兴起，在物理机上调度和编排的单位就成了容器或一组容器，Kubernetes 是很流行的面向容器的开源云操作系统，用户的应用和 CNF 运行在容器中（见图 8-1 左下）。虚拟机和容器有各自的优点和缺点。

- 普遍来说，虚拟机比容器占用的系统资源要多。
- 虚拟机比容器的隔离性好，可以保证更高的安全性。
- 某些老的应用和 VNF 只能运行在虚拟机中。

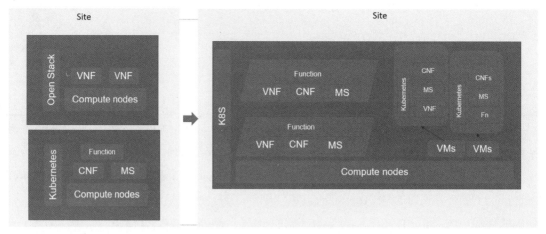

图 8-1　云操作系统的演进

由于虚拟机和容器具备各自的特点,实际的云计算场景中需要同时支持虚拟机和容器,而同时部署 OpenStack 和 Kubernetes 这两套云操作系统不仅成本高昂,两套系统之间还有功能上的重叠,从而会带来计算资源上的浪费,并且从全局看,系统资源也无法在两个系统之间进行合理的调配,提供服务质量上的保证。ICN 所支持的云原生架构很有效地避免了这些问题:容器和虚拟机可以由 Kubernetes 同时、统一地调度、管理和编排,容器和虚拟机都被抽象成 Pod,遵从 Kubernetes 所定义的计算、网络、存储模型。在此基础上,ICN 支持一种叫作嵌套 Kubernetes 的架构:一个 Kubernetes 集群创建出一组虚拟机 Pod,然后这组虚拟机 Pod 构建出另一个 Kubernetes 集群,如图 8-1 右上所示。

具体来讲,ICN 的技术设计目标如下。

- 多种部署类型共存:VNF、CNF、虚拟机、容器、微服务。
- 为满足电信网络边缘需求所设计的高级网络的特性如下。
  - ➢ 支持多个网络接口。
  - ➢ 支持服务商网络(Provider Network)。
  - ➢ 支持服务功能链 (Service Function chain)。
  - ➢ 支持软多租户隔离(容器)和严格多租户隔离(虚拟机)。
  - ➢ 支持跨多个边缘集群的调度和编排,每个边缘集群分别由 Kubernetes 管理,跨多个边缘集群则由 EMCO 进行全局的调度和编排。这其中包括边缘集群的自动注册、工作负载的自动调度、租户的创建/管理/删除等。

➢ 支持安全性方面的编排：通过硬件设施保证对密钥的保护及对用户的验证等。

8.1　ICN 组件

ICN 是个集成项目，提供了边缘计算端到端的最佳实践、参考软件栈和解决方案。其组件完全来自开源社区，几个主要的来源如下。

- 来自 CNCF 的云原生开源项目：其中包括 K8s、Istio、Envoy、KubeVirt、Prometheus、Rook。

- 来自 OpenNESS 的组件：包括 5G UPF、AF、NEF 微服务，MEC 类型服务的注册和发现，充分发掘和利用平台硬件特性的 Topology Manager、CPU Manager、NFD，针对机器学习在英特尔平台深度优化的开发套件 OpenVINO，IA 平台上的各种设备插件，包括 SR-IOV NIC、QAT、FPGA，支持 CNI 的有 Multus、SR-IOV NIC、OVS-DPDK。

- ICN 自己开发的组件：SD-EWAN、BPA（Binary Provisioning Agent）、OVN-for-K8s-NFV。

- 来自 Linux Foundation 的开源项目：Multi Edge/Cloud Orchestrator。

在这些来源各异的开源项目中，每个开源项目都有自己的版本、安装方式、使用步骤，单是将它们集成起来就需要巨大的工作量。ICN 作为最佳实践软件栈项目的价值就体现在，它根据具体用例的需求搭建出并验证了一套全栈的端到端的软件栈，并且针对用例、软件、硬件进行了定制和优化，用户拿来直接就能用，可以作为定制和二次开发的基础，大大降低了部署和开发的门槛。

ICN 和 Akraino 社区的节奏保持一致，每半年发布一个新版本。ICN 的第一个版本是在 2019 年 11 月底发布的，编号是 ICN R2，ICN R2 功能模块和架构如图 8-2 所示。

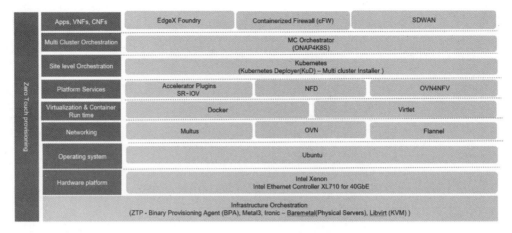

图 8-2　ICN R2 功能模块和架构

　　零接触服务开通（Zero Touch Provisioning）为跨多云、多边缘站点的部署带来了极大的便利，否则面对大量的边缘站点，若每个站点都需要人工操作和参与，将耗费巨大的人力、物力，服务开通的效率很低。ICN R2 通过 BPA（Binary Provisioning Agent）实现了对 ZTP 的支持，它使用 Metal3 和 Ironic 对物理机进行安装、配置和部署，使用 Libvirt 接口对虚拟机进行安装、配置和部署。对 Kubernetes 及运行在 Kubernetes 上的服务、应用程序的部署都是由 KuD（Kubernetes Deployer）完成的，如图 8-2 中的 Multus、OVN、Flannel、SR-IOV、OVN4NFV、NFD 等。

　　ICN 的第二个版本的编号是 ICN R3，ICN R3 功能模块和架构如图 8-3 所示。

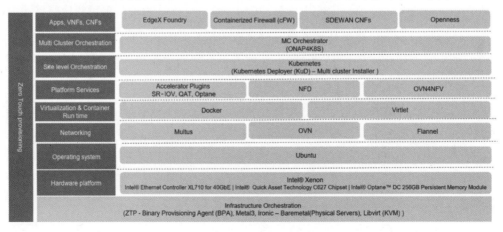

图 8-3　ICN R3 功能模块和架构

与 ICN R2 比较，ICN R3 新增加的主要功能如下。

- 加入了对新硬件加速设备的支持：Intel QAT 和 Intel Optane™ DC Persistent Memory。
- 实现了与 OpenNESS 的集成。
- 加入了对 SD-EWAN 的支持，SD-EWAN 是专门为边缘计算场景设计的 SD-WAN 方案，意在为中心云和边缘站点之间，以及边缘站点和边缘站点之间搭建、配置、管理灵活的、满足 SLA 要求的网络链接。

8.2　ICN 体系结构

ICN 旨在解决大量边缘站点及公共云中的工作负载部署，它使用 ONAP4K8s 作为跨站点服务编排器，并利用 K8s 作为每个站点的资源编排器。ICN 可以基于裸机服务器进行构建，并整合基础架构编排流程，确保基础架构软件在统一的中心控制下，在各个边缘节点服务器上进行安装或更新。

在边缘计算应用场景中，根据实际物理位置的不同，通常需要建立多个边缘集群来完成计算任务。但分别在不同边缘位置手动构建集群的方案，会增大系统管理员的工作负担，并导致整个系统不易进行扩展。

ICN 从架构上采用全局控制器（Infra Global Controller）＋本地控制器（Infra Local Controller）+边缘集群的方案来实现系统的自动化部署和动态扩展，如图 8-4 所示。

- 全局控制器：位于系统控制中心，管理员通过全局控制器管理多个本地控制器，实现边缘集群的构建和应用部署。为了部署方便，全局控制器的各个服务可以部署在一个 K8s 集群上。
- 本地控制器：位于各个边缘位置，由全局控制器管理，控制本地边缘集群的构建和应用部署。为了部署方便，本地控制器的各个服务可以部署在一个 K8s 集群上。
- 边缘集群：位于各个边缘位置，由本地控制器构建并管理，完成实际应用工作负载的计算。

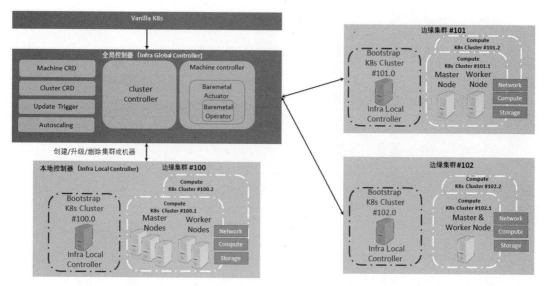

图 8-4　ICN 整体架构

8.2.1　全局控制器

全局控制器通过管理多个本地控制器实现系统各个边缘集群的构建和应用部署，它的主要管理功能如下。

- 边缘集群本地控制器的注册与删除。
- 边缘集群计算节点的添加与删除。
- 边缘集群的构建。
- 边缘集群系统软件的安装与升级。
- 边缘集群应用服务的部署。
- 边缘集群状态和系统信息的监控。

在 ICN 中，全局控制器部署在一个 K8s 集群中，通过 K8s 扩展的自定义控制器和自定义资源（Custom Resource Definition，CRD）来管理边缘集群、节点及所需运行的应用服务。

如图 8-5 所示，全局控制器包含以下服务。

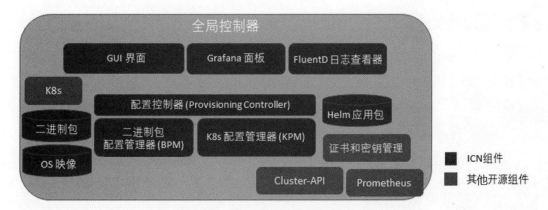

图 8-5　全局控制器

- GUI 界面：基于 Web 的图形界面供系统管理员管理边缘集群、边缘计算节点、系统软件的安装、升级及需要部署的应用。
- Grafana 面板：通过 Grafana 面板使用 Prometheus 系统支持对边缘集群状态和系统信息的监控。
- FluentD 日志查看器：基于 FluentD 支持日志的收集与查询。
- 配置控制器（Provisioning Controller）：GUI 配置界面的后端，是全局控制器的核心组件，实现实际的系统配置功能，具体如下。
  - ➢ 边缘集群本地控制器的注册与删除。
  - ➢ 边缘集群上计算节点的添加与删除。
  - ➢ 二进制包配置管理器（Binary Provisioning Manager，BPM）：BPM 与运行于边缘集群的本地控制器中的二进制包配置代理（Binary Provisioning Agent，BPA）协同工作，实现边缘节点操作系统的安装，以及系统软件的安装与升级等。
  - ➢ K8s 配置管理器（K8s Provisioning Manager，KPM）：KPM 实现边缘 K8s 集群的构建与配置，以及应用服务在边缘集群上的部署。
  - ➢ Mongo 数据库：ICN 通过 Mongo 数据库存储在边缘集群上的所需的各类软件包，包括 OS 映像，即边缘集群计算节点需要安装的操作系统镜像；二进制包，即边缘集群计算节点上需要安装或升级的系统软件包；Helm 应用包，即以 Helm 格式封装的需要在边缘集群上部署的应用服务。

8.2.2 本地控制器

本地控制器运行在每个边缘集群的引导节点上，引导节点负责将所需的软件安装在运行工作负载的计算节点之上。假设一个边缘集群有 10 台服务器，可以将 1 台服务器用作引导节点，而将其他 9 台服务器用作运行工作负载的计算节点。引导节点不仅负责在计算节点中安装所有必需的软件，还负责为计算节点更新软件补丁。

引导节点本身是基于 K8s 的。值得注意的是，此 K8s 与安装在计算节点中的 K8s 集群是不同的集群。本地控制器运行在引导节点上的 K8s 集群中，其所有组件（如 BPA、Metal3 和 Ironic）都部署在 Pod 中。

如图 8-6 所示，本地控制器包含以下服务。

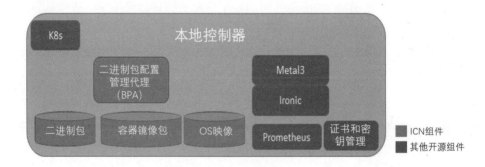

图 8-6　本地控制器

- Ironic 和 Metal3：　Ironic 负责为物理服务器安装操作系统并进行配置，而 Metal3 提供的 BareMetal Operator 负责包装 Ironic 并将其表示为 CRD 对象，从而可以通过 Kubernetes API 进行配置，如 BareMetal Operator 定义了一个名为 Baremetal Host 的 CRD，可以用该 CRD 代表物理服务器。
- 二进制包配置管理代理（Binary Provisioning Agent，BPA）：BPA 的工作是将所有无法使用 Kubectl 安装的软件包安装到 K8s 集群中。

BPA 还实现了本地控制器中定义的 CRD 控制器，主要管理以下 CR。

- 上传站点的相关信息，如计算节点及其角色。
- 实例化二进制包的安装。
- 获取应用 K8s 集群的 Kubeconfig 文件。

- 获取安装状态。

BPA 还提供了 RESTful API 来执行以下操作。

- 上传用于将软件安装在计算节点中的二进制映像。
- 上传计算节点所需的 Linux 操作系统。
- 获取所有软件包的安装状态。

由于某些计算节点可能无法连接网络，BPA 还提供了以下特性。

- BPA 充当本地 Docker Hub Repository，并确保所有的与 K8s 相关的容器镜像（需要安装在应用 K8s 集群上）都可通过本地 Docker Hub Repository 获取。
- BPA 可以更改 Docker 的配置：允许从本地 Docker Hub Repository 获取容器镜像。

此外，BPA 还负责以下事务。

- 当为边缘集群添加新的计算节点时，一旦管理员在站点列表中添加了新的计算节点，BPA 会自动为该计算节点安装软件包。
- 如果上传了新版本的二进制软件包，BPA 将确定哪些计算节点需要安装新版本的软件包，并为其进行安装。

BPA 在 CSM（证书和密钥管理）中存储私钥和加密信息，具体如下。

- SSH 密码：用于计算节点之间，进行身份验证。
- Kuberconfig：用于与 Application-K8s 进行身份验证。

本地控制器可以通过如下方式安装。

- USB 启动盘：管理员仅需在服务器上插入 USB 启动盘，重启服务器，便可进行安装。USB 启动盘中包含了 Linux 操作系统、二进制软件包、OS 映像、Kubernetes 和所有容器的镜像。
- 手动安装：开发人员可以选择一台计算机作为引导节点，安装 Linux 操作系统，使用 Kubernetes 安装工具（如 Kubeadm）安装集群，启动 BPA、Metal3 和 Ironic，然后通过 BPA 提供的 RESTful API 上传软件包。
- KVM/QMEU 虚拟机镜像：该镜像中包含本地控制器，通过该镜像创建的虚拟机可作为引导计算机使用。

需要注意的是，可以在不使用全局控制器的情况下运行本地控制器。目前，ICN 仅支持本地控制器，全局控制器将在之后的版本中发布。将来对本地控制器的手动操作由全局控制器自动进行。因此，本地控制器可以同时支持手动操作和自动操作。

如前面所述，本地控制器将为运行工作负载的计算节点安装并启动 K8s 集群，具体步骤如下（其中，步骤（1）和（2）由 Metal3 和 Ironic 执行，步骤（3）由 BPA 执行，步骤（4）通过调用 Kubernetes 的 API 来完成）。

（1）安装 Linux 操作系统。

（2）对软件进行配置。

（3）安装运行 K8s 集群所需的基本组件（如 Docker、Kubelet、Kubectl、Kubeadm 等）。

（4）通过 Kubectl 安装一些组件。

8.3 ICN 部署安装

ICN 项目的部署安装致力于最大限度地实现安装过程的自动化——"零接触安装"。大多数部署安装工作仅需要通过启动跳转主机（本地控制器）即可完成。本地控制器一旦启动，它将被完全调配并开始检查和调配裸机服务器，直到集群完全按照配置安装完为止。本节将逐步介绍如何为 ICN 项目安装、配置网络和部署体系结构。

8.3.1 部署架构

1. 裸金属部署

裸金属部署如图 8-7 所示，通过 Metal3 Baremetal Operator 和 Ironic 来配置本地控制器，从而可以配置裸金属服务器。控制器具有到裸机服务器的 3 个网络连接：网络 A 连接裸机服务器，网络 B 用于预配置裸机服务器的专用网络，网络 C 是 IPMI 网络，用于在预配置期间进行控制。此外，裸机主机连接到网络 D 上，即 SR-IOV 网络。

在某些部署模型中，可以将网络 C 和网络 A 合并为同一网络，但是开发人员应注意网络 A 和服务器的 IPMI 地址之间的 IP 地址管理。

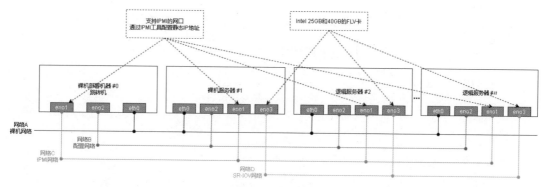

图 8-7　裸金属部署

2. 虚拟机部署

虚拟机部署如图 8-8 所示,需要使用 Metal3 的虚拟机部署方式的开发环境创建 PXE 引导的虚拟机。VM 中的 Ansible 客户端在/opt/ ironic 中为节点的 inventory 文件编写脚本。用户无须做任何设置即可进行虚拟机部署,虚拟机部署主要用于开发。

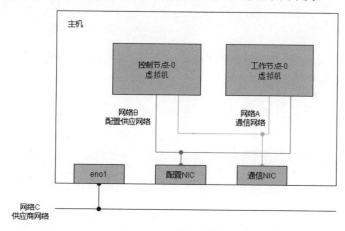

图 8-8　虚拟机部署

8.3.2　部署环境

在 ICN 项目的整个部署结构中,完成安装部署的主要有两个组件:本地控制器 Local Controller 和 K8s 集群。本地控制器将驻留在跳转服务器中,并负责运行 Metal3 Operator,还有一个二进制的配置代理 Operator 和二进制的配置代理 REST API 控制器。K8s 集群则负责运行真正的工作负载,并将其安装在 Baremetal 节点上。

（1）硬件要求。

最低硬件要求（基于 All in One 的虚拟机部署）如下。

- 32 GB Memory。
- 32-CPUs Server。

推荐的硬件要求如下。

- 64 GB Memory。
- 32-CPUs Server。
- SR-IOV Network Cards。
- Intel Quick Assist Technology Card。

（2）软件要求。

ICN 目前经过测试的安装环境是 Ubuntu 18.04，要求跳转服务器预先安装好 Ubuntu 18.04。

（3）服务器配置需求。

本地控制器安装的目标机器至少要有三个网口。进行工作负载的裸机安装至少要有四个网口，其中有一个是 IPMI 口。

网络配置需要四个或更多的集线器，通过配置布线连接网络进行通信。如图 8-7 所示，有三个网络，即网络 A、网络 B、网络 C，其中，网络 B 和网络 C 将被本地控制器用来设置进行工作负载的裸机，安装配置操作系统。

表 8-1 所示为经过测试的跳转服务器和目标裸机的基本配置。

表 8-1 经过测试的跳转服务器和目标裸机的基本配置

主机名	CPU 型号	内存	存储	1GbE: NIC, VLAN,	10GbE: NIC,VLAN, Network
Jump	Intel E5-2699	64GB	3TB (Sata) 180 (SSD)	NET A: VLAN 110 (DMZ) NET B: VLAN 111 (Admin)	NET C: VLAN 112 (Private) VLAN 114 (Management) IF3: VLAN 113 (Storage) VLAN 1115 (Public)
node1	Intel E5-2699	64GB	3TB (Sata) 180 (SSD)	IF0: VLAN 110 (DMZ) IF1: VLAN 111 (Admin)	IF2: VLAN 112 (Private) VLAN 114 (Management) IF3: VLAN 113 (Storage) VLAN 1115 (Public)

主机名	CPU 型号	内存	存储	1GbE: NIC, VLAN,	10GbE: NIC,VLAN, Network
node2	Intel E5-2699	64GB	3TB (Sata) 180 (SSD)	IF0: VLAN 110 (DMZ) IF1: VLAN 111 (Admin)	IF2: VLAN 112 (Private) VLAN 114 (Management) IF3: VLAN 113 (Storage) VLAN 1115 (Public)
node3	Intel E5-2699	64GB	3TB (Sata) 180 (SSD)	IF0: VLAN 110 (DMZ) IF1: VLAN 111 (Admin)	IF2: VLAN 112 (Private) VLAN 114 (Management) IF3: VLAN 113 (Storage) VLAN 1115 (Public)

8.3.3　安装

ICN 的整个安装部署主要分为两部分，且都是通过命令"make install"开始执行的：本地控制器的安装；计算节点集群的安装。

1. 裸金属部署

首先我们需要安装跳转主机，对跳转主机中的本地控制器进行预配置。

用户需要提供每一个需要连接到本地控制器的边缘节点服务器的 IPMI 信息，这些信息需要写入./ icn/deploy/metal3/scripts/nodes.json.sample 中，以下示例是一个有这两个边缘节点的配置文件，当需要添加新的节点时，我们需要添加信息到相应的数组：

```
{
  "nodes": [
    {
      "name": "edge01-node01",
      "ipmi_driver_info": {
        "username": "admin",
        "password": "admin",
        "address": "10.10.10.11"
      },
      "os": {
        "image_name": "bionic-server-cloudimg-amd64.img",
        "username": "ubuntu",
        "password": "mypasswd"
      }
    },
    {
```

```
      "name": "edge01-node02",
      "ipmi_driver_info": {
        "username": "admin",
        "password": "admin",
        "address": "10.10.10.12"
      },
      "os": {
        "image_name": "bionic-server-cloudimg-amd64.img",
        "username": "ubuntu",
        "password": "mypasswd"
      }
    }
  ]
}
```

本地控制器的 Metal3 的相关配置：

```
node：添加到本地控制器所需的节点
name：由 Metal3 设置的 Baremetal 的名称，一旦设置，该名称将是计算机的主机名
ipmi_driver_info:IPMI 驱动程序信息是一个 json 字段，当前包含 Ironic 发送 IPMI 工具命令所
需的 IPMI 信息
username：需要为 Ironic 提供的 BMC 用户名
password：需要为 Ironic 提供的 BMC 密码
address：BMC 服务器的 IPMI LAN IP 地址
os：Baremetal 机器的操作系统信息是一个 json 字段，保存要配置的映像名称、登录名和密码
image_name：系统镜像名称应为 qcow2 格式
username：用来配置登录系统的用户名
password：用来配置登录系统的密码
```

设置配置文件：即本地控制器的网络相关配置，用户可以对 icn 项目的根目录中名为 user_confi.sh 的文件进行网络的相关配置。

```
#!/bin/bash

#本地控制器 DHCP
#BS_DHCP_INTERFACE 定义 ICN DHCP 部署绑定的网口
#例如 export BS_DHCP_INTERFACE="ens513f0"
export BS_DHCP_INTERFACE=

#BS_DHCP_INTERFACE_IP 定义 ICN DHCP 管理的 IPAM 地址
#例如 export BS_DHCP_INTERFACE_IP="172.31.1.1/24"
export BS_DHCP_INTERFACE_IP=

#边缘网络配置
#Net A
```

```
#提供的网络有自定义的网络网关和DNS
#export PROVIDER_NETWORK_GATEWAY="10.10.110.1"
export PROVIDER_NETWORK_GATEWAY=
#export PROVIDER_NETWORK_DNS="8.8.8.8"
export PROVIDER_NETWORK_DNS=

#Ironic Metal3 配置网络
# Ironic 连接的网口
#Net B
#e.g. export IRONIC_INTERFACE="enp4s0f1"
export IRONIC_INTERFACE=

#Ironic Metal3 IPMI LAN 网络设置
#Ironic IPMI LAN 绑定的网口
#Net C
#例如 export IRONIC_IPMI_INTERFACE="enp4s0f0"
export IRONIC_IPMI_INTERFACE=

#IPMI LAN 网口 IP 地址
#例如 export IRONIC_IPMI_INTERFACE_IP="10.10.110.20"
#Net C
export IRONIC_IPMI_INTERFACE_IP=
```

运行安装：完成对节点仓库配置和相关配置的修改后，通过在 ICN 根目录执行"make install"命令来安装 ICN。

```
# git clone "https://gerrit.akraino.org/r/icn"
Cloning into 'icn'...
remote: Counting objects: 69, done
remote: Finding sources: 100% (69/69)
remote: Total 4248 (delta 13), reused 4221 (delta 13)
Receiving objects: 100% (4248/4248), 7.74 MiB | 21.84 MiB/s, done.
Resolving deltas: 100% (1078/1078), done.
# cd icn/
# vim Makefile
# make install
```

当执行安装命令时，以下步骤将被执行。

（1）下载、安装、运行集群所需的所有软件。

（2）安装 Kubernetes 集群以维护 Bootstrap 集群，并保证边缘位置的所有服务器均已安装。

（3）识别并创建 Metal3 特定的网络配置，如每个边缘位置的本地 DHCP 服务器网络，用于配置网络和 IPMI 网络的 Ironic 网络。

（4）Metal3 是使用"user_config.sh"中配置的 IPMI 配置启动的，并使用 IPMI LAN 网络配置 Baremetal 服务器。

（5）检查是否配置了所有服务器的状态，Metal3 启动验证运行不会超时 60 分钟。

① 所有服务器都是并行配置的。例如，如果边缘位置部署了 10 台服务器，那么同时需要配置 10 台服务器。

② Metal3 启动验证，检查所有服务器是否已配置完成，网络接口是否已启动，以及是否已配置了提供者的网络网关和 DNS 服务器。

③ Metal3 启动验证，检查 user_config.sh 中指定的所有服务器的状态，以确保已配置了所有服务器。例如，如果预配了 8 台服务器而未预配 2 台服务器，则启动验证应确保在启动所有服务器之前先配置好所有服务器。

（6）BPA Baremetal 组件使用由 Metal3 设置的服务器的 mac 地址来调用，BPA Baremetal 组件决定集群大小及边缘位置所需的集群数量。

（7）BPA Baremetal 将容器化的 KUD 作为每个集群的工作来运行。KUD 在服务器上安装 Kubernetes 集群，并安装 ONAP4K8s 和其他默认插件，如 Multus、OVN、OVN4NFV、NFD、Virtlet、SR-IOV。

（8）BPA Rest 代理安装在引导集群或跳转服务器中，并且安装 rest-api、rook / ceph、Mimio 作为云存储，这为用户提供了一种上传自己的软件、容器映像或 OS 映像以跳转服务器的方法。

2. 虚拟机部署

虚拟机部署的方式和裸机部署的区别不大，主要区别在于安装跳转机/服务器。Host 服务器或跳转机都要求安装 Ubuntu 18.04 作为部署环境。ICN 会安装所有的 VM 并建立 K8s 集群。与裸金属部署相同，我们使用"make vm_install"进行虚拟机部署。执行"make vm_all"会使用 ICN-BPA Operator 安装两个名称分别为 master-0 和 worker-0 的 VM，具有 8GB RAM 和 8 个 vCPU，Operator 会在这些 VM 上安装 K8s 集群，并安装 ICN-BPA Rest API 验证程序。BPA Operator 将安装 KUD 以建立集群，并安装所有 ICN 需要的 Addons 和 Plugins。

8.3.4 验证

ICN BP 检查裸机和 VM 部署中的所有设置。验证脚本将通过检查 60 秒的超时时间（间隔为 30 秒）来检查每个裸机节点中的 OS 的 Metal3 配置。BPA 操作员通过对安装的 Kubernetes 集群执行普通的 curl 命令来检查 KUD 是否已完成安装在裸机和 VM 设置中。

裸机验证程序：运行 "make bm_verifier"，将验证裸机部署。VM 验证程序：运行 "make vm_verifier"，将验证虚拟机部署。

8.4 SD-EWAN 的设计与实现

边缘计算和云计算最大的区别在于，边缘计算有很多的边缘节点或边缘集群，如何将这些边缘集群有效地连通成为一个需要解决的问题呢？我们知道 SD-WAN 可以连接多个集群，但对基于云原生的边缘计算来说，SD-WAN 仍然存在一定的缺陷。所以在 ICN 中，我们开发了 SD-EWAN，这里的 E 代表的是 Edge。

8.4.1 边缘互联应该考虑的问题

在实现边缘集群互联时，我们需要考虑基于云原生边缘计算的使用场景，根据这些场景的需求来考虑一些技术上的问题。

- 在边缘计算场景下存在很多边缘集群，为了能在这些集群上调度部署应用，我们需要一个能够管理多集群的调度器。目前的 Kubernetes 和 OpenStack 都只能对单集群进行调度管理。这里我们主要介绍集群互联，所以不对集群调度的实现进行讨论。但在网络的需求上有一点可以确定，即调度器需要访问每个边缘集群的控制平面网络，这样才能下发调度命令到具体的集群，从而在边缘集群中部署应用。
- 有的边缘集群可能比较大，有比较好的基础设施。但同时边缘集群也可能很小，以至于没有静态的公网地址，甚至没有公网地址，而是躲在 NAT 后面。
- 每个边缘集群都是一个 Kubernetes，一个 Kubernetes 中运行的 Pod 的 IP 地址可能和其他的 Kubernetes 中的 Pod 的 IP 地址重复。
- 一个边缘集群中的应用可能需要和另外一个边缘集群中的应用进行交互，这时需要打通应用之间的通路。

8.4.2 SD-EWAN 的设计

在 ICN 中我们采用 ONAP 来进行多边缘集群的调度，ONAP 能在多个集群之间进行调度，从而创建应用。ONAP 会运行在这些集群中的一个或两个上，通常运行在中心集群上。这里的中心主要指基础设施比较完善的公有云平台。所以我们可以说 ONAP 是集群间应用编排的控制平面，而 SD-EWAN 是集群间网络的控制平面。应用的编排依赖于集群间网络的连通性，在 SD-EWAN 看来，每个集群都是平等的，因为 SD-EWAN 是为了保证集群之间的连通性而存在的，并不会因为某个集群中运行了 ONAP 就对该集群区别对待。

如图 8-9 所示，上面的 Secure WAN Hub 是 SD-EWAN 的中心，它包含很多组件，这些组件负责不同的功能，最终保证各个集群之间的连通性。而图 8-9 下面的集群则是需要被连通的各个边缘集群，这些集群中有些是普通的边缘集群，它们会运行边缘应用对用户提供服务，有些集群则会运行比较核心的控制调度业务。

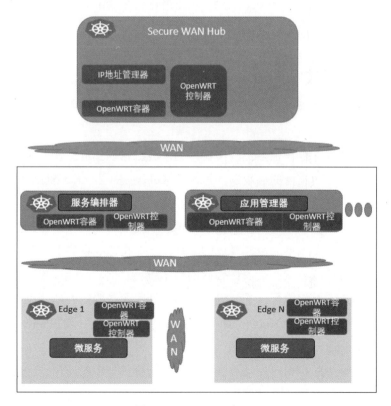

图 8-9　SD-EWAN 概况

SD-EWAN 要求所有集群之间的通信都要通过 IPSec 加密隧道，即使边缘集群有固定的公网 IP。WAN Hub 作为隧道的服务端接收边缘集群发起的隧道建立请求。即使边缘集群藏在 NAT 后面，也能发起隧道建立请求。一旦隧道建立成功，WAN Hub 和集群之间就建立了双向通信，任何一方都可以主动发起基于隧道的网络通信。

WAN Hub 有一个叫地址管理的组件专门管理隧道虚拟 IP 地址。它为每个和它建立隧道连接的边缘集群分配虚拟 IP 地址。集群与集群之间的网络通信可以通过 WAN Hub 中转，也可以在集群之间直接建立隧道。在集群之间建立隧道需要重用从 WAN Hub 分配到的虚拟 IP 地址。直接建立隧道的方式可以获得更好的性能，因为不需要经过 Hub 的中转。但如果两个边缘集群都没有公网 IP 地址，那么就只能通过中转的方式通信了。

为了应对地址重复的情况，我们通过 DNAT 的方式暴露边缘集群中的服务。我们访问一个集群的服务其实就是访问这个集群暴露的 DNAT，请求通过 DNAT 会转到实际提供服务的 Pod 中。数据包在出集群的时候也会进行 SNAT，这样每个集群内部的网络对外都是不可见的。不但能解决集群之间的地址重复问题，还进一步加强了网络安全。

8.4.3　SD-EWAN 的技术实现

由于所有的集群都是 Kubernetes，所以我们也可以把 IPSec 服务部署在容器中，通过 Pod 来管理。考虑到我们需要支持的服务，IPSec、防火墙、路由、SD-WAN 等，我们选择了 OpenWRT 这个开源的系统来支持 SD-EWAN 中所需要的网络功能。OpenWRT 是一个基于 Linux 的系统，它可以作为网络设备的嵌入式系统，也支持虚拟机和容器的模式，我们可以通过一个虚拟机或容器把 OpenWRT 服务起起来。SD-EWAN 就利用了 OpenWRT 支持容器的特性。

在 Kubernetes 中通过直接管理 Pod 的方式来管理一个服务不是一个好的方法。通过开发自定义资源和实现资源的控制器来管理服务更容易。自定义资源可以定义服务对外暴露的参数，如 IPSec 的服务端 IP 地址和端口号，又如防火墙想要阻止一个 IP 的访问。而控制器则读取这些自定义的资源，然后通过调用 OpenWRT 的接口来设置定义的参数。最终 OpenWRT 会创建 IPSec，生成防火墙规则。

我们在 SD-EWAN 里面把最终下发到 OpenWRT 的命令分为三类。第一类是在集群创建的时候就需要下发的，如在创建集群的时候需要保证集群和其他集群的连通性就需要创建 IPSec 的隧道。第二类则是在集群运行过程中平台自动下发的，如在集群中创建了一个服务，那么这个服务为了能暴露到集群外，需要创建相应的 DNAT 规则，这样的命令是伴随系统中服务的创建自动发生的，同样，当服务被删除时，也应该下发相应的删除命令。第三类是集群管理员下发的，如管理员在维护集群的时候需要下发一个防火墙规则。

上述三类命令都是通过自定义资源来下发的，但它们应该由不同的角色下发。第一类属于基础设施级别，第二类属于平台级别，而第三类则属于用户级别。用户不应该拥有删除或修改第一类和第二类自定义资源的权限，同样，平台也不应该去修改或删除第一类资源。但目前的 Kubernetes 对权限的支持还没有这么小的粒度，所以我们在 SD-EWAN 中利用 Webhook 实现了基于标签的权限管理，从而满足这一需求。在 SD-EWAN 中，OpenWRT 作为一个网元，它需要连接多个网络。而通常在 Kubernetes 中每个 Pod 只有一个网络连接，我们在 SD-EWAN 中采用了 OVN4NFV-K8s-Plugin 这个 CNI，使得 Pod 能连接多个网络。

SD-EWAN 充分利用了云原生的优势来构建边缘集群之间的互联，提供了部署维护的便捷性，只需要通过 Kubernetes 创建资源即可部署维护 SD-EWAN，在提供集群连接性的同时还提供了很多网络功能，如防火墙、SD-WAN 等。SD-EWAN 运行在服务器上，和传统的 SD-WAN 相比成本更低廉。

8.5　ICN 典型案例

ICN 项目衍生的 SD-EWAN 子项目即是 ICN 的典型案例。SD-EWAN 以 ICN 搭建的基础架构为基底，为边缘集群间提供加密通信信道，增设防火墙设置，完成边缘集群的统一管控，并结合 EMCO（Edge Multi-Cluster Orchestrator）项目实现应用部署配置等功能。这里我们将详细描述以 ICN 为基础的 SD-EWAN 的一个典型应用场景，如图 8-10 所示。

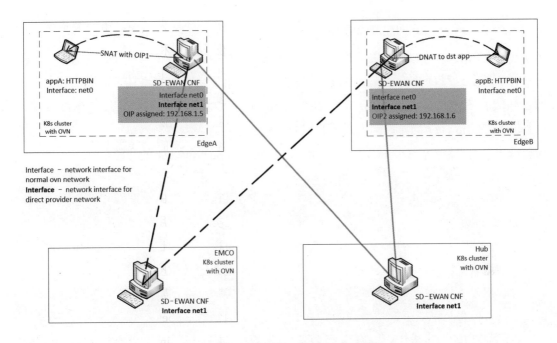

图 8-10　SD-EWAN 的典型应用场景

如图 8-10 所示，该场景包含以下几个以 ICN 为基础搭建的集群。

- Hub 集群。拥有公网 IP，其上的 SD-EWAN CNF 用于连接边缘集群，为其导通与中枢控制节点及各集群间的数据连接。
- 两个边缘集群 EdgeA 和 EdgeB。两者均无公网 IP，外界无法直接访问这些集群。
- EMCO 集群。拥有公网 IP，用于应用的部署和管理。

每个集群中均已配置了 SD-EWAN CNF 和对应的 SD-EWAN Controller。

整个场景的网络基于 OVN 网络搭建。各个 SD-EWAN CNF 间通过 OVN-Based Provider 网络（Interface net1）连通，在此基础上，边缘集群上的 SD-EWAN CNF 还连通了 OVN 网络（Interface net0）以满足边缘集群内部的连接和 SFC（Service Function Chaining）需要。上述网络能够帮助 Hub 组件实现外部对于边缘集群的访问、管理和配置，同时使得边缘集群间的安全通信成为可能。整体网络也利用 Kubernetes 中的 CRD 进行配置并完成网络构建。在此网络基础上，我们将通过配置 IPSec 来建立集群间的安全信道，打通整体连接的过程可分为以下两个步骤。

- 边缘集群与 Hub 间建立安全连接。

没有公网 IP 的边缘集群需要先与对应的 Hub 集群连接，以获得中枢控制器为它们分配的 Overlay IP 地址，并建立安全信道，为后续的控制和数据传输做准备。此处的安全信道通过两端的 SD-EWAN CNF 建立，如图 8-10 中的实线所示。Hub 与边缘集群分别以 Responder 和 Initiator 的角色向彼此发起请求，建立连接。中枢控制器也可通过此安全信道向边缘集群的 K8s API Server 发送控制指令。下面是 IPSec Initiator 的配置示例。

```
---
apiVersion: batch.sdewan.akraino.org/v1alpha1
kind: IpsecHost
metadata:
  name: ipsechost
  namespace: default
  labels:
    sdewanPurpose: sdewan-edge-a
spec:
    name: edgeA
    remote: 10.10.10.35
    pre_shared_key: test_key
    authentication_method: psk
    local_identifier: 10.10.10.15 //EdgeA ip
    remote_identifier: 10.10.10.35  //Hub ip
    crypto_proposal:
     - ipsecproposal
    force_crypto_proposal: "0"
    connections:
     - name: connA
       conn_type: tunnel
       mode: start
       local_sourceip: "%config"
       remote_subnet: 192.168.1.1/24,10.10.10.35/32
       crypto_proposal:
         - ipsecproposal
```

- 应用部署服务 EMCO 与边缘集群 SD-EWAN CNF 间建立安全连接。

应用部署服务 EMCO 与分配完 Overlay IP 的边缘集群 SD-EWAN CNF 间需要建立 host-to-host 的安全信道，为后续应用的部署做准备，该安全信道同样通过 IPSec 完成。在完成信道的建立后，EMCO 服务即可通过 API Server 向边缘集群部署应用服务（如图 8-10 中的虚线所示），并制定对应的防火墙规则。下面是 IPSec host-to-host 的配置示例。

```
---
apiVersion: batch.sdewan.akraino.org/v1alpha1
kind: IpsecHost
metadata:
  name: ipsechostemco
  namespace: default
  labels:
    sdewanPurpose: sdewan-edge-a
spec:
    name: edgeA
    remote: 10.10.10.45
    pre_shared_key: test_key
    authentication_method: psk
    local_identifier: 10.10.10.15  //EdgeA ip
    remote_identifier: 10.10.10.45 //EMCO ip
    crypto_proposal:
      - ipsecproposal
    force_crypto_proposal: "0"
    connections:
    - name: connB
      conn_type
      mode: start
      local_sourceip: "%config"
      crypto_proposal:
        - ipsecproposal
```

在完成上述网络、应用和防火墙的部署和配置后，两个边缘集群就已经拥有了各自的 Overlay IP，且与 Hub、中枢控制节点和各边缘集群相连。两个边缘集群间也能够通过 Hub 中转通信。针对上述场景，我们可以通过在 EdgeA 的 App 请求 EdgeB 的 App 以验证两个集群间的通信情况。

在本场景下，我们在 EdgeA 侧的 App 中请求了对端的 http 服务以验证服务发起方的 IP 地址，可以看到结果返回了 EdgeA 侧 SD-EWAN CNF 所获得的 Overlay IP 地址，即可以证明安全信道搭建成功。

```
root@simple-http-service-84b4b4ccc9-6xtxt:/# curl -X GET "http://192.168.
1.6/ip" -H "accept: application/json"
{
  "origin": "192.168.1.5"
}
```

反侵权盗版声明

电子工业出版社依法对本作品享有专有出版权。任何未经权利人书面许可，复制、销售或通过信息网络传播本作品的行为；歪曲、篡改、剽窃本作品的行为，均违反《中华人民共和国著作权法》，其行为人应承担相应的民事责任和行政责任，构成犯罪的，将被依法追究刑事责任。

为了维护市场秩序，保护权利人的合法权益，我社将依法查处和打击侵权盗版的单位和个人。欢迎社会各界人士积极举报侵权盗版行为，本社将奖励举报有功人员，并保证举报人的信息不被泄露。

举报电话：（010）88254396；（010）88258888

传　　真：（010）88254397

E-mail:　　dbqq@phei.com.cn

通信地址：北京市万寿路 173 信箱

　　　　　电子工业出版社总编办公室

邮　　编：100036